責任編集　植田和弘・國部克彦

グリーン・イノベーション

植田和弘・島本 実＝編著

中央経済社

「環境経営イノベーション」シリーズの発刊に寄せて

　地球環境問題が21世紀最大の課題であると認識されて，すでにかなりの年月が経過した。その間にも地球環境の危機と問題対応の緊急性は一層増している。特に，気候変動問題，生物多様性問題，水資源を含む資源枯渇の問題は，地球規模での対策が求められる喫緊の課題である。これらの課題については，世界規模でいくつもの会議が開かれ，国内外で多くの環境政策が実施されてきた。企業や環境NGOも努力を重ねているが，現時点で十分な成果を達成しえたとは言えない。

　地球環境問題の深刻さが認識されながら，その克服に抜本的に有効な対策が取れない理由は，地球環境問題の原因が，人類の生活と繁栄を支えてきた経済活動そのものにあり，問題の解決には現代社会の基盤である経済システムそのものの革新が必要とされていることにある。したがって，地球環境対策は総論では賛成されるものの，各論では現在の権益を維持しようとする力が強く働き，実行されにくくなる。国際社会もこのような状況に手を拱いているわけではない。気候変動問題についてみれば，1997年には京都議定書を纏め上げて2005年には発効にこぎつけた。そして，2009年にはCOP15でより多くの国家の参加による気候変動への取り組みの意志が，不十分とはいえ確認された。また，環境税や排出量取引制度のような経済的手法も，EU諸国を中心に導入が進められ，日本でも導入に向けた検討が深められている。

　しかし，このような各国，国際社会の努力が，経済活動の中心である企業の現場において，十分に効果を発揮しているかといえば，疑問が残らざるをえない。地球環境問題は，現代社会の中心的経済主体である企業の積極的な取り組み無くして，解決の展望を見出すことはできない。企業に環境対応を実行させるためには，直接的な規制，間接的な規制，そして企業の自主的な活動の促進など，さまざまな政策をミックスして進めることが必要である。しかし，これ

までの政策は，経済というマクロからのアプローチと，企業現場におけるミクロのアプローチの乖離が大きく，必ずしも効果的であったとは評価できない。

　経済と経営は隣接領域ではあるが，マクロレベルの理論とミクロレベルの実践との間の懸隔は意外に大きかった。この両者を架橋する理論の構築と先駆的取り組みが環境面でも求められている。そこで，本シリーズでは，環境経営イノベーションを鍵概念として，環境経済と環境経営の融合を追求することを目的としている。イノベーションは経済においても経営においても，発展のために不可欠の要素であり，駆動力と言ってもよい。同時に，イノベーションなくして地球環境問題に対応することはできないことが明らかになっている。環境を基礎にした文明史的転換とも言えるダイナミックな変化が動き出している現代においては，経済と経営を総合するイノベーションが必要であり，そこに環境経済と環境経営を融合して考えるべき学問領域が成立する。

　本シリーズは，環境経済学の領域を植田が，環境経営学の領域を國部が担当し，それぞれの研究領域の最前線で活躍されている研究者に執筆をお願いし，刊行するものである。環境経済学や環境経営学に関するシリーズはすでにいくつか刊行されているが，その両者の融合を目指したものは，本シリーズが初めてである。この試みが，環境経済と環境経営の融合を促進し，地球環境問題の解決に寄与する取り組みや政策が生まれることを願ってやまない。

　本シリーズの企画刊行にあたっては，中央経済社の山本継会長と酒井隆氏の熱意とご支援に負うところが大きい。記して感謝の意を表したい。

　2010年9月

植田　和弘
國部　克彦

は し が き

　本書のもととなったグリーン・イノベーション研究会は，2010年10月に始まり，2012年の4月まで15回にわたって開催された。この研究会では，後に本書の各章の執筆を担うことになる若手・中堅の研究者によって，熱心な報告と議論が展開された。研究会の目的は，その当時，人々の間で次第に認知されつつあった「グリーン・イノベーション」の語の定義を明確にすることにあった。そこで研究会では，環境経済学と環境経営学の両分野の研究者が集まり，それぞれ異なる題材を取り上げ，異なる手法で分析を行った成果が報告された。そうした活動を通じて，最終的には，環境と技術の関係に関してこのグリーン・イノベーションの語が指し示す社会的に重要な問題系を共有し，それを1つの研究分野として確立することが目指された。

　その背景には以下のような状況があった。本書の第1章で明らかにされているように，時の政権によって2009年に新成長戦略が発表されると，その中でグリーン・イノベーションは資源・環境制約の克服と日本の産業の国際競争力の強化，雇用の創出を実現するための方策として，人々の注目を集めるようになっていた。

　このころには日本のみならず世界において，例えば米国のグリーン・ニューディール政策や，経済協力開発機構（OECD）のグリーン成長戦略など，グリーンの語が頻繁に使われ始めていた。一方で，原油価格の高騰や地球環境問題への認識の高まりの中で，環境と経済の両立のための革新的技術の開発・普及への期待から，イノベーションの語も人々によく知られるようになっていた。この頃には，環境・エネルギー問題に対応しつつ，同時に現実的に経済発展を達成する政策的な方策が世界的に模索されていたのである。

　しかしながら，その一方で研究者の視点から見れば，当時，この2つの語を単に組み合わせたグリーン・イノベーションという新語の定義は明らかでなく，

学術的な裏付けもないまま，世の中で自由気ままに使用されているように思われた。当時，政府も企業もマスコミもこの語を好んで取り上げたため，新聞や雑誌の記事を通じてこの語が人々に知られるようになるにつれ，語の内容はますます曖昧になっていくようであった。

そこで研究会の参加者は，現実に観察されるさまざまな事象と適切に関連させながら，この語を再度，学術的に明確に定義したいと考えた。参加者たちは，この分野における経済学や経営学の研究を通じて，共同でグリーン・イノベーション概念に関する共通理解を形成しつつ，多様な学問分野からの知見を活用することによって，技術革新による環境・エネルギー問題解決の方策を明らかにしたいという研究上の構想を抱いていたのである。そうした強い意識を持った研究者たちによって，この研究会は続けられていった。研究会はおよそ数カ月に一度，主に東京の学士会館や都内の大学の一室を借りて行われ，議論は夜遅くにまで及んだ。

研究会での報告や議論のテーマは多岐にわたった。日本の事例のみならず他国を対象としたテーマ，経済学のみならず経営学の研究事例，詳細な現状分析から広範な政策提言にいたるまでさまざまであり，参加者は互いの研究に影響を受けつつ，幅広い視点から環境・エネルギー関係の最新トピックを学ぶことができた。こうした活動の中から，参加者の間では次第にグリーン・イノベーションに関する共通のイメージが形成されるようになり，それを1つの独立した分野として，経済学・経営学が共同で研究を深めていくビジョンが共有されるようになった。その共同研究の成果こそが本書である。

本書が，読者にとって環境・エネルギー問題への関心を深める一助となり，各自の分野で一市民として自らがグリーン・イノベーションを担うきっかけとなるのならば，執筆者にとってそれにまさる幸せはない。

研究会の運営については，本書の執筆者でもある井上恵美子先生（京都大学講師）にたいへんお世話になった。多忙ななかで参加者が毎回多く集まり，会がいつも盛況だったのは，井上先生の丁寧な調整のお仕事のおかげである。

また本書の刊行については，長きにわたった研究会の進展や論文執筆作業を

温かく見守り，本書の持つ意義を信じ，本書が完成するまでに陰に陽にさまざまなかたちでご尽力いただいた中央経済社の酒井隆氏に，心より感謝の言葉を捧げたい。

　2017年6月

植田和弘
島本　実

目　次

「環境経営イノベーション」シリーズの発刊に寄せて　i
はしがき　iii

第Ⅰ部　グリーン・イノベーションの理論

第1章　「グリーン・イノベーション」とは何か　3

1　はじめに―「緑の技術革新」を超えて……………………………… 3
2　政策としてのグリーン・イノベーション……………………………… 4
3　グリーン・イノベーションの定義……………………………………… 7
4　環境保全と経済発展の両立―焦点としてのポーター仮説………… 8
5　本書の構成………………………………………………………………12

第2章　環境規制・政策とグリーン・イノベーション　19

1　はじめに…………………………………………………………………19
2　環境政策手法とグリーン・イノベーション…………………………20
3　環境規制・政策とグリーン・イノベーションの関係………………22
　(1)　政策手法の選択とグリーン・イノベーション促進インセンティブ　22
　(2)　ポーター仮説とその妥当性の検証　27
　(3)　誘発されたグリーン・イノベーションと環境政策の関係　30
　(4)　まとめ　32

- 4 環境規制・政策と技術の普及の関係………………………………33
  - (1) 環境政策の選択と新技術普及のインセンティブ　33
  - (2) 新技術の普及と環境規制・政策の効果　34
  - (3) まとめ　35
- 5 おわりに……………………………………………………………35

第3章 グリーン・イノベーションと公共政策
―― 低炭素経済構築にかかわる論点と政策的課題　39

- 1 はじめに……………………………………………………………39
- 2 気候変動対策とエネルギー技術…………………………………40
- 3 環境・エネルギー技術革新の経済学……………………………42
  - (1) 環境経済研究におけるイノベーション分析　42
  - (2) 技術知識の経済学　44
  - (3) 低炭素経済構築に向けた環境政策と技術政策の役割　46
- 4 気候変動緩和技術の開発と公共政策……………………………47
- 5 おわりに……………………………………………………………53

第4章 ステークホルダーの連携を通じたサステイナビリティ・イノベーション
―― プラットフォーム形成と社会実験　55

- 1 はじめに……………………………………………………………55
- 2 イノベーション創出のメカニズム………………………………57
- 3 産学官連携を通じたイノベーションの創出……………………59
- 4 環境保護に向けたイノベーション………………………………63
- 5 サステイナビリティに向けたイノベーション…………………65

6　大学が主導するプラットフォーム形成と社会実験……………………68
　7　サステイナビリティ・イノベーションのグローバル展開…………72

第Ⅱ部　日本のグリーン・イノベーション

第5章　グリーン・イノベーションと日本の環境技術の国際競争力　81

1　はじめに……………………………………………………………………81
2　グリーン・イノベーション―政策研究と概論………………………82
　(1)　規制とイノベーション　84
　(2)　グリーン・イノベーション政策　86
3　日本の国際競争力の現状と課題…………………………………………89
　(1)　特許分析による環境技術の国際競争力　91
　(2)　事例研究から見た国際競争力　99
4　グリーン・イノベーション政策の方向性…………………………… 108
　(1)　長期的視野に立った継続的な国際知財戦略を　109
　(2)　政府の政策分析のためのインフラ整備が急務　109
　(3)　環境都市は環境技術の将来のニーズ
　　　　―国を挙げての国家戦略が必要　110
　(4)　「環境技術の日本」ブランドの構築を　111
　(5)　企業のリスク分散・枠組みづくりなど市場参入支援戦略が必要　112
　(6)　政府・民間の枠組みを超えた問題解決策の提示　113
　(7)　産学連携・共同研究の推進を　114
5　最後に…………………………………………………………………… 115

第6章 日本における硫黄酸化物排出削減技術の開発と普及への各種政策手段の影響　117

1　はじめに………………………………………………………… 117
2　日本のSO$_x$削減の制度的枠組み……………………………… 118
　(1)　日本の硫黄酸化物排出削減の政策目標　118
　(2)　日本の硫黄酸化物排出削減の政策手段　118
3　硫黄酸化物削減に用いられた技術…………………………… 127
4　SO$_x$削減と政策手段…………………………………………… 132
　(1)　全般的検討　132
　(2)　時期ごとの検討　134
5　聴き取り調査………………………………………………… 143
　(1)　排煙脱硫　144
　(2)　重油脱硫　148
6　特許データを用いた排煙脱硫技術開発状況の分析………… 149
　(1)　利用したデータおよび検索方法　149
　(2)　概　要　150
　(3)　賦課金の影響　155
7　結　論………………………………………………………… 156
8　考　察………………………………………………………… 157
　(1)　公健法賦課金の技術革新への寄与の小ささ　157
　(2)　効率性　158

第7章 サプライチェーンを通じた環境規制・自主的環境取り組みの影響　159
　　　──企業における環境関連研究開発活動に関する実証研究

1　はじめに……………………………………………………… 159

2 環境関連の研究開発と環境規制の実態—上場企業調査より……… 161
　(1) データ　161
　(2) 国内上場企業における環境関連の研究開発予算の有無　161
　(3) 国内上場企業における環境関連の研究開発予算の対象　164
3 サプライチェーンを通じた環境取り組み要求……………………… 166
　(1) サプライチェーンにおける環境取り組み要求の現状
　　　—上場企業サーベイより　167
　(2) 業種別の環境取り組み要求の状況　169
4 サプライチェーンと環境関連の研究開発…………………………… 173
　(1) サプライチェーンと環境関連の研究開発　173
5 まとめ……………………………………………………………………… 176

第8章　中小企業の環境問題に関する研究開発活動　179

1 はじめに…………………………………………………………………… 179
2 中小企業の位置づけ……………………………………………………… 180
3 中小企業と環境問題……………………………………………………… 181
4 中小企業の研究開発活動………………………………………………… 184
　(1) 中小企業の研究開発活動の動向　184
　(2) 研究開発活動に影響する要因　188
5 中小企業の環境問題に関する研究開発活動—愛知県の事例……… 190
　(1) 調査の概要　190
　(2) プロダクト・イノベーション　192
　(3) プロセス・イノベーション　194
　(4) 研究開発活動の制約要因　195
6 おわりに…………………………………………………………………… 198

第9章 グリーンプロセスイノベーションと環境管理会計
——マテリアルフローコスト会計（MFCA）がもたらす緊張と効果　201

1　はじめに…………………………………………………………… 201
2　管理会計とイノベーション……………………………………… 202
3　環境管理会計（MFCA）によるイノベーション ……………… 205
　(1)　レンズ工場におけるグリーン・イノベーション　205
　(2)　サプライチェーンにおけるグリーン・イノベーション　207
4　環境管理会計によるイノベーションを促進するためには
　　何が必要か……………………………………………………… 209
5　資源生産性概念による緊張をどのように既存のマネジメントに
　　埋め込むか……………………………………………………… 212
6　むすび…………………………………………………………… 214

第Ⅲ部　世界に広がるグリーン・イノベーション

第10章 再生可能エネルギー技術のイノベーション
——アリソン・モデルによる太陽光発電プロジェクトの分析　217

1　はじめに…………………………………………………………… 217
2　第1モデル—政府の合理的計画………………………………… 219
　(1)　なぜ計画が始まったか—エネルギー問題への政府の危機意識　220
　(2)　なぜ計画が継続されたか
　　　—NEDOを中心にした長期的実施体制の整備　221

(3) なぜ太陽では成果が上がったか―政府による投資誘発の成功　222
3　第2モデル―日常のルーティンの慣性……………………………………… 225
　(1) なぜ計画が始まったか
　　　―計画の日常的拡大志向と石油危機の僥倖　225
　(2) なぜ計画が継続されたか
　　　―NEDOのミッション希薄化と計画の永続化　226
　(3) なぜ太陽では成果が上がったか―統制の欠如と並行開発の継続　227
4　第3モデル―ビジョンと資源動員……………………………………… 229
　(1) なぜ計画が始まったか―研究者と開発官の相互補完的同盟　229
　(2) なぜ計画が継続されたか
　　　―民間企業の事業化へのモチベーション　231
　(3) なぜ太陽では成果が上がったか
　　　―プロジェクトにおける複数形式の競い合い　232
5　結論―国家プロジェクトに働く3つの力…………………………… 233

第11章　グリーン・イノベーションへのアプローチ――環境規制からグリーン・アントレプレナーシップまで　237

1　はじめに………………………………………………………………… 237
2　グリーン・イノベーションへの政策的アプローチ………………… 238
3　経営学領域からの広範な議論………………………………………… 239
　(1) 自主的対応とステークホルダーの議論　240
　(2) イノベーション研究の観点　241
4　グリーン・アントレプレナーシップの事例―電気自動車……… 246
5　まとめ…………………………………………………………………… 250

第12章 中国式グリーン・イノベーション
──「倹約イノベーション」を実現する巨大市場と政府の戦略　253

1 はじめに……………………………………………………………… 253
2 中国における風力発電導入の経緯と国内メーカーの台頭……… 256
3 中国の風力発電設備企業による「倹約イノベーション」の背景 258
   (1) 風力発電導入促進に向けた政策および制度　258
   (2) 中国国内メーカーによる技術キャッチアップの背景　260
4 中国式グリーン・イノベーションの条件と競争優位…………… 265
   (1) 国内市場規模　265
   (2) 技術の外部調達　267
   (3) コストダウンとソフト面での競争優位の確立　270
   (4) 中国式グリーン・イノベーションの競争優位　272
5 おわりに……………………………………………………………… 276

第13章 開発途上国におけるグリーン・イノベーション
──再生可能エネルギーと「グリーン」マイクロファイナンスによる農村電化事業　279

1 はじめに……………………………………………………………… 279
   (1) 開発途上国の潜在力とイノベーションをめぐる問い　279
   (2) 本章の構成　282
2 バングラデシュの農村で起きたグリーン・イノベーション…… 282
   (1) バングラデシュの国概況・エネルギー需給状況　282
   (2) グラミン・シャクティによるSHS普及を通じた農村電化の実績　284
   (3) グリーン・イノベーションと呼べる特徴的な点　286

3　グラミン・シャクティ―グリーン・イノベーションの要因……290
　　(1) 内部要因　291
　　(2) 外部要因　294
　4　展望と課題………………………………………………………297
　　(1) 目標と展望　297
　　(2) 課　題　298
　5　結　論…………………………………………………………299
　　(1) GSの活動のまとめ　300
　　(2) 緑の飛躍―他の開発途上国・先進国への適用可能性　300
　　(3) 研究課題　301

　参考文献　304
　索　引　325

グリーン・イノベーションの理論

「グリーン・イノベーション」とは何か

1 はじめに
―「緑の技術革新」を超えて

　この「環境経営イノベーション」シリーズは，環境負荷を低減し，持続可能（サステイナブル）な循環型社会を築くために，私たちが考慮すべき経済・経営に関する広範なトピックをカバーするものである[1]。その構成は，総論（第1巻）以下，経済分析（第2巻），金融・投資（第3巻），環境評価（第4巻），会計システム（第5巻），情報ディスクロージャー（第6巻），中小企業（第7巻），循環型社会（第8巻），マーケティング（第9巻）など多岐にわたっている。

　このシリーズのユニークな点は，経済学，経営学の各分野の専門家が，それぞれの観点から環境問題を検討していることにある。読者は分野を横断し，各分野の問題意識を共有しつつ，多様な観点から環境保全や持続可能な社会の実現に対するヒントを得ることができる。

　さて，読者が手に取っているこの第10巻のタイトルは，「グリーン・イノベーション」である。「グリーン（green）」とは，オックスフォード英語辞典によれば，その1つの意味として「政治的信条として環境保護に関心をもつこと，もしくはそれを支援すること」を指している。もちろん緑が，草木などの植物を，また転じて自然環境全体をイメージさせる言葉であることは言うまで

もない。

　本書のタイトルをあえて「緑の技術革新」と直訳してみるならば，本書で扱われるテーマは，端的には環境関連技術の研究開発活動（R&D）であることがわかるだろう。具体的には温室効果ガス削減（第3章），廃棄物処理（第5章），公害対策（第6章），省資源（第9章），再生可能エネルギー開発（第10章，第12章）等のための諸活動がそれに当たる。すなわち本巻の主題はさまざまな技術にあり，その技術革新を通じた環境保全，環境負荷低減の方策が考察されるのである。

　しかしながら，この巻のタイトルをわざわざ「グリーン・イノベーション」とするに当たっては，そこには単に本書が環境関係技術の研究開発をテーマとすることにとどまらず，それを超えたより広い社会変化を考察の対象にしたいという私たちの希望が込められている。その背景にはこれまでにその言葉を掲げた政策的な取り組みが，世界各国で広く行われてきたことがあり，また今後，未来に向けたイノベーションを通じて，環境問題改善の方向に向かって社会変化を引き起こしていくことが，現代を生きる私たちに共通する重大な課題であるという認識がある。

2　政策としてのグリーン・イノベーション

　振り返ってみれば，グリーン・イノベーションという言葉が日本でポピュラーになったのは，2009年の新成長戦略発表以来のことである。この語は，もともと政策に由来するものであった。すでに2008年に，米国ではグリーン・ニューディール政策が打ち出されており，翌年には経済協力開発機構（OECD）の閣僚理事会においてグリーン成長戦略の策定が決議されていた。こうした動きを受けて各国では，この頃からより環境を配慮した経済成長へと移行を目指す政策が開始されている。

　そうした中で日本政府も，新成長戦略の中でグリーン・イノベーションを重点領域に位置づけ，環境・エネルギー分野の技術革新やその成果を用いた新製品の事業化によって，日本経済の発展と地球環境問題の改善が達成されるというプランを提起した。それがこの新成長戦略の目指すものであった。その具体

的な目標としては，環境関連技術における新規市場・新規雇用の増大，またその具体的な成果として世界の温室効果ガス削減に貢献することが掲げられていた。いわばこれは経済成長と環境保全を同時に実現しようとする野心的なプランであった。

　こうした政府の積極的な方針の下，これ以後，総務省，文部科学省，農林水産省，経済産業省，国土交通省，環境省が，それぞれの担当部門においてグリーン・イノベーションに関する政策に携わった（図表1-1）。

　一方，民間企業の中にも政府の動きに対応するかたちで，環境・エネルギー関連の設備投資，研究開発投資を積極的に進めるものも現れた。例えば，この時期の大手企業の環境関連投資額（実績値）ベスト3は，2010年度には昭和電工が150億円，三井化学が61億円，味の素が31億4,500万円，2012年度には東芝が56億円，富士フイルムHDが46億円，東レが40億130万円，2014年度には東レが66億8,100万円，味の素が35億9,600万円，レンゴーが34億円であった[2]。年ごとの変動はあるとはいえ，それでもかなりの額が継続的に環境関連事業に投資されていると言える。

　またこの時期に，NECは「グリーンイノベーション研究所」，東レは「繊維グリーンイノベーション室」，太平洋セメントは「グリーン・イノベーション推進部」，パナソニックは「グリーンイノベーション開発センター」をそれぞれ設置して，環境・エネルギー分野の研究開発や事業化に力を入れていることも象徴的である[3]。もっとも，大企業だけではなく中小企業も，特に大企業とサプライチェーンを共有する各社は環境関連の研究開発を進めている。その実態については，本書の第7章と第8章が詳しい。

　こうした官民を挙げてのグリーン・イノベーション創出の試みは，政府の政策のもと，それに呼応する企業の経営方針によって，地球温暖化対策や低炭素型社会を目指すものであり，その成果として生まれた新技術によって，生活関連や運輸部門，まちづくりなど幅広い分野で新しい需要が生まれることが期待されている。しかしながら残念なことに，現在まだそうしたものの成果は顕著なかたちでは目に見えておらず，この後も日本では長期間にわたる継続的な政府の予算投入や企業の設備投資が必要となるだろう。そうした状況において，いかなる環境政策や環境規制，あるいは産業政策やイノベーション政策が有効

第Ⅰ部　グリーン・イノベーションの理論

■図表1-1　グリーン・イノベーションの推進のための主な施策（2014年度）

総務省	本省	ビッグデータ時代に対応するネットワーク基盤技術の確立等(超高速・低消費電力光ネットワーク技術の研究開発，ネットワーク仮想化技術の研究開発)
文部科学省	本省	気候変動適応戦略イニシアチブなど13施策
	物質・材料研究機構	気候変動適応戦略イニシアチブ
	科学技術振興機構	「フューチャー・アース」構想の推進など2施策
	海洋研究開発機構	海上輸送部門経費
農林水産省	本省	生産現場強化のための研究開発など4施策
経済産業省	本省	先進空力設計等研究開発など19施策
	資源エネルギー庁	先進超々臨界圧火力発電実用化要素技術開発費補助金など27施策
	石油天然ガス・金属鉱物資源機構	地熱発電技術研究開発事業 (石油・天然ガス金属鉱物資源機構分)
	新エネルギー・産業技術総合開発機構	国際研究開発・実証プロジェクトなど39施策
経済産業省・国土交通省	資源エネルギー庁・国土交通省本省	省エネルギー型ロジスティクス等推進事業費補助金
国土交通省	本省	下水道革新的技術実証事業（B-DASHプロジェクト）など4施策
	気象庁	次期静止気象衛星ひまわりの整備
	国土技術政策総合研究所	地域の住宅生産技術に対応した省エネルギー技術の評価手法に関する研究
	海上技術安全研究所	実海域性能・運航評価技術の開発に関する研究など2施策
	土木研究所	社会インフラ整備の低炭素化と資源有効利用の推進
	建築研究所	建築物の省エネ基準運用強化に向けた性能評価手法の検証及び体系化
環境省	本省	環境研究総合推進費など12施策
	原子力規制委員会	放射能調査研究費など7施策
	国立環境研究所	衛星観測経費

(出所)『平成27年版科学技術白書』187～190頁。

であるのかを学術的に考察することには大きな意義がある。

　また，視野を日本から世界全体に移せば，世界各国も環境保全を実現しつつ，経済発展をする方策を模索している。この点については，本書の第11章，第12

章，第13章が詳しい。そもそも冷静に考えれば，経済発展と環境保全はそう簡単に両立できるものであろうか。こうした問題に対して，経済学や経営学は何を答えることができるのであろうか。私たちはこの巻で，その問題に対して，多様な事例を取り上げ，多面的な次元から事実を捉え，より有効な方策にむけて，政策や経営が環境に対してできることを考察してみたい。

3　グリーン・イノベーションの定義

　具体的な議論に入る前に，まず学術的にイノベーションという概念がどのようなものとして定義されてきたかを理解しておくことは有益だろう。そもそもイノベーションという言葉は，本来のシュンペーターの想定によれば，それが研究開発を超えた広い意味をもっていたことはよく知られている。現在では，イノベーションという語は一般には技術革新と訳されることが多いが，シュンペーターによる本来の意味に立ち戻るならば，この語は新結合（Neue Kombinationen）を通じた経済活動の変化一般を表している[4]。

　ここで言う新結合とは製品や生産技術のレベルだけではなく，販路や供給源，組織等も含む諸要素の新しい結合を指しており，それを通じて経済活動に新方式が導入されることになる。このことによって従来の方法は創造的に破壊され，これまでにない新しい財やサービスが世の中に生まれる。様々な要素の新結合によって生じるイノベーションは，単なる技術革新を超えてより幅広い社会の変化をもたらすものとなるのである。

　当該領域の古典の1つであるアバナシー＝アターバック（1975）によれば，既存の技術コンセプトを破壊する製品レベルのイノベーションはプロダクト・イノベーション，そのイノベーションをより良く，より安く精緻化していく過程はプロセス・イノベーションと呼ばれている。本書もそれにならい，この両者を考察の対象とすることにする[5]。画期的なプロダクトの開発だけでなく，プロセスのブラッシュアップもまた1つのイノベーションだからである。こうした認識があるからこそ，技術開発が単に企業のプロダクト開発のレベルにとどまらず，その他多様な環境保全に貢献するプロセスの改善も私たちの射程に入れられることになる。

それではこうしたイノベーションの理解の上に立って，グリーンなイノベーションとは何を意味するのだろうか。先に述べたように，グリーンを，自然環境全体をイメージする語と捉えるならば，グリーン・イノベーションとは，①環境負荷の低減や環境保全，持続可能な循環型社会を築くことを目的とし，②研究開発（R&D）や製品・業務プロセス設計等を手段として，③その成果が革新的な製品・サービス（プロダクト・イノベーション），あるいは業務の改善（プロセス・イノベーション）というかたちとして実現される活動全体を指すと考えてよいだろう。本書ではこれを包括的なグリーン・イノベーションの定義としたい。

　なおこの語は政策におけるキーワードとして広まった用語であるため，政策目的によっては他にも類似した用語が存在している。例えば，経済協力開発機構（OECD）のサーベイでは，エコ・イノベーション（Eco-Innovation）あるいは環境イノベーション（Environmental Innovation）という言葉が使われており，前者は結果的に環境インパクトを低減するイノベーション，後者は環境面での良い効果をもたらすことを目的としたイノベーションを指している[6]。これらの用語も力点の置き方に相違はあっても，全体としてはおおむね私たちの掲げるグリーン・イノベーションの概念に包括することができる。

　私たちは，技術が研究・開発されるだけでなく，事業化され，社会に普及していく課程に注目し，イノベーションを，経済成果をもたらす革新と把握することにしたい[7]。イノベーションによって，社会が環境問題に対して量的だけでなく質的に変化していくことをふまえ，経済的に大きな無理のないかたちで，問題解決に対して有効な政策や経営のあり方を探ることこそ，本書の目的とするところである。

4　環境保全と経済発展の両立
　　—焦点としてのポーター仮説

　それではグリーン・イノベーションを実現するために有効な政策のあり方について考えてみたい。イノベーションに対する環境政策は，直接規制等の直接的な手段と補助金付与等の間接的な手段（図表1-2），また供給サイドの能力

向上への支援と，需要サイドの需要喚起や市場開拓への支援など（図表1-3）によって区分される。

■図表1-2　環境政策手段の分類

	公共機関自身による活動手段	原因者をコントロールする手段
直接的手段	環境インフラストラクチャーの整備 （ゴミ処理サービス，下水道サービスなど） 環境保全型公共投資 公有化	直接規制 土地利用規制
間接的手段	研究開発 グリーン調達	課徴金 補助金 排出権取引市場 減免税 エコラベル
基盤的手段	コミュニティの知る権利法 環境情報データベース 環境責任ルール 環境情報公開	

（出所）植田和弘（1996）『環境経済学』岩波書店，107頁。

　企業など，環境汚染の原因となる経済主体をコントロールする手段を用いる場合，従来の考え方では，直接規制であれ補助金付与であれ，環境保全のためならば，その利潤追求は一定程度規制されても当然であるという考え方があった。これは環境を汚染するコストを企業に支払わせようとする発想に基づいている。

　従来，環境保全と経済成長は相反する概念とされることが多かった。一方は制約をかけて環境を守ることを重視し，一方は制約なく経済を成長させたいと考える点において，両者の間の対話が難しいと考えられるのも無理はない。例えば，一般には環境保全は経済成長を妨げるものという考えられることが多い。

　厳しい環境規制が設定されれば，企業は規制遵守のための費用を負担せねばならなくなり，その結果，生産性が下がって競争力を失うはずである。これは企業の成長にとって環境規制は厄災だとの捉え方である。行き過ぎた規制は，企業の競争力を損ない，結果的に経済を停滞させる恐れもある。こうした理由

第Ⅰ部　グリーン・イノベーションの理論

■図表 1-3　イノベーションに関する環境政策の分類

供給側の政策	需要側の政策
・財務的支援 　(市場メカニズムではカバーできない商業的，財務的リスクへの支援) ・R&D 　(政府，大学機関との協力，研究資金の提供) ・商業化支援 　(R&Dの段階から市場への投入にいたる段階における支援) ・教育・訓練 　(イノベーションを生み出す人材の育成) ・ネットワーク・パートナーシップ 　(知識ネットワークの活用によるオープンイノベーションの誘発) ・情報サービス 　(支援政策や関連政策・法規制に関する情報提供等) ・インフラ整備 　(輸送や情報通信出網の整備)	・規制や基準 　(新たな製品開発が誘発される規制や制度) ・公共調達・需要サポート 　(政府調達による需要下支え，喚起) ・技術移転 　(先進国企業から途上国，大企業から中小企業への技術の輸出や移転)

(注)　OECD "Eco-Innovation in Industry: Enabling Green Growth" より環境省が作成したもの。
(出所)　『平成23年度環境・循環型社会・生物多様性白書』，98頁。

　から，かつては環境保全のためには経済学者は沈黙すべきとの見解すらあったほどという[8]。

　しかしながら，ハーバード・ビジネス・スクールのM・ポーターの仮説（以下，ポーター仮説）は，こうした経済と環境の相互排他的な観点に一石を投じることになった。ポーターは，環境規制の強化によって技術革新が促進され，生産性が向上することで，企業の競争力増強がもたらされると主張した[9]。この一見，直感に反するような因果関係はどうして実現されるのであろうか。

　環境経済・政策学会編，佐和隆光監修『環境経済・政策学の基礎知識』における「ポーター仮説」の解説（本書第3章著者，浜本光紹氏執筆）によれば，そのロジックは要約すれば，以下のようになる。それらは①環境規制のかけ方によって外国企業に不利に国内企業に有利にできるから，②環境規制によって企業は組織の失敗に基づく非効率な資源利用を再構築しようとするから，③

環境規制によって企業は生産性が高く汚染物質の排出量が少ない生産設備を導入するから，④環境規制によって企業はR&D活動に取り組むことで技術革新を実現するから，の4つである[10]。グリーン・イノベーションを掲げる本書の観点からすれば，最後の④の理由が最も興味深いものである。この仮説の検証に関しては，本書の多くの章（第2章，第3章，第5章，第8章，第10章，第11章，第13章）が関心を寄せており，それぞれの視点からポーター仮説が成立する条件を明らかにしようとしている。

　一般に経済学においては一定の条件の下に置かれれば主体は経済合理的に行動するという前提が置かれる。しかしながら，同じ規制の下に置かれた場合であっても，企業の行動は異なることがある。なぜならば企業経営には一定程度の経営者の主体性があり，戦略的判断の余地があるからである。そのため経営者が現実をどのように把握し，未来をどのように構想するかによって，適切だと考えられる行動は大きく変わってくることによる。そうした場合には，経営者の戦略的意思決定が問われている点において，経営学的な分析を併用することが有効となる。規制がイノベーションを生み出すロジックは，実際には線形的な関係ではなく，そこには複雑なメカニズムがあることが予想される。ポーター仮説の一般的な成立条件を，経済と経営の両面から明らかにする際には，大量観察のほか，顕著な成功が生じた事例に関してはケーススタディによって，その理由が解明できれば，仮説の成立条件をより詳細に明らかにすることができるだろう。

　一般には制約と見られる規制であっても，経営者がそれをチャンスと把握すれば，それは企業にとって好機をもたらすものとなる。国際的に見て厳しい規制であってすら，それが厳しいほど，これを率先垂範することによって，新たな経済成長のシーズを生み出すことは可能である。そう考える経営者にとって，規制は好機となりうる。

　規制を先取りすることによって，技術力を磨き，そこで蓄積された技術を世界に輸出できれば，それは日本経済にとっての成長戦略にもなる。環境保護のための新技術開発の挑戦し，それを早期に導入することによって，環境保全の実現や再生可能エネルギーの導入，温室効果ガスの削減が進むだけでなく，こうした技術を輸出することによって世界の他国も同様の恩恵にあずかることが

できる。この好循環が実現されれば，日本の競争力と環境貢献の両立を図ることも不可能ではない[11]。そう考える政策担当者は，経営者の積極的行動を引き出す政策の設計を企図しようとするであろう。

ポーター仮説の成立条件は，政策担当者と企業経営者の間の認識の相違や相互作用に依拠しているため，簡単な条件だけでそれを全面的に規定し尽くすことは困難であることが予想される。しかしながら今後のより詳細な大量観察や，成功事例のケーススタディが進めば，その成立条件をより狭く特定したり，詳細に場合分けをしたりすることが可能となるだろう。その条件をさぐることは，環境経済学・環境経営学の双方にとって重要な課題であることは間違いない。この問題が解明されていくことは，将来の有効なグリーン・イノベーション促進政策の立案につながるはずである。

5　本書の構成

以下では，本書の構成を述べる。第Ⅰ部の3本の論文は，先行研究を整理し，理論の発展の歩みをたどりつつ，私たちの問題意識の全体像を示すものである。ここでは政策とグリーン・イノベーションの関係を把握する際の基本的な視角が提示されている。

第2章「環境規制・政策とグリーン・イノベーション」（井上恵美子）は，環境政策・規制がイノベーションにどのような影響を与えるのか，イノベーションを促進するためのインセンティブを付与するためには，どのような環境政策手段が有効なのか，という視点から論を進めている。本章は，ポーター仮説の検証を含め，理論研究や実証研究を広範にレビューすることによって，理論的には，経済的手法を用いたほうが，直接規制的手法を用いるよりも，イノベーションへのインセンティブを刺激する場合が多いということを明らかにした。しかしながら，実証研究では，必ずしもそうではない場合も示されており，市場の完全性や対象とする国，産業，企業，そして技術のタイプなどの諸条件により最適な政策が異なってくることが明らかになった。このようにイノベーションに対するインセンティブメカニズムは複雑であり，学際的な視野からのさらなる検証が必要であると示唆している。

第3章「グリーン・イノベーションと公共政策」（浜本光紹）は，気候変動対策と低炭素経済を主たる研究対象とし，それを実現するためのイノベーション促進政策に関する論点を整理している。この章もポーター仮説を意識しつつ，低炭素経済構築のための公共政策（環境政策と技術政策）の課題は何かという射程の長い問題を掲げている。本章では，エネルギー技術政策と並行して，技術知識にかかわる市場の失敗を矯正し，早期の技術導入を促進するための補助金供与や税制上の優遇措置，あるいは環境・エネルギー技術の研究開発活動を刺激する炭素価格政策や再生可能エネルギー促進策などのディマンドプル要因の研究の重要性が強調されている。このように効果的に環境政策と技術政策を併用することによって，イノベーションの各段階での諸活動が促進されると結論づけられている。

　第4章「ステークホルダーの連携を通じたサステイナビリティ・イノベーション」（鎗目雅）は，グリーン・イノベーションをより広く捉え，環境問題のみならず地球レベルでのサステイナビリティを実現するイノベーション創出に注目する。その実現のためには，科学技術だけでなく，経済・社会・制度に関するさまざまな側面を考慮し，効果的に統合していくことが必要であり，大学・産業・政府などの多様なステークホルダーの連携が欠かせない。例えば，その1つとしては各地の大学が主導してプラットフォームを形成し，ステークホルダーと連携して社会実験を行うことが有効である。本章は，実際のアクターの行動に関するさまざまなデータを収集・分析し，そのプロセスに関するダイナミックなモデルを構築することが，サステイナビリティに貢献するイノベーションシステム実現にとって役立つと主張する。それは私たちの研究が進むべき1つの方向を示唆している。

　続く第Ⅱ部の5本の論文は，さまざまな観点からグリーン・イノベーションの実情をデータや事実に即して実証的に明らかにした上で，さまざまな具体的な政策提言を行っているものである。

　第5章「グリーン・イノベーションと日本の環境技術の国際競争力」（角南篤・村上博美）は，日本の環境技術が国際競争力を持つために有効な方法を明らかにしようとしている。本章は，気候変動関連技術の特許数や，特許の自国出願，国際出願のランキング等のデータを用いて，通説とは異なり日本の環境

技術競争力の優位性は限られた分野にとどまることを指摘した。その上で，政府は技術開発支援と市場拡大の政策バランスの重要性，環境技術の国際展開のためには企業のマーケティングだけでなく，国の政策的サポートや環境への配慮向上キャンペーンが重要であると論じている。具体的には，①長期的視野に立った継続的な国際知財戦略，②政策分析のインフラ整備，③環境都市プロジェクトの推進，④環境技術の日本というブランドの構築，⑤企業のリスク分散など市場参入支援戦略，⑥政府・民間の枠組みを超えた問題解決策，⑦産学連携・共同研究などのさまざまな具体的な政策提言がなされている。特に本章の特徴は，環境技術の市場ニーズを把握し，成果を普及させることの重要性を強調している点にある。

　第6章「日本における硫黄酸化物排出削減技術の開発と普及への各種政策手段の影響」（松野裕・寺尾忠能・伊藤康・植田和弘）は，歴史を振り返り，1960年代から2000年代のSOxの削減政策と企業行動を詳細なデータの分析から明らかにしている。四日市コンビナートの大気汚染問題がきっかけとなり，1968年の大気汚染防止法によってSO_2の排出削減基準が設定された。その後，四日市大気汚染訴訟で患者側が勝訴すると，73年に公害健康被害補償法が成立し，患者の医療費等を事業者が賦課金として払うこととなった。本章は聞き取り調査や特許データを用いて，公健法賦課金を含む各種政策手段が，SOxの削減に有効な排煙脱硫・重油脱硫の技術開発を促進したかどうかを判定した。その結果は，技術革新を促進したのは法規制と公害防止協定であり，公健法賦課金の技術革新への影響は意外に小さかったが，その普及には影響があったというものであった。その背後には複雑なメカニズムがあったことがうかがわれる。

　第7章「企業の環境関連研究開発活動に関する実証研究」（井口衡・有村俊秀）は，環境規制がメーカーに課された場合に部品サプライヤーの側でイノベーションが起こる現象を解明するために，サプライチェーンに注目し，取引先のサプライヤーに環境取り組み要求を行うという現象がどの程度存在しているのかを調査した。その結果，調査結果からは，規制を受けている企業と，環境R&Dを実際に担っている企業が異なる場合があることが判明した。また取引先から環境取り組みを要求される企業は，自社内に環境関連の研究開発予算を持つ傾向が高かった。こうした現象が存在していることを考えれば，グリー

ン・イノベーションの促進において，あるいはポーター仮説の検証において，サプライセンターの視点を取り入れた分析が有効であることがわかる。

第8章「中小企業の環境問題に関する研究開発活動」（中野牧子）は，中小企業の環境関連技術の研究開発活動の実施状況を概観し，それを制約している要因としてスキルを持つ人材やノウハウの不足があることを明らかにした。本章は愛知県の中小企業へのアンケート調査から，従業員30人〜300人の企業において，過去5年間に環境負荷低減に関する研究開発が行われてきたかどうかを調査した。その結果，プロダクト・イノベーションの領域では35%が行ったと答え，このうち87%の企業が開発につながったと答えた。またプロセス・イノベーションの領域ではその数値は37%および83%であった。調査からは，中小企業の環境研究開発の実態と問題点が明らかにされている。

第9章「グリーンプロセスイノベーションと環境管理会計」（國部克彦・天王寺谷達将）は，グリーン・イノベーションの中でも，特にプロセスにおけるイノベーションに着目し，マテリアルフローコスト会計（MFCA）がこうしたイノベーションを促進すると主張している。MFCAは，マテリアルのフローとストックを重量と金額で測定する管理会計手法であり，通常は独立してコスト評価されないマテリアルのロスを算定するため，それを削減することを経営者に動機づけてくれる。MFCAによりこれまで見えなかった廃棄物に関わるコストが可視化されることで，歩留率が予想以上に悪く，全体ではまだまだ改善の余地があることがわかるようになる。こうして工場が緊張することで，資源生産性向上を目指したグリーン・プロセス・イノベーションが駆動されるのである。

第Ⅲ部では，より視点をイノベーションに携わる当事者の近くに置き，個別の事例をベースにして，政策や経営の現場で実際にどのようなことが生じているのかに注目する。同時に，日本に限らず，米国や中国，バングラデシュでの事例を参照することにより，グローバルなレベルでグリーン・イノベーションがどのように進展しているのかを理解することができる。

第10章「再生可能エネルギー技術のイノベーション」（島本実）は，日本の再生可能エネルギーの国家プロジェクトの歴史を題材にして，これが産官学連携のもと進められてきた事実を明らかにする。しかしながら，太陽光発電開発

第I部　グリーン・イノベーションの理論

の事例研究は，計画は政策担当者の意図通りというよりも，むしろ企業の側の主体的なイニシアチブが大きく，むしろ企業側の意向が計画案に大きい影響を及ぼすことがあったことを示している。国家プロジェクトには，経済的な合理性のほか，いったん始まった計画を中止できないという政府の論理，環境問題対策を掲げつつも自社に有利な技術を計画で採用させようとする企業の説得活動など複数の力がせめぎ合っている。したがって政府が合理的にグリーン・イノベーションにインセンティブ付与を行おうとしても，結果的にさまざまな意図せざる結果が生じてしまう危険性が示唆される。

　第11章「グリーン・イノベーションへのアプローチ」(朱穎)は，グリーン・イノベーションの問題を考える際に，ポーター仮説に対する実証研究が必ずしも統一した見解を示していない理由として，ステークホルダーに対する企業の持つパワーや正当性の相違や，技術自体の相互依存性の問題，さらにはその企業がアントレプレナーシップ型かどうかといったことに成否が左右されることを指摘した。そこで本章ではアントレプレナーシップがグリーン・イノベーションに果たす役割が，電気自動車の事例から考察される。電気自動車は実は19世紀から存在していたがガソリン車の大量生産によって一度は市場から消えた。しかし21世紀になると既存資源が乏しいなかで，テスラやベター・プレイス社といった企業が新しいビジネスモデルの構想を掲げて新規参入を果たした。こうした新規ビジネスモデルを構築するアントルプレナーの役割こそが，グリーン・イノベーションのために重要なのである。

　第12章「中国式グリーン・イノベーション」(堀井伸浩)は，風力発電導入の事例を対象にして，グリーン・イノベーションにおける中国企業の躍進の理由を解明するものである。本章によれば，その理由は中国企業が価格競争力をもつ製品を生産できるコスト競争力を発揮できたことにある。その際には，FIT(固定価格買取制度)を取り入れつつも実際にはRPS(再生可能エネルギー利用割合基準)的な普及政策が企業間の競争を激化させコスト低下を促進した点で功を奏したとされる。また中国政府の財政投資による国家プロジェクトはRPSの弱点である導入量過少の問題を防止した。こうした政府による高い目標設定を掲げた産業政策と，企業にコストダウンを迫る競争メカニズムの活用が，中国の風力発電産業をして，適切なコストの製品を市場に提供する「倹

約（frugal）イノベーション」を実現することを可能にしたのであった。この中国式グリーン・イノベーションの成功からは，日本も学ぶべきことが多い。

第13章「開発途上国におけるグリーン・イノベーション」（上村康裕・鎗目雅）は，バングラデシュの農村電化計画を題材に，グラミン銀行グループの機関が中心となってマイクロファイナンスを進め，住宅用太陽光発電設備や小規模バイオマス発電の普及を進めることに成功した理由を解明する。その成功の背後には，地域の実情に見合った適正技術を備えた製品の提供，そうした製品を導入しやすくするための金融サービス，コミュニティを巻き込み地域活性化を目指したきめ細やかなアフターサービスの提供があった。特にその中でも金融サービスはグリーン・マイクロファイナンスと呼ぶべきものであった。第12章同様，近年，発展途上国では自動車や家電製品などの一般消費財における「倹約イノベーション」が注目されているが，そこで低価格化と同時に環境配慮面の機能が付加されるかどうかはさらなる検討に値するものである。

以上のような各章の分析を通じて，本書は読者とともに有効なグリーン・イノベーション促進の方策を探っていきたい。

■ ［注］

1）ちなみにここで言う持続可能性（サステイナビリティ）とは，1987年にノルウェーのブルントラント首相が座長を務めた国連の委員会の報告書で打ち出された概念であり，その後，環境か成長か，保全か開発かを考えるときには常に参照されるキーワードとなっている。サステイナビリティの概念については，本書の第4章が詳しい。植田和弘『環境経済学』岩波書店，1996年，12頁。植田和弘『環境経済学への招待』丸善ライブラリー，1998年，4頁。
2）2011年8月8日，2013年6月3日，2015年6月1日，日経産業新聞。
3）2010年4月1日，2011年9月27日，2011年3月18日，2013年3月29日，日経産業新聞。
4）J・A・シュムペーター（シュンペーター）『経済発展の理論——企業者利潤・資本・信用・利子および景気の回転に関する研究』岩波書店，1977年（原著1912年）。
5）Utterback, J. M. and W. J. Abernathy (1975) "A Dynamic Model of Process and Product Innovation." *Omega*, Vol.3, No.6, pp.639-656.
6）OECD (2009) Sustainable Manufacturing and Eco-Innovation Synthesis Report Framework, Practices and Measurement Synthesis Report, p.15; OECD (2011) *Environmental Policy and Technological Innovation*, p.196. この点の記述に関しては，本書第2章の執筆者の井上恵美子氏からの有益な示唆を得た。
7）一橋大学イノベーション研究センター『イノベーション・マネジメント入門』東洋経済新報社，2001年。同書によれば，イノベーションとは，「新しい製品やサービスの創出，既存の製品やサービスを生産するための新しい生産技術，それらをユーザーに

届け，保守や修理，サポートを提供する新しい技術や仕組み，それらを実現するための組織・企業間システム，ビジネス・システム，制度の革新」（3頁）と定義されている。
8) 植田和弘『環境経済学』岩波書店，1996年。105頁。植田和弘『環境経済学への招待』丸善ライブラリー，1998年，まえがき iv 頁。
9) Porter, M.E. (1991) "America's Green Strategy," *Scientific American*, Vol.264, No.4, pp. 96. Porter, M.E. and C.van der Linde (1995) "Toward a New Conception of the Environment - Competitiveness Relationship," *Journal of Economic Perspectives*, Vol.9, No.4, pp.97-118.
10) 環境経済・政策学会編，佐和隆光監修『環境経済・政策学の基礎知識』有斐閣，2006年，296頁。
11) 米倉誠一郎「特集にあたって」，一橋大学イノベーション研究センター『一橋ビジネスレビュー』（特集グリーン・イノベーション）第58巻第1号，東洋経済新報社，2010年，4頁。

（島本　実）

第2章

環境規制・政策と
グリーン・イノベーション

1 はじめに

　グリーン・イノベーションは，気候変動問題のようなグローバルかつ長期的な視点での対応が必要となる環境問題に対処する方策の1つとして，近年ますます注目を集めている。グリーン・イノベーションの社会にもたらす影響は大きく広範であり，市場だけではイノベーションを促進する十分なインセンティブを提供することにはならず，環境政策や公的な研究開発基金の存在が重要なものとして作用してきた（Popp et al., 2010）。そのため，グリーン・イノベーションは，環境規制・政策との関連で研究・議論されることが多い。実際，環境規制・政策とグリーン・イノベーションとの関係は興味深いトピックとして1970年代より注目されている。当初は政策の実施実績が十分でなく，また分析可能なデータが限られていたこともあり，理論研究が中心であったが，研究開発に関する支出額や特許に関するデータの入手が可能になるにつれて，実証分析も進展するようになった。また，ポーター仮説の提唱は議論の活性化をもたらし，その妥当性を検証する理論的検討や実証研究が進展した。

　本章では，環境規制・政策とグリーン・イノベーションの関係について，主に2つの観点から研究の到達点と課題を明らかにしたい。1つは，環境規制・政策とグリーン・イノベーションの研究開発との関係性についてであり，もう1つは，環境規制・政策が環境にやさしい新技術の普及に及ぼす影響について

である。

　なお，本章では，グリーン・イノベーションを「環境負荷を逓減するための革新的な製品・サービスまたは環境負荷逓減を実現するための業務の改善を目的としたプロセスの開発に必要とされる設計や研究開発（以下，R&D）」と定義する。また，R&Dによって，「プロダクト・イノベーション」と「プロセス・イノベーション」が生み出されるが，前者は新製品あるいは新サービスの開発とそれらの市場への投入のことを指し，後者は製品・サービスの製造・生産方法あるいは物流・配送方法に対する新プロセス導入または既存プロセスの改良を指す。

2　環境政策手法とグリーン・イノベーション

　まず，環境政策手法の類型について整理しておきたい。環境経済・政策研究においては，環境政策手法は，主に，①直接規制的手法，②枠組規制的手法，③経済的手法，④自主的取組，⑤その他，の5つに分類される。

　直接規制的手法（以下，直接規制）とは，排出総量規制，排出基準規制，生産物の品質規制，生産工程・設備レベル，特定の原材料の指定や禁止などを通じて，対象とする主体の環境に負荷を与える活動を直接的に制限・禁止する政策である。企業などの活動の自由を制約するものではあるが，政策効果が他の政策手段と比較して確実であると考えられること，また政策当局の経験が豊富である点などの理由から，最も頻繁に活用されている政策手段である。

　枠組規制的手法とは，法律にて遵守すべき手順や手続き等のルールを明確に提示してその遵守を義務付け，その枠内においては経済主体の自主的な環境対応に委ねる政策手段であり，化学物質排出移動量届出制度（PRTR）などが具体例として挙げられる。直接規制と比べ，汚染物質の種類や汚染行為など規制する対象を拡大することができること，また企業の経営条件に応じたルールを達成するための最適な措置を講じることができるなどのメリットがある。ただし，政策の成果に関するモニタリングが上手く機能しないと，虚偽の報告や都合の悪い事項を報告しないようなケースが出てくる可能性がある。また目標を未達成だった場合のペナルティが不明確である場合，企業等の環境保全へのイ

ンセンティブを弱める恐れがあり，環境対応をきちんと実施した企業が不公平感を抱く可能性があるため，適切なルールの設定が重要である。

　経済的手法は，税や補助金，排出量取引など，市場メカニズムを活用して，対象とする経済主体が行う活動の費用と便益に影響を与え，その活動を環境保全的なものに導くという政策手法である。これまでの研究から，市場への参入退出を考慮に入れた長期的な視点と費用負担における公平性の観点に基づいて検討すると，補助金よりも環境税や排出量取引が優れていることが明らかとなっている。一般に直接規制よりも柔軟性があり，かつ同レベルの環境基準の達成を目標とした場合，少ない社会的費用で目標を達成可能だと考えられている。また汚染源が分散，小口，多様な場合，価格メカニズムを通じて幅広く政策目的を浸透させることができる点，個々の行為では少量の環境負荷しか与えていないために環境汚染に対する意識が希薄な場合も汚染程度に応じて社会的費用を賦課できる点がメリットとして考えられる。さらに，政策評価を行う場合，費用対効果，費用対便益などの定量的な分析になじみ，経済理論のツールを活用した評価手法も概ね確立している点も経済的手法の有効性を示している。しかし，経済的負担さえ甘受すれば，経済主体が環境負荷の高い行為を選択する可能性があるため，政策の効果を事前に正確に予測することが困難である点，また課税ベースと汚染原因との間のリンケージが弱い場合には課税による環境汚染の抑制効果は低く，むしろ消費や生産に対して望ましくない影響をもたらす場合があるという短所もある。そもそも経済的負荷を課すため，国民の理解と合意が必要であり，実施するまでに時間がかかる場合があるということも考慮すべきである。

　これらの手法に加えて，最近では企業・業界団体による自主的取組や民間主体が政府と交渉の上協定を結ぶ自主協定などが重要な役割を果たしている。具体例としては経団連などの自主行動計画，企業の自主的な環境対応などが挙げられる。これらの自主的取組は，これまで直接規制や経済的手法などの伝統的な政策手段を補完するものとみなされてきた。しかしながら，実際のケースでは，伝統的な政策手段よりも柔軟性があり，効果的であり，しかも場合によっては，低コストである可能性が明らかになり，その有効性に注目が集まっている。特に，企業に最も適した環境対応を選択する自由がある点，雇用者などの

環境対応についての意識改革や啓発に貢献し，雇用者，消費者，株主などへのコミュニケーションを促進することが可能である点，自主的に実施する環境対応を通じて企業は新たなブランドイメージの確立が可能である点もメリットとして挙げられる。ただ拘束力が弱く，フリーライダーや非協力的な企業の存在を排除することが難しい点，自主的取組の目標，達成時期，基準の設定，評価方法などをあらかじめルール化し，また実施状況等について適切に公開しない場合，この手法の社会的信用が失われる可能性がある点は留意しないといけない。

この他，エコマークなどの環境ラベリング，ライフサイクルアセスメントなどの情報的手法，環境影響評価制度やISO14001などの手続的手法が挙げられる。前者の情報的手法とは，消費者や投資家などのステークホルダーに環境保全活動に積極的な企業や環境負荷の少ない製品を選択する際に参考となる情報を提供し，環境に配慮する企業のインセンティブを促進する方法のことである。この手法では，提供される情報の正確さが重要となる。後者は，行政や企業などの意志決定の段階で，具体的な環境配慮の判断・評価基準を盛り込むことで，環境配慮型の行動を促進する方法のことを指す。

このように，それぞれの環境政策手法には長所と短所がある。また環境問題それ自体の性質や構造は時間とともに変化していく。そのため，対象とする環境問題に応じて，適切に政策手法を組み合わせて実施していくポリシーミックスの考え方は重要である。

3　環境規制・政策とグリーン・イノベーションの関係

本節では，(1) 政策手法の選択とグリーン・イノベーション促進インセンティブ，(2) ポーター仮説とその妥当性の検証，(3) 誘発されたグリーン・イノベーションと環境政策の関係，の3つの論点について検証していく。

(1) 政策手法の選択とグリーン・イノベーション促進インセンティブ

まず，イノベーションに対するインセンティブを刺激するには直接規制か経済的手法のどちらが有効かという研究，さらに実際の諸政策が与えるイノベー

ションへの影響とはどのようなものかについて分析した研究を紹介する。

① 理論研究

このテーマの研究は，当初，Wenders（1975），Magat（1979），McHuge（1985），Downing and White（1986），Milliman and Prince（1989）などの理論研究が主流だった。該当するデータの入手が困難だったことが当初，理論研究が主流だった１つの理由と考えられる。

Downing and White（1986）は，単一の汚染物質排出者の場合において，４つの政策（賦課金，補助金，排出量取引，直接規制）のイノベーション活動に与えるインセンティブ効果を分析したところ，想定した３つのシナリオにおいて常に賦課金はインセンティブ効果が大きく，直接規制が最も小さかったとの結論を出している。また，Milliman and Prince（1989）も，５つの政策（直接規制，環境税，環境補助金，無償での初期配分による排出量取引（以下，無償配分方式排出量取引）およびオークションを通じた初期配分による排出量取引（以下，オークション方式排出量取引））に関してイノベーション活動のインセンティブ効果について比較した場合，直接規制と比較して，環境税，環境補助金，無償配分方式およびオークション方式排出量取引が優位であるとしている。このように，完全競争市場では，ほとんどのケースにおいて，税・課徴金やオークション方式排出量取引などの経済的手法を用いた政策のほうが，直接規制よりもイノベーションのインセンティブを高める。これらの理論分析では，イノベーションによって汚染排出の限界削減費用は下方にシフトすると考えられている。その結果，直接的な排出規制よりも経済的手法が課せられている場合のほうがイノベーション，つまり限界削減費用の下方シフトによって実現されるコストの削減が大きくなる。また，経済的手法は企業にどの環境技術を選択するかという自由を与えるため，長期的にはイノベーションを誘発するという見解もある。

しかしながら，上記のような環境政策手法のもたらす効果の優劣関係は必ずしも一般的に成立する結論ではないということもいくつかの研究によって示されている。例えば，Montero（2002）は不完全競争市場を想定して異なる政策（直接規制，環境税，無償配分方式排出量取引，オークション方式排出量取引）がイノベーション活動のインセンティブにもたらす効果の差異を分析している。

不完全競争市場下での戦略的効果[1]を考慮した分析結果から，クールノー競争[2]下では，直接規制，環境税，オークション方式排出量取引のほうが，無償配分方式排出量取引よりもイノベーション活動のインセンティブを高めるということ，またベルトラン競争[3]下では，環境税とオークション方式排出量取引が最も有効であり，次に直接規制がインセンティブを高めることを明らかにした。無償配分方式排出量取引はベルトラン競争のケースでも最もインセンティブ効果の小さい政策となった。

またBauman et al.（2008）は，ある条件下（直接規制が限界削減費用曲線の傾きを変化させることができた場合）では，直接規制のほうが経済的手法よりもエンド・オブ・パイプ[4]型イノベーションに対するインセンティブを高めることを明らかにした。さらに，Fischer et al.（2003）のように，仮に完全競争市場の前提を維持したとしても，新技術が他の企業に模倣されることを考慮した場合には，Milliman and Prince（1989）の示したような結論にはならず，イノベーション活動のインセンティブに関する環境政策手法の優劣関係は市場構造のあり方や新技術模倣の可能性といった諸要因に依存する。具体的には，イノベーションコストがどれほどかかるか，新技術が環境改善にどれほど貢献するか，汚染物排出企業数はどのくらいか，開発者がどれだけ技術を普及させられるか等の諸条件に依存し，政策自体が一元的にイノベーション促進インセンティブに影響を与えるのではないとした。そして排出企業数が十分に大きい場合，新技術の模倣が容易なケースでは，オークション方式排出量取引がイノベーション活動のインセンティブ効果が高く，模倣が困難なケースでは環境税が優れているとの結論を示した。

② 実証研究

このテーマに関する実証研究には，図表2-1に示すように，具体的な政策とイノベーション活動のインセンティブの関係について検証した興味深い研究がいくつも存在する。

直接規制よりも柔軟性の高い政策がイノベーションを誘発することを明らかにした研究（Newell et al., 1999; Lange and Bellas, 2005）や，主に1960年代後半〜70年代前半に日本で独自に開発されたSOx削減のための排煙脱硫技術開発に着目して直接規制（公害防止協定や自治体の先駆的規制，法的規制等）がイ

ノベーション促進に有益な役割を果たしたこと，またその技術の普及と改善に寄与したのは経済的手法（公健法賦課金）であったことを証明した研究（Matsuno, Terao, Ito and Ueta, 2010）からも明らかなように，実施された政策手法，政策が実施される国，対象となる産業や企業，市場構造の諸条件などにより，その影響は異なる結果を示す。

■図表2-1　政策手法とグリーン・イノベーションのインセンティブ

研　究	政策手段	データ	結　果
Newell et al. (1999)	・エネルギー価格に関する政策 ・省エネ基準	エアコンモデルのデータとエネルギー価格（1958-93）	エネルギー価格の変化が新技術を誘発する要因となった（直接規制は古いモデルの撤去を促進するだけ）
Popp (2003)	・SO_2排出量取引 ・直接規制	米国の石炭火力発電所のデータ（1985-1997）	大気浄化法（Clean Air Act）が契機となり生み出されたイノベーションはコスト節減を実現し，許可書取得とともに排出量削減とさらなる除去効率アップを実現
Lange and Bellas (2005)	大気浄化法（Clean Air Act）	米国の石炭火力発電所のデータ（1985-2002）	1990年以降の許可書取引により，古いプラントに排煙浄化装置を設置するインセンティブが高まり，資本および操業コストダウンを実現
Taylor (2008)	・SO_2排出量取引 ・直接規制	米国の特許データ（1975-2004）	将来の許可書価格に関する動向が不明確なため，実際に技術開発に携わる製造当事者（直接的には取引や直接規制の影響を受けない）にはイノベーションに対するインセンティブは高まりにくい
Johnstone et al. (2010)	・固定価格買取制度 ・グリーン電力証書	OECD25カ国の再生可能エネルギー技術に関する特許パネルデータ（1978-2003）	太陽光発電および廃棄物エネルギー関連技術は固定買取制度によって，価格競争力のある風力発電関連技術はグリーン電力証書によってイノベーションが促進
Matsuno, Terao, Ito and Ueta (2010)	・排出基準 ・補助的措置 ・公害防止協定 ・公健法賦課金等	排煙脱硫技術に関する特許データ，インタビュー	排煙脱硫技術は1960年代後半から70年代前半に主に開発されており，それを促進したのは公害防止協定や自治体の先駆的規制や法的規制，公健法賦課金は70年代後半以降，その普及と改善に寄与
Lanoie et al. (2011)	各環境政策手法（技術規制，環境パフォーマンス規制，環境税，排出量取引制度等）	OECD7カ国の企業データ（2004）	環境R&D促進には環境政策の種類よりもその強制レベルが重要

Popp（2003）は，米国の大気浄化法（Clean Air Act）の例から，環境政策に応じてイノベーションが促進される部分が異なることを証明した。分析結果によると，排煙脱硫装置の価格を低減するためのイノベーションは，1990年大気浄化法改正法（90年改正法）以前の直接規制下ですでに起こっていたが，90年改正法成立以後にもたらされたSO_2排出量取引下でのイノベーションは，排煙脱硫装置の価格を低減させるだけでなく，さらなる限界排出削減費用の逓減を図ることが可能な装置の除去効率を向上させる方向に貢献したという。さらに，Johnstone et al.（2010）は，イノベーションのタイプに応じて最適な政策手段は異なると主張している。OECD25カ国の再生可能エネルギー技術に関する特許パネルデータを用いて分析した結果，太陽光発電や廃棄物エネルギー関連技術の開発促進には固定価格買取制度[5]，競争力がある風力発電関連技術の開発促進にはグリーン電力証書[6]が有効であることを示した。

またLanoie et al.（2011）によると，政策の種類よりもそれらの政策の強制レベル，つまり規制対象に対してどれだけ強制力があるかという観点こそが，イノベーション促進の重要なポイントであるという。この研究では柔軟性の高い政策手段のほうがイノベーションを誘発したことが明らかになったが，通常，柔軟性が高いと考えられている経済的手法がその際最も有効な政策手法ではなかったという点は興味深い。

③ 小 括

初期の理論研究によれば，完全競争市場では，ほとんどのケースにおいて，経済的手法を用いた政策のほうが，直接規制よりもイノベーション促進のインセンティブを刺激する。ただし，これは完全競争市場という条件において成立するもので，不完全競争市場などの条件を設定すると，異なる結果が見られる。

また実証研究では，実施された政策手段，政策が実施される国，対象となる産業や企業，市場構造の諸条件などにより，その影響は異なる結果を示すことがわかる。以上のことから，イノベーションを誘発するためには，明確な条件設定が重要であり，それらの条件に沿って最適な政策手法を選択していくことが重要である。

第2章 環境規制・政策とグリーン・イノベーション

(2) ポーター仮説とその妥当性の検証
① ポーター仮説

　一般的には，環境規制が実施もしくは強化された場合，規制遵守に伴う費用負担が生じることから，企業の生産性は低下し，環境対応費などの負担は増加して，その結果として国際競争力を損なうと考えられてきた。こうした通説に対して，ケーススタディを根拠に興味深い主張を展開したのが，米国の経営学者マイケル・E. ポーターである。いわゆるポーター仮説（Porter Hypothesis）によると，適切な環境政策が実施されるならば，環境規制の強化によって費用節約・品質向上をもたらす技術革新が促進され，規制遵守費用が相殺されるのみならず，生産性を向上させ企業の競争力を強化しうるという（Porter, 1991; Porter and van der Linde, 1995）。その根拠として，多額の環境保全費用が強いられている米国の化学産業の国際競争力が米国の他の産業と比較して高いこと，1970年代に厳格な環境規制を実施していた日本やドイツにおいてそのような環境規制が実施されなかった米国を上回る生産性上昇率が達成されたこと，さらに，環境規制へ対応する中で技術革新を起こしてさらなる利益を獲得している企業の具体的な事例を挙げて，環境規制が汚染削減のみならず企業の利益にもつながりうるという見解を提示した。

② ポーター仮説の検証

　ポーター仮説は，イノベーションのインセンティブ要因として環境規制がもたらす影響に関心が注がれる契機となった。多くの研究が実際にこの仮説は成立するのかという点について分析し，その妥当性を検証している。

　当初は，ポーター仮説に対して否定的な理論研究が多く，例えばPalmer et al.（1995）は，イノベーションによって私的純便益が発生するのならば，企業の利潤最大化行動の前提に照らし合わせると，政策がなくても企業自らがそのような技術革新を実施しているはずであると主張した。これは，企業が完全に情報を持っていて常に合理的な行動を取ることを前提としている。また先行研究のレビューや米国やスウェーデンの実証分析より，ポーター仮説は限定的な条件の下でのみ成立，もしくは全く成立しないと結論付けたFilbeck and Gorman（2004），Brännlund and Lundgren（2009）などの研究もある。

　以上のような研究を踏まえて，どのような条件下ならばポーター仮説が成立

し，排出削減と利益の両方をもたらすwin-winの状況が実現できるのかという点にその後関心が移る。この仮説の成立を短期的に実現するケースは極めて稀であるとされるが，その稀なケースを実現させる条件について整理してみると，主に2点が挙げられる。まず1つ目は，「組織の構造的な問題が存在するケース」で，企業組織論や行動経済学的視点から検証がなされている。Gabel and Sinclair-Desgagne（1998）は，企業内に組織の失敗に起因する資源利用の非効率性が存在している場合，環境規制の強化は企業組織の再構築を促す外生的なショックとして機能し，汚染削減とともに効率性改善を実現するとしている。また，Ambec and Barla（2002）によると，企業内部に情報の非対称性，欠陥のあるガバナンス体制などの問題が存在する場合，政府が環境規制を課すことによりそれらの問題が是正されて，ポーター仮説を実現できる状況をもたらすという。さらに，Ambec and Barla（2006）は，企業はトップの判断ミスにより最適な投資チャンスを見誤る場合があるが，環境規制はこの判断ミスを回避し，利潤最大化の実現を手助けするという。

次に挙げられるのは，「資本構成が最適でないケース」である。Xepapadeas and de Zeeuw（1999）はwin-winな状況の実現は必ずしも期待できないとしつつも，新しい生産設備ほど生産性が高く汚染物質の排出量が少なくなるという技術的性質を考慮し，環境規制が資本構成に与える影響について分析している。環境規制という外生的ショックによって企業が環境負荷の大きい旧式の生産設備を廃棄して資本ストックの近代化を行い，平均設備年数を低下させるならば，資本の生産性上昇がもたらされ，規制強化に伴って発生する対策コストの負担を小さくすることができるとした。Mohr（2002）は，学習モデルを提示し，内生的な技術の変化はポーター仮説の実現を可能にすると述べる一方，生産における規模の外部経済が企業による新技術の採用を妨げているとした。そのため，政府がすべての企業に新技術の採用を求める環境政策（例えば技術基準による規制）を行うならば，環境の質の改善も生産の増加も可能となると示した。

③ **Jaffe and Palmer（1997）による「3種類のポーター仮説」とその検証**

Jaffe and Palmer（1997）によれば，ポーター仮説は以下のような3つのバージョンに分類できる。1つ目は，強いポーター仮説（Strong version）であり，「新しい環境規制という外的なショックが，良い意味で企業のR&D活動

を刺激・促進し，政策の遵守と利潤の増加の両立を実現させる新しい製品またはプロセスを生み出す。イノベーションは追加的な規制コストを相殺し，結果的に環境規制は企業の競争力を高める」というものである。この仮説によると，新しい環境規制が企業にそれまで全く思い付かなかった新しい製品や製造プロセスを気付かせるという。

2つ目は，弱いポーター仮説（Weak version）であり，「環境規制により，従来のR&D費が環境規制遵守のために支出され，ある種の技術革新をもたらす」というものである。この仮説は他のR&Dを犠牲にして，環境関連のR&Dが活発になることを示している。イノベーション自体が企業に良いものであるとは言及していない点に注意が必要である。

3つ目は，狭義のポーター仮説（Narrow version）であり，「柔軟性の高い政策は，直接規制などと比べて，企業のイノベーションに対するインセンティブを促進する」というものである。この仮説によると，イノベーションの促進には，環境政策が製造プロセス（process）を規制するのではなく，環境パフォーマンス（outcome）を規制するべきであり，政策選択が重要であるという。

以上のような分類を受けて，「Jaffe and Palmer（1997）の3バージョンは観察されるのか？」という点について研究が進んだ。Andersen and Sprenger（2000）は，ケーススタディより"Narrow version"が主に成立し，"Strong version"が時には成立することを明らかにした。Lanoie et al.（2011）は，実証分析より"Weak version"は成立，"Narrow version"については条件付きで成立，"Strong version"は成立しないと明らかにした。

④　小　括

経営的な観点から提起されたポーター仮説が，経済学的な研究にこれほどまでに大きな影響をもたらしたことは非常に興味深い。規制がかえってイノベーションを創出する契機になり，さらには企業の競争力を増すという可能性を示すこの仮説は，政策を策定する立場からは魅力的だったに違いない。この点もポーター仮説に関する議論が活発化していった理由かもしれない。当初，ポーター仮説に対して批判的な研究が多かったが，その後，この仮説をどのように実際の状況に具体化するかに視点が移っていった。

この分野の諸研究は、環境規制が強化された場合に、果たして企業のイノベーションを実施するためのR&D支出やイノベーション活動の結果としての特許取得件数を増加させるのかという点について実証的に検証する研究へと発展していく。

(3) 誘発されたグリーン・イノベーションと環境政策の関係

　このテーマに関する諸研究は、R&D支出や特許件数に関するデータが入手できるようになって急速に発展した。前述のように、R&D支出額や特許件数をイノベーションの代理変数として分析した実証研究が多い。また環境規制の強制力の強さの度合いを示すデータとして公害防止対策費用などの規制遵守費用が用いられる場合も多く見られる。

　諸研究をまとめた図表2-2によると、1990年代半ばから2000年代前半までは、「公害防止対策費用（Pollution Abatement Costs and Expenditures: 以下PACE）」とイノベーションの関係を分析したものが多く、PACEがイノベーションにポジティブな影響をもたらしていることが明らかとなった（Lanjouw and Mody, 1996; Jaffe and Palmer, 1997; Hamamoto, 1997 & 2006; 中野, 2003; Brunnermeier and Cohen, 2003）。例えば、Jaffe and Palmer（1997）の研究では、1974～91年の米国製造業の特許やR&D支出に関するデータを用いて実証分析を行い、PACEの増加に伴い、R&D支出が増加したという結果となった。同じくBrunnermeier and Cohen（2003）は、米国製造業を対象とした分析により、PACEの増加が環境技術関連特許の取得件数の増加をもたらしたことを明らかにした。1966～76年の日本の製造業データを用いたHamamoto（2006）によると、日本の場合でもPACEの増加がR&D支出を押し上げた。

　PACE以外にも、エネルギー価格、技術知識ストックへのアクセス可能度合などの指標を用いてイノベーションとの関係を分析した研究も存在する。Popp（2002）は、1970～94年の特許データを用いて、米国においてエネルギー価格が省エネルギー技術に関わる特許の取得状況にどのような影響を与えたのか検討している。エネルギー価格の上昇が特許取得に影響を与えたという結果から、経済的手法の導入に対する反応として企業のイノベーションが活発化して、環境保全技術が誘発されることが示唆されている。

第2章 環境規制・政策とグリーン・イノベーション

■図表2-2 各国での環境政策とグリーン・イノベーションとの関係

研究	データ	イノベーション（代理変数）	イノベーション誘発要因	結果
Lanjouw and Mody (1996)	米国，日本，ドイツ他14カ国の特許データ	環境技術の特許	環境規制の強制度（公害防止対策費用（Pollution abatement costs and expenditures: PACE)）	＋
Jaffe and Palmer (1997)	米国の産業別の特許およびR&D費用に関するデータ（1974～91）	R&D支出，特許	環境規制の強制度（PACE）	R&D支出のみ＋
浜本 (1997)	日本の7業種データ（1970～79）	R&D支出	環境規制の強制度（PACE）	＋
Popp (2002)	米国のエネルギー関連の特許データ（1970～94）	省エネ技術の特許	エネルギー価格，技術知識ストックへのアクセス可能度や助成金など政策	＋
Brunnermeier and Cohen (2003)	米国の環境関連の特許データ	環境技術の特許	環境規制の強制度（PACE，立入検査回数）	わずかに＋（0.04％/＄1million）
中野 (2003)	1970年代の紙パルプ産業の企業データ	R&D支出	環境規制の強制度（PACE）	＋
Hamamoto (2006)	日本の製造業データ（1966～76）	R&D支出	環境規制の強制度（PACE）	＋
Popp (2006)	米国，日本，ドイツの特許データ（1970～2000）	SO_2やNO_x削減に関連する特許	環境規制	＋
Arimura et al. (2007)	OECD事務所サーベイデータ (2004)（日本，米国，カナダ，ドイツ，ノルウェー，ハンガリー，フランス）	環境R&D支出	・環境政策 ・環境マネジメント ・環境規制の強制度（立入検査回数など）	・環境会計は環境R&Dを促進 ・柔軟な環境政策および厳しい環境規制は環境会計・マネジメントの導入を促進⇒環境R&Dを促進
有村＆杉野 (2008)	「科学技術研究調査」日本の企業レベルの個票データ（1992～2001）	①R&D活動実施企業数 ②環境R&D活動実施企業数 ③R&D支出 ④環境R&D支出 ⑤環境R&D/R&D支出	環境規制の強制度（全投資額に占める環境保全投資額の割合）	①（＋），②（＋），⑤（＋）
伊藤 (2010)	スウェーデンの紙パルプ産業の企業レベルの個票データ（1999～2003）	環境R&D支出	・炭素税支払額 ・環境規制の強制度（環境関連投資，環境関連経常支出額）	・炭素税の支払額は環境R&D支出に対して有意な影響を与えず（考えられる理由：製造業部門に対する税率の低減措置が設けられている点） ・経常費用の負担増大はR&Dを活発化させるが，投資の増加は逆にR&Dを抑制させる傾向
Demirel and Kesidou (2011)	DEFRAサーベイデータ英国企業（289社）の個票データ（2005&2006）	①end-of-pipe ②cleaner production ③環境R&D	・環境政策 ・企業のモチベーション ・その他の要因（コスト削減目的等）	・①（＋）直接規制，効率性改善モチベーションが有効 ・②（＋）効率性改善に対するモチベーションが有効 ・③（＋）直接規制，経済的要因（コスト削減）が有効 ・ISO14001は①と③に関わる環境マネジメントシステムに有効
Inoue et al. (2013)	OECD事業所サーベイデータ（2004）（日本の製造業）	環境R&D支出	・環境政策 ・ISO14001の習熟度（取得からの年数）	＋（ISO14001の習熟度は環境R&Dを促進）

2000年代半ば以降になると，Arimura et al.（2007）やDemirel and Kesidou（2011），Inoue et al.（2013）などのように，環境規制の厳格さといった外生的な要因の影響だけでなく，環境マネジメントシステム，企業内部の組織構造や企業のモチベーションといった内生的な要因がイノベーションに与える影響について検証していこうとする動きが見られるようになる。Arimura et al.（2007）は，OECDが行った7カ国の事業所レベルのサーベイデータに基づいて，環境会計の導入が環境R&D支出額を増加させたこと，柔軟性が高く，厳格な強制力のある環境政策は環境会計の導入を促進すること，そして環境会計導入の促進を通じて環境R&Dが促進されたことを明らかにした。英国企業の個票データを用いて，環境政策や企業のモチベーションと3種類のイノベーション（エンド・オブ・パイプ型技術，クリーナー・プロダクション，R&D支出額）の関係について分析したDemirel and Kesidou（2011）は，誘発されるイノベーションのタイプによって最適な政策や要因が異なることを示唆している。この点は前述のJohnstone et al.（2010）やMatsuno et al.（2010），そしてSO_2排出削減技術に関する特許データを用いたPopp（2003）の分析でも言及されている。Inoue et al.（2013）では，日本企業（製造業）を対象に，ISO14001の取得とそれを保持し続けるという企業の自主的な行動がイノベーションにどのような影響を与えるのかを検証している。企業がISO14001を取得してからの期間をISO14001の習熟度と捉え，イノベーションの代理変数を環境関連R&D支出額として分析した結果，ISO14001の習熟度が環境関連R&D支出額，つまりグリーン・イノベーションにプラスの影響を与えることを明らかにしている。

(4) まとめ

本節では，(1) 政策手法の選択とグリーン・イノベーション促進インセンティブ，(2) ポーター仮説とその妥当性の検証，(3) 誘発されたグリーン・イノベーションと環境政策の関係，の3つの論点から研究を紹介した。R&D支出や特許に関するデータが入手できる前は，理論研究が中心で政策比較が主な関心であったが，その後データへのアクセスが可能になると，実証研究が進んだ。また興味深いのは，1990年代は外生的要因である環境規制のイノベーションへの影響が主に議論されてきたが，2000年代半ば以降になると，企業の自主

的な取組や組織などの内生的要因とイノベーションとの関係を検証する研究が出てきた点である。

本節で紹介した研究に基づいて整理すると，イノベーションと一口に言っても，さまざまな技術や製品のさまざまなレベルがあり，最適な政策は各々で異なる。最適な政策を選択していくためには，さらなるインセンティブ構造の解明が重要である。

4 環境規制・政策と技術の普及の関係

イノベーションは単なる研究開発で終わるべきではなく，それが普及して社会的に良いインパクトを与えていくことが重要なポイントとなる。そこで，本節では，技術の普及にかかわる点について分析した研究をまとめる。

(1) 環境政策の選択と新技術普及のインセンティブ

ここで注目される点は，企業が限界削減費用の逓減を実現できる技術を選択するという前提に基づき，どの政策を選択することが新技術導入のインセンティブを高めることができるのかという点である。

Milliman and Prince (1989) やJung et al. (1996) らの研究によると，新技術の採用インセンティブは，直接規制よりも経済的手法の下で高まることが明らかになった。ただし，各政策のもたらす効果の優劣関係については一意的な結論は存在しない。例えば，Milliman and Prince (1989) は，前述のように5つの政策に関して，新技術導入のインセンティブを比較した場合，オークション方式排出量取引が最も優れており，2番目に環境税と環境補助金，次に直接規制，最もインセンティブが低くなるのが無償配分方式排出量取引であることを示した。これは排出量取引の下では，排出企業は新技術の採用により汚染削減費用の逓減という便益だけでなく，排出量取引の価格の低下という便益も享受できるので，新技術の採用インセンティブは環境税よりも大きくなるという考え方に基づいている。また，オークション方式排出量取引のほうが無償配分方式よりもインセンティブ効果が高いと述べている。しかし，前述のFischer et al. (2003) は，この排出量取引の価格の低下という便益は，新技術

を採用しない排出企業にも同様の便益をもたらすために，その分だけ各排出企業の新技術採用インセンティブは小さくなることを指摘した。さらに，もし各排出企業がプライステイカーならば，オークション方式排出量取引のほうが無償配分方式よりもインセンティブ効果が高いとは必ずしも言えないとし，この場合，環境税のほうが排出量取引よりも新技術採用のインセンティブ効果は高くなることを示した。

(2) 新技術の普及と環境規制・政策の効果

このテーマに関する研究では，具体的にある特定の技術に注目して，その技術の普及に効果的だった環境政策は何か，また新技術の普及を促進する要因とは何かについて検証されている。研究に利用可能なデータの蓄積も不十分であることや経済的手法の導入事例が限られていることから，まだこの分野の実証研究は数が限られている。

Jaffe and Stavins（1995）は，米国における1979〜1988年までの新規の住宅建設における断熱技術の導入に影響を与えた要因の経済分析を行っている。彼らはエネルギー費用と新規住宅建設における平均的な家庭の断熱技術の導入コストの動学的な影響を検証している。エネルギー価格の変化はエネルギー使用における環境税の効果の指標として解釈され，導入コストの変化は技術導入のための補助金の指標として解釈している。分析結果から，技術普及に関して直接規制の有効性は明らかにならなかったが，エネルギー価格の上昇は採用される断熱技術レベルを押し上げる効果があり，また断熱技術の導入コストの影響度合いはエネルギー価格のそれよりも大きいことが示された。つまり，技術普及には，環境税や技術導入に対する補助金が有効で，直接規制の有効性は証明されなかった。

Kerr and Newell（2003）は，米国石油精製プラントでの鉛低減技術の導入に関して，プラントの規模や規制の強制度合がもたらす採用インセンティブへの影響について検証している。その結果，新技術の採用インセンティブは規制の強制度合に大きく影響されること，また規模が大きく，また最先端の技術を結集している精製所ほど，導入コストを小さく抑えられるために新技術を採用する傾向にあることが明らかになった。

さらに，新技術導入には排出量取引が有効な政策であるということも示された。米国の火力発電所におけるSO_2排出の削減を可能にする排煙脱硫装置の導入インセンティブは，柔軟性のある経済的手法実施下において高まるという結果を示したKeohane（2007）でも，90年改正法によりスタートしたSO_2排出量取引の有効性が明らかにされた。脱硫装置導入か，SO_2排出量の低い石炭への燃料転換かの選択は，90年改正法以前の直接規制実施時よりもSO_2排出量取引実施時のほうが，両者の価格差に敏感に反応したことがわかった。

OECD 7 カ国のアンケートデータを用いて，どのような政策下において，エンド・オブ・パイプ型の対策，または革新的な新技術の導入が判断されるのか検証したFrondel et al.（2007）では，直接規制はエンド・オブ・パイプ型の対策をより促進する傾向があり，経済的手法は革新的な新技術の導入に影響を与えることが観察された。これらの研究により新技術の普及においてもその技術のタイプによって適切な環境政策が異なることが示唆されている。

(3) まとめ

理論研究では，新技術の採用インセンティブは，直接規制よりも経済的手法の下で高まることが明らかになった。実証研究でも，技術普及には環境税や技術導入に対する補助金が有効であり，直接規制の有効性は証明されなかった。ただ技術のタイプによっては，直接規制の有効性が示されたことから，最適な政策はその技術のタイプによって異なってくることが明らかになった。

5　おわりに

環境規制・政策とグリーン・イノベーションに関する研究の大きな流れを整理すると，データの制約から当初は理論研究が中心であったが，その後イノベーション活動におけるインプットであるR&D支出額や，アウトプットを表す特許取得件数のデータが入手できるようになったこと，また経済的手法の導入事例が増えたことが契機となり，実証研究が大きく発展してきたことがわかる。また，1990年代は主に外生的な環境規制との関係でイノベーションを検証していたが，2000年代後半からは，企業の自主的取組やモチベーション，企業

の組織など，内生的な要因とイノベーションの関係を検証したものが増えてきた点も注目すべきである。さらに，「ポーター仮説」がこの分野の研究に大きな影響をもたらし，理論や実証研究を通じてその妥当性を検証する動きを活発化させた点から，環境経済学的な視点だけでなく，環境経営学的な視点がこの分野の研究に大きく貢献してきた事実が明らかになった。

　本章で紹介した研究から，環境規制・政策はイノベーションや新技術の普及に影響を与えていることが明らかになった。基本的にイノベーションも新技術普及においても柔軟性の高い経済的手法を用いたほうが，直接規制を用いるよりもイノベーションのインセンティブを刺激することができるという結果が見られたが，完全競争市場か不完全競争市場かといった前提条件の設定や，対象とする国・産業・企業または事業所，対象とする期間などの条件設定により，結果が異なってくることがわかった。特に，対象となる技術のタイプにより最適な環境規制・政策が異なることも明らかになった。ポジティブな影響を与えてグリーン・イノベーションを促進していくためには最適な規制・政策を選択していくことが大変重要であるが，そのためにもイノベーションに関するインセンティブメカニズムについてさらに検証を進めていくことが重要である。また特に実証研究ではデータによっては入手が困難で限られている問題，イノベーションや規制レベルなどをどのような指標を用いて図るか，R&D支出額や特許に関するデータが果たして適切かといった点に対してもさらなる考察が必要である。さらには，ポーター仮説のもたらした結果が示すように，複数の学問領域からのアプローチが研究のさらなる発展には必要不可欠であることが理解できる。今後，ますます世界がグローバル化して複雑になっていくなかで，1つの学問領域からグリーン・イノベーションを捉えることは非常に難しく，研究成果を現実のコンテキストで解釈して一般化していくには学際的な視点が必要不可欠である。またグリーン・イノベーションを実現させていくためには，アカデミックな視点だけでなく，産業界や政策立案側からの視点を複合的に取り込んでいくことが重要になってくるのではないかと考える。

■ [注]

1) 戦略的効果とは，遵守費用（汚染排出の削減コストや環境税の支払いなどの費用）の削減が財市場や排出権取引市場を通して競争企業の生産量や排出権価格に変化をもたらし，最終的にこれらの変化が自己の利潤に影響を及ぼすという効果のことを指す（浜本, 2010；Montero, 2002）。
2) クールノー競争とは，複占または寡占の企業が生産量を通じて競争する際，「次の期間において他のライバル企業は生産量を変えない」と仮定して利潤最大化を実現するように自社の生産量を決定するモデルのことである。
3) ベルトラン競争とは，複占または寡占の企業が価格を通じて競争する際，「次の期間において他のライバル企業は価格を変えない」と仮定して利潤最大化を実現するように自社の価格を決定するモデルのことである。
4) エンド・オブ・パイプ（End-of-Pipe）とは，工場内または事業場内で発生した有害物質を最終的に外部に排出しないための末端での排出処理方法のこと。例えば生産設備から排出される環境汚染物質を固定化や中和化する公害対策技術を「エンド・オブ・パイプ技術」という。従来はこの手法により公害対策を実施してきたが，長期的にはコストがかかり効率的でないことが多い。最近の環境対応に力を入れている企業においては，生産工程から根本的な環境対策を実施してエネルギーと原材料の使用量自体を削減する「クリーナー・プロダクション（Cleaner Production）」の導入が増えている。
5) 固定価格買取制度とは，再生可能エネルギーの買取価格（タリフ）を法律で定める方式の助成制度。
6) グリーン電力証書とは，再生可能エネルギーによって発電された電力の環境付加価値（化石燃料などに比較して排出量の少ない電力であることの価値）部分を証書化して，市場で取引可能にした制度。またこの環境付加価値を有する電力のこと。

（井上恵美子）

第3章

グリーン・イノベーションと公共政策
――低炭素経済構築にかかわる論点と政策的課題

1　はじめに

　気候変動問題への対応は，必然的に経済社会の「低炭素化」を要請することになる。近年，低炭素経済の実現に向けて環境・エネルギー分野での技術革新を促進することの重要性がより強調されるようになっている。例えば諸富・浅岡（2010）は，低炭素経済への移行を促すイノベーションをグリーン・イノベーションと呼び，これを推進するための方策として環境規制を市場競争のルールに組み込むべきであること，そして低炭素経済への移行過程で生じる諸問題に対処するためのガバナンス・システムを政府が構築する必要があることを主張している。また，日本政府は，2010年6月に閣議決定した「新成長戦略」において，「グリーン・イノベーションによる環境・エネルギー大国戦略」を戦略分野の第1に掲げている。このように，グリーン・イノベーションは，環境・エネルギー分野の技術革新を経済発展の原動力につなげるという経済政策上の戦略の1つとしても捉えられている。

　気候変動対策の重要な柱としてグリーン・イノベーション推進を位置づけるならば，気候変動対策上の目的を達成するためには環境・エネルギー分野においてどのような技術革新が要請されるのかを明確にする必要がある。その上で，そうした目的達成に必要な技術革新をどのようにして適切に促進していくのかという政策的課題が検討されなければならない。そこで本章では，気候変動対

応のために将来要請されるエネルギー技術についての展望を踏まえつつ，低炭素経済の構築を目的としたグリーン・イノベーション促進にかかわる公共政策に関して論点を整理し，検討されるべき政策的課題を明らかにする。

2 気候変動対策とエネルギー技術

　大気中の温室効果ガス濃度を人類にとって危険でないレベルに安定化させることは，気候変動対策における究極目的である。そして，この目的を達成するためには，炭素排出を伴わないエネルギー（CFE: carbon-free energy）を大幅に導入していくことが不可欠である。しかしこれは，Barrett（2009）による「気候技術革命（climate-technology revolution）」という表現に象徴されるように，極めて挑戦的な課題である[1]。この課題に関して，Hoffert et al.（1998）は，CFEとエネルギー集約度との関係に着目して次のような分析を行っている。彼らは，二酸化炭素（CO_2）の大気中濃度を550ppmvに安定化させることを目標とし，世界全体のGDPが年率2.9％で2025年まで成長し，その後のGDP成長率は2.3％になるという前提の下で，将来必要となるCFEの規模を推計したのである。この分析によれば，エネルギー集約度が年率2.0％で低減していくと仮定した場合には，2100年までに必要となるCFEは10TWに満たない量であり，それほど大きな規模にはならないという。しかし，エネルギー集約度が不変のままであるとした場合には，約40TWのCFEが2050年までに必要になると予測されている。これは，エネルギー集約度の低減率とCFE必要量との間にトレードオフの関係があることを意味している。

　Hoffert et al.（1998）が指摘したこのトレードオフ関係に基づき，Green et al.（2007）は，先進的エネルギー技術ギャップ（AETG: advanced energy technology gap）の推計を行っている。AETGとは，将来のCFE必要量と，在来型CFE技術によって達成可能なCFE最大供給量との差として定義される。在来型CFE技術には，水力，原子力（nuclear power with a once-through fuel cycle），太陽光・風力エネルギー（電力グリッドへの直接接続），バイオマス，地熱エネルギーが含まれる。Green et al.（2007）はまず，2100年において在来型CFE技術によって達成可能なCFE最大供給量を10～13TWと推計している。

この推計と，Hoffert et al. (1998) が見出したエネルギー集約度低減率とCFE必要量のトレードオフ関係から，彼らはAETGに関して次のような予測を導き出している。エネルギー集約度低減率を年1.0%とし，在来型CFE技術によって2100年に達成可能なCFE最大供給量が12TWであると仮定した場合，AETGは約25TWになる。しかし，エネルギー集約度低減率が年1.2%に上昇するならば，AETGは約15TWにまで引き下げることが可能である。

太陽光や風力などの再生可能エネルギーの供給量を今後大幅に拡大していくためには，グリッド統合や蓄電などの分野におけるさらなる技術開発が必要となる（Green et al., 2007）。したがって，再生可能エネルギーを将来大規模に供給することが可能かどうかについては不確実性が拭えない。また，原子力発電を増強させるようなエネルギー政策は，昨今の原発をめぐる世論の動向を考慮するならば，大きな制約に直面せざるをえない。このようなことから，在来型CFE供給量の大幅な拡大は困難であるかもしれない。将来のCFE必要量と在来型CFEの最大供給可能量との差であるAETGは，未知の，あるいは研究の初期段階にあるCFE技術（先進的エネルギー技術）を今後開発し，これを普及させることによってしか埋め合わせることができないが，その技術開発に成功するか否かは不確実である。Green et al. (2007) の分析は，エネルギー集約度の低減率を高めることによって，不確実性を孕んだ先進的エネルギー技術への将来的な依存度を軽減することができるという示唆を含んでいる。

今後，2100年に至るまでにエネルギー集約度はどの程度低減させることができるのであろうか。この論点をめぐってPielke et al. (2008) は，気候変動に関する政府間パネル（IPCC）が，CO_2排出の将来予測の際に，気候変動対策を採らない場合のエネルギー集約度の低減率を年1.0%以上とするシナリオを用いていることを指摘し，エネルギー集約度の低減に関する前提が楽観的すぎると批判している。経済活動の部門間シフトによってエネルギー集約度が低減する余地は将来的には限られてくると予想されることから，エネルギー効率性を着実に向上させていくためには，新たな省エネルギー技術の開発が不可欠である。加えて，温室効果ガス排出を抑制するためには地球規模でのエネルギー・システムの転換が必要であるが，その達成には，エネルギー技術におけるイノベーションの実現に向けたより積極的な取り組みを現時点で開始したと

しても，何十年もの期間を要することになると考えられる（Pielke et al., 2008）。

3　環境・エネルギー技術革新の経済学

(1) 環境経済研究におけるイノベーション分析

　化石燃料を起源とするエネルギーの利用は，硫黄酸化物や窒素酸化物などの大気汚染物質や温室効果ガスであるCO_2の排出を伴う。これらの物質が健康や環境に対して被害を及ぼすことで，外部費用が生じることになる。こうした外部不経済に対処することを目的として環境政策が導入される。環境政策によって大気汚染物質やCO_2の排出に際して費用負担が生じることになれば，規制対象となる主体はその負担を軽減しようとする動機を持つことになる。負担軽減につながる技術を模索しようとする活動は，新たな汚染削減技術やエネルギー関連技術のイノベーションをもたらしうると考えられる。つまり，外部不経済の内部化を目的とする環境政策は，環境・エネルギー分野における技術革新を促すという付随的効果を有するのである。

　ここで検討されるべき論点は，環境政策はイノベーションをどの程度促進し，いかなる方向に導くのか，ということである。こうした環境政策と技術革新の関係をめぐる議論は，「ポーター仮説」が登場したこともあって，多くの研究者の関心を集めるようになった。環境規制の強化が技術革新を促し，企業の生産性を向上させ競争力増強をもたらしうるというこの仮説の妥当性をめぐる論争が活発になされ，それを通じて環境政策と技術革新の関係にかかわる知見が深まりつつある[2]。

　環境規制が強化された場合，企業はこの規制強化という制約条件の変化に適応するべく研究開発活動に取り組むことにより，短期的には生産性の低下に直面したとしても，技術革新を実現して長期的に生産性を改善する可能性がある。このような観点から，環境規制の強化が研究開発支出あるいは特許取得件数を増加させるという効果を持ちうるのかを実証的に検討する試みがなされている。Jaffe and Palmer (1997) は，米国製造業を対象とした分析を行い，汚染防除支出（環境規制の強度を表す代理変数）が増加したことにより研究開発支出が押し上げられたという結果を得ている。日本の製造業のデータを用いて分析を

行ったHamamoto（2006）も，公害防止投資支出の増加が研究開発支出を押し上げる効果を持ったことを明らかにしている。またBrunnermeier and Cohen（2003）は，米国製造業を対象とした分析により，汚染防除支出の拡大が環境技術関連特許の取得件数の増加をもたらしたことを見出している。

近年，経済的手段の適用範囲は拡大傾向にある。1970年代からすでに排出権取引の経験を有している米国は，1990年代に二酸化硫黄（SO_2）排出許可証取引制度を連邦レベルで導入した。こうした背景から，最近では，経済的手段が導入されることにより技術革新が実際にどの程度進展したかを分析する研究が登場してきている。以下では，排煙脱硫技術に着目した3つの実証研究に触れておきたい。

米国では，1970年大気清浄法に基づく新規汚染源排出基準（NSPS: new source performance standards）の設定を契機として，SO_2排出の大幅な削減を可能にする排煙脱硫装置の導入が進んだといわれる。Bellas（1998）は，この直接規制の下で排煙脱硫技術が進歩したか否かについて考察を試みている。彼の分析では，排煙脱硫装置の稼働開始時期（装置のヴィンテージの代理変数）は，装置の導入と稼働に要する費用負担（資本費用と将来必要となるであろう操業・維持費用の現在価値の合計）に有意な影響を与えていないという結果が得られている。この結果は，NSPSの下では排煙脱硫技術の進歩が見られなかったことを示唆している。

一方，Lange and Bellas（2005）は，SO_2排出許可証取引を規定した1990年大気清浄法改正法（90年改正法）の制定により，排煙脱硫装置の資本費用と操業費用の低下がもたらされたという結果を得ている。ただし同論文では，この費用低減効果が持続的なものではなかった可能性も指摘されている。SO_2排出抑制技術にかかわる特許データを用いたPopp（2003）の計量分析では，排煙脱硫装置の操業・維持費用を低減させるような技術革新は90年改正法が成立する以前の直接規制の下ですでに起こっており，90年改正法の制定以後にもたらされた排煙脱硫技術の進歩は除去効率を向上させるものであったことが明らかにされている。これは，排出権取引の下でもたらされる技術革新のタイプが直接規制の場合とは異なるものになる可能性があることを示唆している。

技術普及の促進という点において，環境政策がどのような機能を果たすのか

を明らかにする試みとしては，以下のような研究が挙げられる。Jaffe and Stavins (1995) は米国における住宅断熱技術の普及に関する実証分析を行っている。彼らは，エネルギー価格，断熱投資費用，および建築基準が一戸建て住宅の天井，壁，床に採用される断熱技術レベルに与えた影響を定量的に把握することを試みている。この分析の結果は次のとおりである。①直接規制として機能する建築基準に関しては，断熱技術レベルへの有意な影響が見出せない。②エネルギー価格の上昇は，採用される断熱技術レベルを押し上げる効果を持つ。③断熱投資費用の増加は，採用される断熱技術レベルにネガティブな影響をもたらす。④断熱投資費用の影響の度合いはエネルギー価格のそれよりも大きい。以上の結果は，環境税と技術導入に対する補助金が技術普及において有効であり，特に後者の政策措置の効果が大きいということを示唆している。

　米国では，1974年から1996年にわたりガソリン中の鉛を削減するための一連の政策措置が実施された。この政策措置においては，1982～87年の間，ガソリンに鉛を添加する権利を石油精製業者間で取引することが認められ，1985～87年にはバンキングも可能とされた。Kerr and Newell (2003) は，デュレーション・モデル (duration model) を用いた計量分析により，排出権取引の一種であるこの鉛添加権取引が対策技術の導入促進という点でどのような効果をもたらしたのかを考察している。その分析結果からは，鉛添加権取引が遵守費用の小さい（したがって鉛添加権の売り手になると予想される）石油精製業者に対して技術導入インセンティブを与えたことが示唆されている。彼らは，この結果が，遵守手段の選択の柔軟性が確保されることで効率的な技術導入を実現するという経済的手段の利点を示すものであることを強調している。

(2) 技術知識の経済学

　第2節で述べたように，低炭素経済を構築するためには，在来型CFEの普及に必要とされる技術や先進的エネルギー技術の研究開発を進めると同時に，エネルギー集約度を着実に低減させていくことが不可欠である。その実現に向けて経済主体に対して技術革新のインセンティブを適切に与えようとするならば，上でみたように環境政策が果たす役割は極めて重要である。しかし，以下に述べるように，環境・エネルギー分野の技術革新を促進するためには，環境

政策のみによるインセンティブ付与では不十分であると考えられる。

　研究開発活動は，新たな技術知識の創出に成功するか否かという点で不確実性がつきまとう。これにより，開発主体にとっては研究開発に必要な資金の調達が困難になる可能性がある。このことが，研究開発活動における過小投資をもたらしうる。また，技術知識という財は，「排除不可能性」および「非競合性」という公共財としての性質を有する。そのため，ある主体が開発した新たな技術は他の主体によって模倣される可能性があり，こうした模倣を完全に排除することは極めて困難である。これは「専有可能性（appropriability）」という開発主体が直面する問題である。技術知識のスピルオーバーのために開発主体は自らが創出した新技術を専有できず，したがって新技術から得る開発主体の私的利益は，その技術がもたらす社会的便益と比較して小さくなる。こうしたことから，研究開発活動は，社会的にみて最適な水準よりも過小になってしまうのである（Geroski, 1995）。

　研究開発活動に続く技術革新のプロセスである技術普及においても，次のような阻害要因が存在する。まず，流動性制約のために，新しい技術を導入するための資金の調達が困難になる場合がある。また，新しい技術に関する情報が不十分であるかもしれない。そうした情報は，その技術が実際に導入され使用されることを通じて伝播する。新たに登場した技術を早期に導入した主体がもたらす当該技術に関する情報は，他の主体が対価を支払うことなく利用することができる。このように，使用を通じた学習（learning-by-using）は正の外部性をもたらす。しかし，早期に導入する主体には，その行動が情報の提供という形で他の主体に便益をもたらしているにもかかわらず対価を支払われることがない。そのため，新しい技術を早期に導入しようとするインセンティブが損なわれてしまうのである。

　以上のことから，仮に外部不経済を内部化するように適切に環境政策が実施されたとしても，研究開発活動や技術普及において市場が失敗する要因が存在するために，環境・エネルギー分野の技術革新インセンティブは社会的にみて過小なレベルにとどまってしまうことになる。こうした技術知識にかかわる市場の失敗を矯正するためには，補助金供与や税制上の優遇措置といった政策的介入によって研究開発や技術採用のインセンティブを強化する必要がある。つ

まり，環境・エネルギー技術のイノベーションを効果的に促進するためには，環境政策とともに技術政策を併用することが肝要なのである（Jaffe et al., 2005）[3]。

(3) 低炭素経済構築に向けた環境政策と技術政策の役割

　研究開発活動の水準を決定づける要因の解明を試みる実証研究では，これまで主として企業規模や市場構造がもたらす影響に対して高い関心が寄せられてきた。しかし近年では，需要（市場の規模や成長の度合い），科学技術知識の潜在的利用可能性を意味する技術機会（technological opportunity），および専有可能性という3つの産業特性の重要性が指摘されている（Cohen, 2010）。環境・エネルギー分野を1つの産業として捉えると，この産業の需要は，エネルギー価格の動向という市場からのシグナルに加えて，環境規制という政策的要因によっても条件づけられることになる。したがって，CO_2排出抑制を目的とした環境政策は，低炭素経済構築に必要な環境・エネルギー技術の研究開発活動を刺激するディマンド・プル要因として機能するのである[4]。

　第2節でみたように，低炭素経済構築に向けて開発に長期的に取り組まなければならないのは，大きく分類して省エネルギー技術，在来型CFE技術およびその普及に必要な技術，そして先進的エネルギー技術である。このうち，在来型CFE普及のための技術や先進的エネルギー技術については，多くの基礎研究を積み重ねることによりブレークスルー技術を開発することが不可欠であろう。こうしたいわば非漸進的イノベーション（non-incremental innovation）は，ディマンド・プル要因にあまり反応的ではないことを示唆する研究がある。Nemet（2009）は，米国において登録された風力発電技術の特許に着目し，その出願状況とカリフォルニア州における風力発電への投資の動向について分析を行っている。この分析では，被引用回数が多い（したがって価値の高い）特許の多くが，税控除などの需要を促す政策措置によって風力発電への投資が増加し始める1980年代に入る以前に出願されていたことが明らかにされている。

　この研究を踏まえながら，Galiana and Green（2010）は，非漸進的イノベーションに対してディマンド・プル要因が果たす機能について懐疑的な見方を示している。彼女らは，炭素価格政策に関して，すでに創出されている技術（"on the shelf" technologies）の普及（および漸進的な技術改善）を促すという点

では効果を持ちうるが，基礎研究の蓄積を要するブレークスルー技術の開発促進という点においては効果的ではないと指摘する。そして，在来型CFEのさらなる普及につながる技術や未知のCFE技術の開発を促すことを目的として，エネルギー技術の研究開発に力点を置いた技術主導の気候政策（technology-led climate policy）を採用すべきであると主張している。この政策提案は，すでに創出されている技術の普及を炭素税によって促すとともに，その税収をエネルギー技術の研究開発のための資金として活用するというものである。これは，上で述べた技術機会，あるいはテクノロジー・プッシュ要因を重視した気候政策であるといえる。

Galiana and Green（2010）によるこの提案の前提には，非漸進的イノベーションの促進に対して炭素価格政策は有効でないという見解がある。この見解が妥当なものか否かについては，検討の余地があるだろう。環境・エネルギー技術における基礎研究の促進という点で炭素価格政策がどのような役割を果たしうるのかを解明することは，低炭素経済構築に必要な技術創出を促すための公共政策の制度設計を考える上で重要な課題である。

4　気候変動緩和技術の開発と公共政策

本節では，気候変動緩和に向けた技術開発やこれにかかわる政策措置がどのような展開を示しているのかをみておきたい。Dechezleprêtre et al.（2011）は，風力や太陽光などの再生可能エネルギーやエネルギー効率性の高い照明，建築物の断熱，ハイブリッド自動車・電気自動車といった技術を含む13の気候変動緩和技術の開発の国際的動向に関して，1978～2005年の特許データを用いた調査を行い，次のような指摘をしている。全般的傾向として，気候変動緩和技術の特許出願件数が特許出願件数全体に占める比率（気候変動緩和技術シェア）は，1990年以前は原油価格の影響を受けて増減を示していたが，それ以降は環境政策や気候政策の影響により上昇している。京都議定書を批准した先進国（附属書Ⅰ国）全体でみると，気候変動緩和技術シェアが1990年代以降着実に増加しているのに対して，議定書を批准していない米国におけるそれは1980年代後半からあまり変化がみられない。また，中国では気候変動緩和技術シェア

第Ⅰ部　グリーン・イノベーションの理論

■図表3-1　日本における省エネルギー特許の出願動向

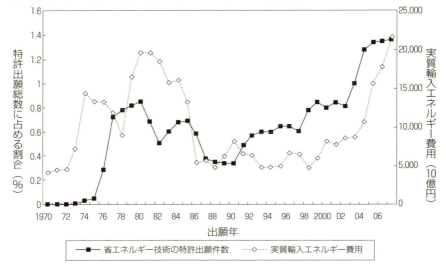

（注）輸入エネルギー費用は，原油，C重油，ナフサ，原料炭，一般炭，LPG，LNGに関して各々の輸入CIF価格と輸入量を掛け合わせて合計して算出し，消費者物価指数で実質化している（データは日本エネルギー経済研究所計量分析ユニット編『EDMC／エネルギー・経済統計要覧（2010年版）』による）。また，省エネルギー特許のデータは株式会社パトリスより提供されたものを用いている。特許出願総数のデータは『特許庁年報』および『特許行政年次報告書』各年版による。
（出所）筆者作成。

が2000年頃から上昇し始めている。これについては，中国国内の環境政策のみならず先進国の気候政策の動向も影響していると考えられる。つまり，気候政策を実施している先進国では太陽光発電などの需要の増加が見込まれるため，そうした市場拡大の期待が中国における気候変動緩和技術の開発を促したということである。

　図表3-1および図表3-2は，1970～2007年の日本における省エネルギー技術および再生可能エネルギー技術の特許出願の推移を示したものである。これらの図表から，1970年代から80年代前半にかけて，省エネルギーと太陽エネルギー利用の特許出願（特許出願総数に占める割合）が，輸入エネルギー費用の増減を反映するように変動していることがみてとれる。なお，この期間に太陽エネルギー利用の特許出願の割合が大きく伸びているのは，太陽熱利用の特許

第3章　グリーン・イノベーションと公共政策

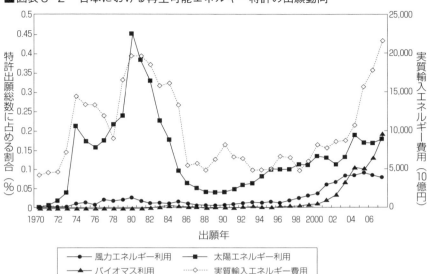

■図表3-2　日本における再生可能エネルギー特許の出願動向

(注) 実質輸入エネルギー費用の算出方法や再生可能エネルギー特許と特許出願総数のデータについては，図表3-1に同じ。
(出所) 筆者作成。

出願が大幅に増加したことによる。また，輸入エネルギー費用が比較的低い水準で推移していた1990年代においても，省エネルギーと太陽エネルギー利用の特許出願は増加傾向を示している。この期間に後者の特許出願が増えた要因の1つに，太陽光発電の特許出願の増加がある。全般的にみて，1990年代から2000年代にかけて省エネルギー・再生可能エネルギーの特許出願の割合が増加している。この点に関しては，輸入エネルギー費用の上昇という要因に加え，国内の政策措置や国際的な気候政策の展開が影響していることが考えられる。

Dechezleprêtre et al.（2011）の調査によれば，2000〜05年における気候変動緩和技術の特許出願件数の世界シェア上位3カ国は，日本（37.1％），米国（11.8％），ドイツ（10.0％）であるという。また，イノベーションの「質」の側面でみると，価値の高い気候変動緩和技術の発明を最も多く創出したのはドイツであり，次いで日本，米国という順になる[5]。気候変動緩和に向けた技

術開発で先駆的な立場にあるこれら3カ国では,どのようなエネルギー技術政策が実施されているのであろうか。ここで,日本,米国,ドイツにおけるエネルギー技術開発に対する政府の補助政策の状況をみておこう。図表3-3～図表3-5には,それぞれ1974～2010年における米国,ドイツ,日本のエネルギー技術開発関連予算の推移が示されている。3カ国を比較すると,全般的にみてドイツの予算規模は米国や日本のそれと比べて小さい。ドイツの予算規模は1982年をピークに急速に減少しており,1990年代にわたって縮小傾向が続いている。特に大幅な縮小がみられるのは原子力である。また,米国も原子力の予算規模を縮小してきたことがうかがわれる。一方,日本は原子力に対する研究開発補助の割合が依然として高く,2000～10年をみても毎年6割から7割を占めている。加えて,日本はドイツや米国と比較して再生可能エネルギーに対する研究開発補助の割合が少ない状況にある。なお,2009年に米国の予算規模が急増しているのは,同年2月に成立した「アメリカの経済回復・再投資法（American Recovery and Reinvestment Act of 2009）」に基づきエネルギー効率性改善や再生可能エネルギーなどの研究開発に配分される予算が大幅に増額されたことによる。

■図表3-3　エネルギー技術開発関連の政府予算（米国）

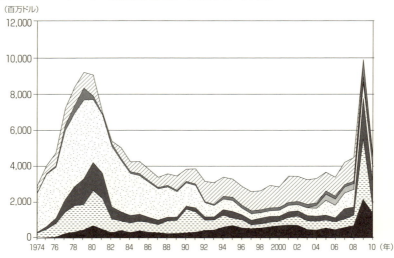

第3章 グリーン・イノベーションと公共政策

■図表3-4 エネルギー技術開発関連の政府予算（ドイツ）

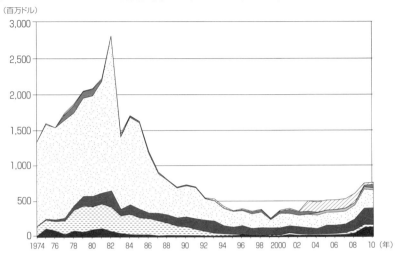

■図表3-5 エネルギー技術開発関連の政府予算（日本）

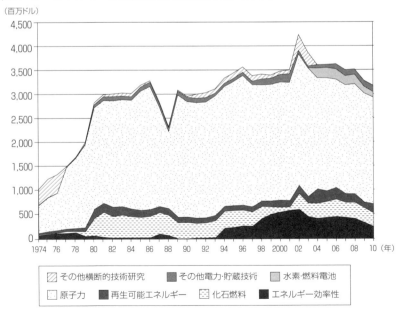

（注）これは購買力平価に基づいて米ドル換算され、2010年の貨幣価値で実質化されたデータである。
（出所）国際エネルギー機関のウェブサイト（http://www.iea.org/stats/rd.asp）のデータに基づき筆者作成。

再生可能エネルギーの研究開発補助に着目すると，予算規模でみた場合には日本とドイツとの間にそれほど大きな差異はみられない。ただし，ドイツでは，2000年に制定された「再生可能エネルギー優先法」に基づき再生可能エネルギーによる電力の固定価格買取制度が導入されたことで，再生可能エネルギーへの投資が大幅に増加した。こうした政策措置は，再生可能エネルギー分野を対象とした産業育成策であり，この分野におけるイノベーションにとってのディマンド・プル要因として機能したと考えられる。このことが，先に述べたようにドイツにおいて価値の高い気候変動緩和技術の発明が最も多く創出された背景にあるのかもしれない。

　第2節で述べたように，現段階で利用可能性が不確実な先進的エネルギー技術への将来的な依存度を軽減するためには，省エネルギーへの長期的な取り組みが不可欠である。省エネルギー技術におけるイノベーションの促進にはどのような要因が影響しているのであろうか。この点に関する研究として，Popp (2002) による実証分析が挙げられる。彼は，米国においてエネルギー価格が省エネルギー技術（太陽エネルギー利用などの石油代替エネルギー技術も含む）にかかわる特許の取得活動に与えたインパクトについて計量分析を行っている。この分析では，ディマンド・プル要因であるエネルギー価格の影響のみならずテクノロジー・プッシュ要因（あるいは技術機会）の影響も捉えるために，省エネルギー技術関連の特許の被引用データに基づいて構築された知識ストックが説明変数に盛り込まれている。その分析結果では，エネルギー価格と知識ストックがともに省エネルギー技術の特許取得活動にポジティブな影響を与えたことが見出されている。これは，省エネルギーにおけるイノベーションの促進にとって，炭素価格政策が有効であること，および知識ストックの蓄積を通じた技術機会の拡大が重要であることを示唆している。

　省エネルギー技術や，再生可能エネルギーなどの在来型CFE技術の開発は，多くの場合いわば漸進的イノベーション（incremental innovation）として捉えることができるだろう。こうしたイノベーションの促進は，エネルギー需要を抑制しCFE供給の確実性を高めるために要請される技術的基盤の蓄積につながる。そのための政策措置のあり方を検討するには，研究開発への助成措置などの技術政策や炭素価格政策，および固定価格買取制度などの再生可能エネ

ルギー促進策が，省エネルギーや在来型CFEにおける漸進的イノベーションに対してどのようなインパクトを与えるのか，という論点について考察を積み重ねていくことが重要である[6]。

5 おわりに

　新たな技術知識の創出やその実用化を目的とした研究開発活動のプロセスは，一般に基礎研究，応用研究，開発研究という３つの段階に分けられる。このプロセスを通じて生み出された技術が社会にもたらしうる潜在的な便益は，これを必要とする主体に普及することによって顕在化する。環境・エネルギー分野において，こうしたイノベーションの各段階での諸活動を促進するためには，環境政策と技術政策を併用する必要がある。この技術分野での研究開発活動に対して，炭素価格政策や再生可能エネルギー促進策といったディマンド・プル要因や，技術機会の拡大を目的としたエネルギー技術政策がどのような影響を及ぼしうるのか，という論点について知見を深めていくことが重要である。特に，先進的エネルギー技術の開発に向けた基礎研究の促進という点で，どのような政策措置が有効なのかを解明することが不可欠である。これについては，経済学のみならず経営学の分析視角も併せつつ，企業をはじめとする研究開発を行う主体の意思決定の内部構造を分析する必要があるだろう。また，創出されたエネルギー関連技術の普及に関しては，その阻害要因に対処するために炭素価格政策と併せて採用されるべき政策措置にかかわる研究の蓄積が望まれる。

　以上のような研究が進展することにより，省エネルギー技術，在来型CFE技術，および先進的エネルギー技術の開発・普及促進を目的とする公共政策の制度設計を検討する際の有益な知見が得られるはずである。そして，この公共政策に関する検討を通じて，硬直化した日本のエネルギー技術政策の改革の方向性が明確にされるであろう。

■ [注]────────

1）温室効果ガス排出の大幅な削減に寄与する新たな技術の開発が不首尾に終わるならば，気候変動への適応のための技術開発（例えば気候変動に伴う災害に耐えうる農作物の品種開発など）や気候工学（geoengineering）におけるイノベーションの重要性が高まると予想される。ただし，ここではこれらの技術については取り上げず，CFE技術におけるイノベーションにかかわる政策的課題に焦点を絞って議論する。
2）環境政策が技術革新に及ぼす影響に関する諸研究について網羅的に議論することは，本章の扱う範囲を超えているのでここでは行わない。環境政策と技術革新にかかわる経済分析の動向を包括的に論じたものとしては，例えばPopp et al.（2010）が挙げられる。
3）Fischer and Newell（2008）が行った気候政策に関するシミュレーション分析では，炭素価格の設定とともに，再生可能エネルギー技術にかかわる研究開発や学習効果の促進を目的とする補助金を併せて採用することにより，ある環境目標を単独の政策手段で達成する場合と比較して，遵守に伴う経済的負担を軽減しうることが示されている。
4）イノベーションの進展度や方向性を決定づける要因として，「市場の需要動向」と「科学技術の進歩」のいずれが重要かという論争が1960年代から行われてきた。これら2つの要因は，それぞれ「ディマンド・プル」，「テクノロジー・プッシュ」と呼ばれる。
5）Dechezleprêtre et al.（2011）は，イノベーションの質を捉えるために，複数の国で出願された特許を「価値の高い発明」であるとする方法を採用している。
6）再生可能エネルギーにかかわる諸政策がイノベーションに及ぼす影響に関する実証研究として，Johnstone et al.（2010）が挙げられる。

（浜本光紹）

第4章

ステークホルダーの連携を通じた サステイナビリティ・イノベーション
―プラットフォーム形成と社会実験

1 はじめに

　地球規模におけるエネルギー・水・食料などの資源の供給量，一方で自然環境を損なうことなく受け入れることのできる環境容量に関わる長期的な制約から，持続可能性（サステイナビリティ）に関する懸念が世界的に強まっている（Meadows, Randers, and Meadows, 2004）。地球環境問題の解決には世界的規模の広範な視点からの議論が必要であり，そうした問題の原因は極めて複合的なものになってきている。サステイナビリティにかかわる問題の多くは，対象とする空間が広範囲にわたるため関係する要素の間の相互依存関係が非常に複雑であり，かつ次世代を含む長期間にかかわるため不確実性が極めて大きいという特徴を持っている。こうした地球レベルでのサステイナビリティに向けた課題として，未来の環境状態に関する予測の改善，さまざまな環境変化の観測システムの開発・統合，破滅的な変化の予測・回避，制度・経済・行動面での適応に加えて，イノベーションの創出が本質的に重要であると認識されるようになってきている（Reid et al., 2010）。

　科学技術に関する知識の内容は急激に高度化・専門化が進み，各学問分野の専門領域が細分化しつつあり，知識の共有をすることが非常に困難になってきている（Yarime, 2008）。一方，社会におけるさまざまな問題は複雑化・不透明化しつつあり，1つの組織が全体像を完全に把握することはもはや不可能と

なっている（小宮山，2005）。社会・経済活動において知識に基づく活動の重要性は最近飛躍的に高まっており，それは"Knowledge-Based Economy"という概念によって各国に共通して認識されている（Foray and Lundvall, 1996）。イノベーションを創出していくにあたっては，それぞれの組織が独立にクローズドな形で知識を生産することに加えて，行動主体が個別の境界を越えて知識の創出・伝達・活用を共同して行うことが必要である（Freeman, 1991; Powell and Grodal, 2005）。企業活動においても，伝統的にはそれぞれの組織内で人材を研究開発・製造・販売などの異なる部門間で移動させることによって知識の共有を図ることが重視されてきたが，最近では知識生産のネットワーク化を基盤としたオープン・イノベーションの役割の重要性が増している（Chesbrough, 2006; Committee for Economic Development, 2006; Huston and Sakkab, 2006）。今後はそうした連携を組織内外に効果的に形成し，科学技術に関する知識をユーザーのニーズと適切な形で組み合わせることによって，社会における新しい機能を生み出し有効に活用していくことが求められる（Branscomb, Kodama, and Florida, 1999; Mowery, Nelson, Sampat, and Ziedonis, 2004; Baba, Yarime, and Shichijo, 2010）。特に，科学技術，経営，政策，制度が相互に複雑に絡み合うサステイナビリティに向けては，各個人・組織がそれぞれ単独で対処していくことが極めて困難であり，ネットワークを通じて多様な主体が共創的に取り組むことにより，社会レベルでのイノベーションを創出していくことが極めて重要である（Yarime, 2009）。多様なアクターが有機的な連携を形成し，科学的知識をユーザーのニーズと適切に組み合わせて社会において有効に利用していくためには，サステイナビリティ・イノベーションのダイナミックなメカニズムを深く理解し，将来の制度設計に向けて具体的な提案をしていく必要がある。

　これまで自然，人間，社会に関わる多様な知識を創出してきた大学においては，科学技術を中心として知識の高度化と専門化が急速に進んでおり，各個別分野の研究者が他の領域の知識を把握し，理解することが非常に困難になってきている。このような状況において，大学の研究者が社会的課題の解決に関して積極的にアジェンダを発信し，民間企業の参加を積極的に募り，公的機関や非営利組織（NPO）などのステークホルダーと広く連携して，環境問題の解

決に向けた技術の開発と普及を促進していくことが期待されている。通常の技術開発に関する産学官連携においては，競争力のある技術の開発に向けてそれぞれが蓄積している知識を提供・共有し，産学官のネットワークを通じて，制度設計においても効果的に機能してきた。しかし，サステイナビリティにかかわる複雑な課題に対応したイノベーションを創出していくためには，科学技術のみならず，経済，社会，制度に関するさまざまな側面を考慮し，効果的に統合していく必要がある。そのプロセスに関係するステークホルダーも多く，それぞれが持っている知見や期待が異なっており，これまでの産学官連携の仕組みが必ずしも有効に機能しない可能性がある。今後こうした課題に対応していくためには，大学，産業，政府を含めた多様なステークホルダー間での連携を促進していくことが本質的に重要となる。本論文では，どのようにしてサステイナビリティに向けたイノベーションを創出していくことが可能か，そのメカニズムとプロセスを議論する。持続可能な社会へ向けたイノベーションを生み出す仕組みとして，特に大学を中心とするステークホルダーの連携を通じたプラットフォーム形成と社会実験に着目し，そのメカニズムやプロセスの分析を行う。そして実際に社会における課題に対して行われている具体的な事例を検証し，今後サステイナビリティ・イノベーションをグローバルな観点から展開していくための企業戦略，公共政策，制度設計への提案を検討する。

2 イノベーション創出のメカニズム

イノベーションのメカニズムを理解する上で，個別の人や組織に関する属性から，システム的な特性に関する分析を行うことが重要になってきている。伝統的な新古典派経済学が，技術を所与の条件として仮定し，その上で資源配分の効率性の分析に焦点を当てるのに対して，シュンペーターは，ダイナミックな経済発展のプロセスにおけるイノベーションの重要性を指摘した。シュンペーターは当初，アントレプレナーと呼ばれる卓越した個人が，知識や資源，組織などの「新奇な結合」を通じてイノベーションを生み出す上で中心的な役割を果たすと論じた（Schumpeter Mark I）（Schumpeter, 1934）。その後，大企業による組織的な研究開発（R&D）活動がイノベーションを創出すること

の重要性を指摘した（Schumpeter Mark Ⅱ）（Schumpeter, 1943）。そうした流れを受けて，第2次世界大戦後，1950年代から1960年代にかけては，特に産業組織論の観点から，市場構造と企業規模がイノベーションの創出に及ぼす影響が重視された。すなわち，あるセクターにおける市場が独占・寡占状態であるほうがよりイノベーションを生み出しやすいのか，もしくは競争的であるほうがいいのか，さらに企業規模が大きいほうがよりイノベーションを創出するのか，もしくは小さい企業のほうが有利なのかに関して，理論的および実証的な研究が数多くなされた。その結果として，イノベーションの創出を市場構造や企業規模だけで説明することは困難であり，その他の要因を検証する必要があることが分かってきた。

　その後，イノベーションのメカニズムに関して，技術変化にかかわる累積性，経路依存性，その結果としてのロック・インの可能性などを考慮して，より詳細な研究がなされるようになった（Rosenberg, 1972; David, 1975; Rosenberg, 1976; Mowery, 1981; Dosi, 1982; Freeman, 1982; Rosenberg, 1982; Mowery, 1983; Dosi, 1984; David, 1985; Dosi, 1988; Arthur, 1989; Kodama, 1991, 1995）。そうした研究からわかってきたことは，イノベーションには技術的な要素に加えて，制度的な側面が大きな影響を及ぼしており，それらが相互作用をしながら進化していくプロセスは，国や地域によって異なるということであった。その後，よりシステム的な観点から国レベルでの要因を考える「ナショナル・イノベーション・システム」（Freeman, 1987; Lundvall, 1992; Nelson, 1993; Carlsson, 1995; Edquist, 1997; Goto and Odagiri, 1997）に関する研究，さらに産業セクター別に異なる特性を考慮に入れてイノベーションのメカニズムを捉える「セクター・イノベーション・システム」，もしくは「技術イノベーション・システム」（Malerba, 2004; Hekkert et al., 2007; Bergek et al., 2008）などの研究が行われるようになっている。

　こうした研究により，イノベーションの創出において，産学官にまたがるネットワークを通じた研究開発のパートナーシップを形成することが非常に重要であることがわかってきた（Hagedoorn et al., 2000; Hagedoorn, 2002）。具体的には，バイオ医薬産業（Powell et al., 1996; Owen-Smith et al., and Powell, 2002; Riccaboni and Pammolli, 2003; Owen-Smith and Powell, 2004;

Powell and Grodal, 2005; Powell et al., 2005) や，情報通信産業（Soh and Roberts, 2003) などに関する実証研究によって，その重要性が示されている。特に，研究開発によって産学官に形成される社会ネットワークが，特許や規格など技術変化に関連する制度形成に影響を与え，技術変化の方向・速度を左右することは非常に興味深い（Murmann, 2003)。19世紀に合成染料でドイツが長期的に競争力を確保できたのは，産学官にまたがったネットワークが情報伝達と人材交流を促進し研究開発を強化すると同時に，公的組織がネットワークを通じて連携し，ドイツに長期的利益をもたらす特許制度が成立したからであると考えられている。同様に，フライトシミュレータのような複雑な技術体系を持つ産業においては，複数組織が連携して設定する製品の規格標準が技術変化に大きな影響を与える（Rosenkopf and Tushman, 1998; Rosenkopf et al., 2001)。一般的に，技術がその成長と変化によって新しい制度の形成をもたらし，新制度が技術変化の方向と速度に影響を与えることによって，技術と制度の共進化が進むと考えられる（Nelson, 1994)。大学，産業，公的機関のネットワークを通じた技術と制度の共進化のパターンは，国や地域，セクターなどによって異なることが考えられ，そのメカニズムを明らかにすることは，イノベーション創出のプロセスを理解する上で重要となる。

3 産学官連携を通じたイノベーションの創出

　大学の進化を歴史的に見てみると，12世紀後半に生まれた中世の大学では，もともと僧侶，法律家，医者，教師などへの教育機関としての役割が主なものであった（Martin, 2012)。その後19世紀に入り，科学技術の進歩を背景として研究の役割が重視されるようになり，ドイツの大学をはじめとして，実験室における指導を通じて学生に対して教育と研究を行うようになった。こうして近代的な大学には2つの役割，すなわち教育と研究が重要であると伝統的に考えられてきた。しかしながら，特に1980年代以降になり，「第3のミッション」として，イノベーションを創出することによって産業や経済活動へ貢献することが広く期待されるようになっている（McKelvey and Holmen, 2009; Deiaco et al., 2012)。

イノベーションに向けて大学の果たす機能として，大きく分けて以下の3つが考えられる（後藤，2000）。まず卒業生を教育して研究者や技術者として産業界に供給することが，高等教育機関としての重要な機能である。そして，産業界でのイノベーションのもととなるような科学技術にかかわるさまざまなシーズを提供することも重要である。それに加えて，産業において問題解決のためにより高度な知識が必要となった際に，こうした要請に答えられるような豊かで良質な知識プールとして機能することも期待されている。より具体的には，大学が提供できる機能として，科学技術に関する基礎的な知識の生成，実験測定に関する機器装置の開発，学生の教育を通じた人的資本形成に加え，技術開発に付随する問題解決能力の提供と研究開発にかかわる人的ネットワークの形成などが考えられる（Salter et al., 2000; Mowery and Sampat, 2005）。さらに，最近では，アメリカのマサチューセッツ工科大学（MIT）やスタンフォード大学をモデルとした，いわゆる「アントレプレナー大学」が注目を集めており，特許などの知的財産の移転や研究者によるベンチャー企業の設立も重要な機能として位置づけられるようになっている（Etzkowitz, 2002, 2003）。近年は特に，経済成長および企業競争力の向上を目的として，大学と企業が緊密な連携をすることによりイノベーションを促進することが期待されている。

アメリカでは，1980年にバイ・ドール法の制定により，連邦政府の支援を受けた研究の成果に対して，大学が特許を取得できるようになり，その後産学連携が大きく進んだ。その後20年以上経過して，実際に大学において生産される知識がイノベーションにどのような影響を与えているのか，またどのような経路を通じて起こっているのか，その効果は産業，企業によってどのように異なっているのかなど，大学と産業との連携がイノベーションに及ぼす影響に関して，アメリカを中心として実証研究が行われてきている（Branscomb et al., 1999; Mowery et al., 2004; 上山，2010）。一般的に大学を含めた公的機関による研究は，広範囲にわたる産業の研究開発活動に影響を与えていて，医薬品産業を除いて主に大企業での研究開発活動に活用されており，新しいアイデアを提供するだけではなく，既存のプロジェクトの完成にも貢献している。そうした影響を及ぼす経路としては，出版された論文や報告書，公開の会議やミーティングなどの非商業的なチャネルを通じた知識の流れが最も重要であるとの知見

が得られている (Cohen et al., 2002)。最近では，大学の技術が民間セクターに移転されるメカニズムとして，こうした科学ジャーナルでの論文の出版，学術会議における発表のような非商業的なチャンネルに加えて，特許のライセンスやスタート・アップ企業の設立などが強調されている。しかし，例えば代表的な工学系大学であるMITでは，大部分の研究者は一度も特許を取得したことがなく，論文執筆のほうが特許取得を大幅に上回っており，研究室から産業界へ移転された知識のうち，約7％程度が特許の形を取っているにすぎないと推定されている (Agrawal and Henderson, 2002)。したがって，大学における知識の生産と移転のメカニズムとして，特許などの知的財産権は必ずしも主要なものではない。

具体的な技術移転のプロセスにおいては，大学における発明を特許ライセンス契約によって保護することが，産業での活用を促進する上で必要不可欠と一般的には考えられている。しかし実証研究によると，商業化につながる発明を生み出した研究プロジェクトでは，金銭的な報酬は研究者へのインセンティブとしてほとんど役割を果たしておらず，また大学での発明に対する排他的なライセンスがなくても，それを活用した製品開発が民間企業によって行っている (Colyvas et al., 2002)。特に生命科学の分野においては，大学，公的研究機関，および民間企業の間のネットワークがさまざまな治療分野・研究開発段階にまたがっていて，それが基礎科学と臨床との密接な統合を促進して，バイオテクノロジー産業におけるイノベーションの創出に結びついていると考えられる (Owen-Smith et al., 2002)。

こうしたアメリカをはじめとする国際的な流れを受けて，日本の大学においても産学連携に向けてさまざまな取り組みがなされてきた（青木ら，2001；原山，2003；澤ら，2005；馬場・後藤，2007）。特に国立大学は，2004年の法人化以降，産学連携活動に向けて自主的にさまざまな取り組みが行われるようになってきており，大学による特許出願，産業へのライセンス契約，研究者によるスタート・アップ企業の設立が着実に進展している（中山ら，2005；中山ら，2010；小倉，2011b, 2011a）。しかし，大学の貢献としては，目に見える形で効果が見えにくい人材育成，問題解決能力の提供，そして産学官にまたがるネットワークの形成が，イノベーション創出への長期的な効果の観点からは非常に重

要である（馬場 and 後藤，2007）。特に日本においては，大学と産業の間の公的な共同研究に加えて，よりインフォーマルな関係を通じて情報交換や人材交流が継続的に行われてきたことが特徴的である（Branscomb et al., 1999）。したがって，日本のイノベーション・システムにおいては，大学，産業，公的機関の連携がさまざまなチャネルを通じて行われてきたことを認識することが重要である。例えば，第5世代コンピューター・プロジェクト，および次世代産業基盤技術研究開発制度においては，共同研究における大学の研究者の機能として，実際の研究の分担者としての役割に加えて，基礎的・専門的・先端的知識を供給する中立的学識経験者としての役割と，学界が形成するネットワークのハブとしての機能が大きな重要性を持っていた（小田切，2001）。さらに，大学が参画する研究技術組合は，政府から補助金を受け取るための場としての機能も果たしていた（後藤，1993）。

　このように，イノベーションの創出においては，知識そのものを知的財産として取引することも必要であるが，それに加えて，知識を生産・流通・活用する人材の能力と，彼らをつなぐネットワークの形成が非常に重要な役割を果たしている。例えば，マテリアル産業における光触媒のイノベーションのケースによると，企業が産学連携を利用してイノベーションを実現するためには，企業の研究開発とプロジェクト運営に際して中核的な役割を果たす研究人材が必要になる（馬場 and 鎗目，2007; Baba et al., 2010）。大学の研究者と共著論文を出版するほど深くコミットしている企業の研究者は，イノベーションのために研究開発コミュニティに流通する情報を有効利用するために必要な能力を獲得し，さらには，各企業が推進する開発プロジェクトにおいて重量級プロジェクト・リーダーの役割を果たした。産学連携でこのような能力を持つ企業研究者を育成するためには，企業から大学への研究人材の移動に代表される産学の緊密な連携が必要である。近年，大学から企業への特許ライセンスの供与等，大学から企業への技術移転による貢献が社会的に期待されているが，その種の技術移転が効果的なのは，医薬品，ソフトウェアなど，形式化された知識が持つ機能や効果が比較的明確であるような産業に限られる。素材・マテリアルを含む多くの産業の場合には，上流から下流にわたる多数の企業が連携して初めて市場が形成される。大学の提供する技術がイノベーションに至るまでには，

第4章　ステークホルダーの連携を通じたサステイナビリティ・イノベーション

関連する企業が継続的に複雑な問題を解決することが必要であり，大学が適切に関与して企業に必要な能力を持つ研究人材を多く育成することが不可欠となる。イノベーションを産み出す産学連携とは，大学と企業の人的移動を含む長期に及ぶ緊密な連携であり，連携に対する大学と企業の不退転の取り組みが不可欠であることを示している。

　そうした産学連携を成功させるための大前提は，その背景に活力ある研究開発ネットワークが存在することであり，その育成には，大学における卓越した研究能力と研究者による社会ニーズに対するプロアクティブな対応が必要である。大学の研究能力が産学連携における先行利益と結合されることによって，特定の研究室に対する産業界の評判が確立され，多くの企業が助言を求めて大学に接触し，さらに公的機関によるさまざまな支援が提供される。大学の研究者の卓越した研究能力が果たした学術的貢献を基盤として，その研究開発アジェンダをイノベーションに結びつけるのは各企業であり，そこでプロジェクトを推進するコアな企業研究者が重要な役割を果たす。大学がイノベーションを可能にする企業の研究人材を育成すると同時に，研究開発ネットワークの形成を行っていくことが，イノベーションを創出していく上で非常に重要である。

4　環境保護に向けたイノベーション

　これまでの産学連携における大学の機能は，将来の産業化を視野に入れた技術開発に対して協力し貢献することが主であった。通常の技術開発に関する産学官連携においては，競争力のある技術の開発に向けて産学官の利害が一致しやすく，関連する制度の形成にあたっても産学官のネットワークが円滑に機能してきたと考えられる。対照的に，環境保護のような外部性を有する課題に関しては，民間企業と公的機関の利益が必ずしも一致するとは限らず，これまでの形の産学官連携が必ずしも有効に機能しない可能性がある（Yarime, 2007）。しかし近年は，環境問題をはじめとした顕在化しつつある社会的課題に対して，研究を通じて知識の生産を行うという伝統的に要請されてきた役割に加えて，大学が積極的に貢献することが期待されるようになっている。現実に社会に存在する問題の解決に向けて，関係するステークホルダーと積極的に連携するこ

とによって、イノベーションを創出するという新しい役割が求められている（Yarime and Tanaka, 2012; Yarime et al., 2012）。

環境保護に比較的直接貢献するイノベーションとして、例えば、電機電子産業における鉛フリーはんだの開発のケースを挙げることができる（鎗目 and 馬場, 2007; Yarime, 2012）。鉛含有はんだに関する環境規制の導入の動きは米国で始まり、その後欧州で実現されたが、鉛フリーはんだの技術変化は、将来的に規制導入の見込みが薄い日本において本格化した。日本では、大学の研究者が主導する研究開発ネットワークが技術開発に関するロードマップを作成して、数多い関連業界が実現すべき技術変化の方向性と速度を明らかにし、開発に付随する不確実性を減少させることによって産学官連携を促進した。さらに、関連する学会や業界団体を舞台にして、鉛フリーはんだの特性や評価に関して規格標準を設定する作業を通じて、大学の研究者の調整によって大手電機電子企業、部品メーカー、はんだメーカー間で状況認識の統一と情報と知識の共有化が進んだ。鉛フリー化に関して形成された研究開発ネットワークは、複数プロジェクトの有機的連携によって稠密化し、はんだに関する規格標準を設定すると同時に、電気電子製品を対象とする鉛フリーはんだの実用化に貢献した。

日本の研究開発ネットワークは、欧米と比較して特徴的な構造を示しており、その構造がもたらす機能によって日本における鉛フリーはんだの市場化と電気電子製品への導入を成功させた。ネットワークの中心には一連の大手電機電子企業が位置し、経済産業省をはじめとした公的機関がネットワークに対する支援を行っている。すなわち、日本の研究開発ネットワークは、産業競争力の強化と輸出振興を目的とする日本の伝統的産業政策に適合する形で拡大し、技術の開発とその実用化に貢献したと考えられる。しかし、環境規制にかかわる制度形成に関しては、研究開発ネットワークの政策立案に対する影響はほとんど見られず、電気電子製品における鉛含有はんだの使用禁止は現在も導入されていない。産業の振興という点において、大学、企業、政府の利害の一致が比較的明確であった従来の技術開発とは異なり、環境保全のように関係するステークホルダーが多様で、その間の利害の調整が難しい場合には、戦略的に技術変化を促進するような制度を導入することは容易ではない可能性がある。一方で、日本の研究開発ネットワークが、技術評価の統一化やインターフェースの標準

化を通じて世界の環境規制に関する制度設定に貢献した．日本で研究開発を主導した大学研究者は，鉛フリーはんだの可能性を中立的な立場から評価し，研究者間の国際的なネットワークを通じて世界に積極的に情報発信をした．このような活動によって，鉛フリーはんだに関する材料規格の策定，試験方法の統一化など制度的な枠組みが国際的に整備され，それが日本，欧州，米国，さらに中国など新興国におけるイノベーションを促進している．大学や公的機関の研究者が主導する知識ネットワークが国際的に展開するに伴い，産学官にわたる研究開発ネットワークが技術変化と制度形成に与える影響はグローバルなものとなってきている．

5　サステイナビリティに向けたイノベーション

　サステイナビリティとは，環境，経済，社会の側面を含んでおり，自然・人間・社会の間の複雑でダイナミックな相互作用に本質的にかかわる課題である（Kates et al., 2001; Komiyama and Takeuchi, 2006; Kajikawa et al., 2007; Ostrom, 2007; Kajikawa, 2008; Yarime et al., 2010; Jerneck et al., 2011; Spangenberg, 2011; Miller, 2012; Schneidewind and Augenstein, 2012; Schoolman et al., 2012）．その特徴や性質の理解に向けて，例えば政治学者，海洋生物学者，気候学者らが共同で，複合人間・自然システム（Coupled Human and Natural System）という観点から取り組んでいる（Liu et al., 2007）．各専門分野を持った研究者がそれぞれの学問分野の概念・方法論を活用しながら，具体的な地域における自然システムと人間システムの間の複雑な相互作用を検討することで，相互効果，フィードバック・ループ，非線形性，閾値，レガシー効果，非均一性，強靭性など，サステイナビリティに関する構造的な特性が明らかになりつつある．

　サステイナビリティにかかわる問題の多くは，対象とする空間が広範囲にわたるため関係する要素の間の相互依存関係が非常に複雑であり，かつ次世代を含む長期間にかかわるため不確実性が極めて大きいという特徴を持っている．これまで個別に細分化された形で成長した知識が，それぞれの相互依存性を十分に考慮されずに活用されることになった結果，環境，経済，社会を含めた地

球レベルでのサステイナビリティに影響を及ぼすような状態を生み出している。そうした自然と人間が複雑な相互作用を行うメカニズムを解明し，システム全体の持続可能性を確保することができるような形で，イノベーションを推進していく必要がある。したがって，地球温暖化のような科学技術，経済，政治，社会などが複雑に絡み合った問題に対処していくためには，個別のすでに出来上がった技術を各アクターが単純に導入することだけでは十分ではなく，それぞれの状況・文脈に応じて，ローカルな知識を活用しながら，さまざまな技術的な選択肢の中から改良や修正を継続的に行うことによって，長期的な観点からイノベーションを生み出していく必要がある（Mowery, Nelson, and Martin, 2010）。

　あるシステムのサステイナビリティを理解する際には，そのシステムをさまざまなコンポーネントがネットワークを形成していると捉え，効率性とレジリエンス（Resilience）の間のバランスという観点からそのサステイナビリティを捉えることが可能である（Goerner et al., 2009; Lietaer et al., 2009; Ulanowicz et al., 2009）。この場合，効率性とは，システムの機能が長期間にわたって維持されるよう十分組織化されているようなネットワーク能力のことを指している。一方，レジリエンスとは，システム外の環境において起こった新たな攪乱や現在進行中の変化へ対応するための柔軟性や行動の多様性をネットワークが確保していることを示している。システムが効率性に傾きすぎても，またレジリエンスを重視しすぎても，サステイナビリティの観点からは最適ではなくなってしまう。両極端の状態の間でややレジリエンスに寄っている状態が，実際のシステムにおけるサステイナビリティの「実現性の窓」となる。

　システムの構造に関する2つの変数，具体的には，多様性と連結性が効率性とレジリエンスに非常に大きな影響を与える。多様性とは，ネットワークにおけるノードとしての多様な行為者が存在していることであり，連結性とは，そうした行為者をつなぐルートの数である。この多様性と連結性は，効率性とレジリエンスに対して互いに反対の効果を持つ。一般的に言って，多様性や連結性が増大することは，何らかの問題や変化があった際に元の状態に回復するための可能性を増やすため，システムのレジリエンスは促進される。一方，効率性は無駄を省くことによって上昇するため，通常は多様性や連結性を減少され

ることを意味する。近年の世界的な金融危機においては，アメリカにおけるある限られた金融市場で起こった問題が，瞬く間にその影響を世界中に広めることにつながったが，この1つの大きな要因として，現在の政治経済システムにおいては効率性を重視するドライブが強力に作用していることが考えられる。したがって，システムのサステイナビリティを維持していくためには，意図的にある程度多様性と連結性を確保して，効率性とレジリエンスのバランスを図る必要がある。

　さらに，サステイナビリティを考える際には，対象とするシステムの階層性を踏まえて，どのレベルのサステイナビリティを確保しようとするのかを考慮する必要がある（Voinov and Farley, 2007; Voinov, 2008）。通常，システムは多くの階層が存在しており，上位のシステムはその下位であるサブ・システムから成り立っている。部分の更新は適応や進化の過程において非常に重要な役割を果たしているため，多くの場合，上位システムのサステイナビリティを確保するためには，下位にあるサブ・システムはむしろ常に更新し続けていかなければならない。あるシステムが過剰に長期間にわたって維持される場合，上位システムのサステイナビリティに依存しながら，下位システムのサステイナビリティを掘り崩すことになる。更新サイクルを超えてシステムを維持することによって，より上位のレベルのシステムのサステイナビリティを低下させることにつながる。これは例えば，資本主義経済システムにおいては，既存の企業や産業が没落して新たな企業・産業が出現してくることが，その活力を維持していくためには必要不可欠であることを意味する。

　サステイナビリティを理解するにあたっては，こうしたシステム的な構造，および長期的なプロセスが非常に重要な側面に留意することが必要である。そのような特性を持つサステイナビリティに向けたイノベーションの創出を促進していくためには，これまで各学問分野で蓄積されてきた知見を学融合的に活用することが極めて重要となる。それには，自然環境のメカニズムにかかわる自然科学，技術的対策にかかわる工学，組織の意思決定にかかわる経済・経営学，公共政策にかかわる行政学・政治学，社会におけるアクターの認識・行動にかかわる社会学，膨大・多様なデータ・情報を収集・分析するためのデータ・サイエンスなどが含まれる。高度化・細分化が進んだ専門領域をどのよう

に結合・統合し，イノベーションの実現のために活用していくことが可能になるのか，それを実現するための制度的な環境を整備することも必要である。エネルギー，環境，健康，安全などに関する日本の優れた科学技術を，気候変動や生物多様性などサステイナビリティにかかわる具体的な課題の解決に向けて，グローバルなレベルでイノベーションの創出につなげていくためには，大学，企業，公的機関，NGOなどのさまざまなステークホルダーが科学技術・経営・政策に関する知識を共有して，戦略を検討・実行していくことが期待されている。

6　大学が主導するプラットフォーム形成と社会実験

　サステイナビリティの追求にあたって，社会における具体的な問題に関する複雑な構造に対応していくためには，さまざまな知識を取り入れて広範な視点から議論することが必要不可欠である（Cash et al., 2003; Yarime et al., 2010）。しかし，これまで知識の創出の役割を担ってきた近代の大学の構造は，基本的には各学問分野に特化された学科・専攻を基盤とした「分業」モデルに基づいている（Taylor, 2010）。各学問領域には独自の学問的なフレームワークやアプローチが存在し，それぞれの内部のコミュニティにおける関心や規範に従って研究活動を行うような強いインセンティブが働き，また研究成果もそれぞれの評価基準によって評価され，それがコミュニティ内での評判や昇進につながる。その結果，学問領域の間での共同研究や学際的な研究は相対的に抑制されることにつながり，必ずしも学問分野によって整理されているわけではない社会的問題に対して，大学の研究者が包括的な観点から取り組みを行うことを困難にしてきた（Yarime et al., 2012）。また，大学は時代や地域に関係のない普遍的な真理を追究する組織として，ある場所を特定した問題解決や，地域・コミュニティに実際に存在する問題への具体的な解決法をさぐる研究に対して比較的関心が薄かったともいえる。さらに近年は，科学技術において知識の高度化と専門化が急速に進んでおり，分業化された研究者単独による社会的課題の解決能力にはかなり限界が見えてきている（小宮山，2005）。

　このような状況下，大学がサステイナビリティにかかわる課題の解決に関し

第4章　ステークホルダーの連携を通じたサステイナビリティ・イノベーション

て積極的にアジェンダを発信し，民間企業の参加を積極的に募り，公的機関や非営利組織（NPO）と広く連携して，共同で問題の解決に向けた技術の開発と普及を目指す方向性が生まれている（Yarime et al., 2012）。研究開発におけるネットワークは，知識の創出と制度の形成を通じて，イノベーションの方向性と速度に大きな影響を与えうる。したがって，産学官が共同でプラットフォームを形成し，関連するステークホルダーを早い段階から巻き込むことによって，課題に関する多様な視点や立場を理解し取り入れることができる。その上で，新たな技術やシステムをステークホルダーと共同で実際の条件の下で社会実験を行うことによって，大学の実験室では得られなかった知見を蓄積し，さらに研究開発にフィードバックすることが可能になる。そのようなプロセスを経ることによって，多様性と連結性をある程度包摂し，レジリエンスを兼ね備えたイノベーション・システムを創出していくことが期待される（Yarime et al., 2012）。研究開発を含めたネットワークを通じた技術変化と制度形成の共進化のプロセスは，その置かれた国や地域のイノベーション・システムの特性によって制約されうる。しがたって，サステイナビリティ・イノベーションの創出を促進していくためには，大学，産業，公的セクターを含めたステークホルダーの協力・連携と各国・地域と社会的課題の特性との相互作用を理解することが必要である（Yarime, 2010）。

　これまで大学のサステイナビリティに向けた活動としては，例えばサステイナビリティに関連する教育や研究，グリーン・キャンパスやカーボン・ニュートラル・キャンパスなどの計画を通した取り組みが主なものであった。しかし，世界の著名な大学においては，キャンパスの垣根を越えて産業や政府や市民社会とのパートナーシップを構築し始めている。社会の多様なステークホルダーと連携して，街や都市の持続可能な変容を引き起こしていくことを目指した先進的な取り組みが，世界の各地の大学を中心として生まれてきている（Trencher and Yarime, 2012; Trencher et al., 2012）。大学が現実の世界の問題に取り組み，「生きた実験室」として地域を活用するために外部のパートナーと手を組んだ歴史的な事例としては，アメリカでランド・グラント大学が創立された19世紀までさかのぼることができる。しかし最近の先進的な大学の取り組みは，より統合的な観点から都市のサステイナビリティを追求するため，

分野を超えたパートナーシップを形成している。1980年代以降のいわゆるアントレプレナー大学では，社会への貢献のためのチャンネルとして，主に大学で開発された科学技術の移転や研究成果の商業化を通じた経済的な利益に焦点が当てられていた。しかし，サステイナビリティに向けた最近の取り組みにおいては，大学が主導してステークホルダーと連携してプラットフォームを形成し，社会実験を通じたイノベーションを生み出すことで，効率性とレジリエンスを兼ね備えた持続可能な都市への移行を促進するという役割を果たし始めている。

　スイス連邦工科大学（ETH）が主導するプログラム Novatlantis は，公的機関や民間機関と協力して，バーゼル，チューリヒ，ジュネーブの各都市をサステイナビリティに向けた革新的な実験都市として活用しようとしている（Trencher and Yarime, 2012; Trencher et al., 2012）。ETHは1998年に，スイスが低炭素社会となるための青写真として2,000ワット社会という構想を打ち出し，プラットフォームを形成することを通じて，その構想に沿って交通，建築，都市計画といった分野で，官民の間で数多くの連携が進められた。10年以上の連携の結果として，バーゼルは個人用の持続可能な交通分野において，世界でも革新的な存在となっている。2002年から社会実験として始まった空間移動プロジェクトは，自動車メーカーや交通機関，主要なステークホルダーを巻き込むことによって，短期の解決策としての天然ガス，中期の解決策としてのバイオガス，長期の解決策としての液体水素燃料電池の開発と実証を進めており，最近の成果としては，水素駆動型の街路清掃車の試験利用がある。このように，ETHが中心となってNovatlantisというプラットフォームを形成し，ステークホルダーの連携を通じて社会実験を行い，持続可能な都市への転換を目指している。

　日本国内に目を向けると，2010年に東京大学・柏キャンパスを中心として，「明るい低炭素社会の実現に向けた都市変革プログラム」が開始されている（東京大学，2012）。現在日本は，超高齢社会という制約の下で如何にして低炭素社会を実現することが可能かという課題に直面しており，それが将来的にサステイナビリティを達成していく上で大きな鍵となっている。このプロジェクトでは，大学キャンパス周辺において，ステークホルダーとともに統合的な実証実験を通じて技術開発と社会制度の改革の具体化を図り，高齢者の資産と能

第4章　ステークホルダーの連携を通じたサステイナビリティ・イノベーション

力の積極的な社会への還元を進めることで，成長可能な明るい低炭素社会を実現することが目標として掲げられている。具体的には，省エネ住宅や自然エネルギーを活用した空調機器の普及による住宅資産の低炭素化，および超小型電気自動車などのパーソナル移動手段の整備による活動度の向上を通じたモビリティ・システムの低炭素化に向けた技術開発を行っている。超小型電気自動車やキャパシタ電気自動車を実際に投入し，住民の移動ニーズとの合致性や環境低負荷への貢献などを評価し，データベースを活用することでスマート・モビリティ・ネットワークの実現が図られている。それと並行して，モビリティに関する道路法，道路交通法の弾力的運用や，高齢者住宅の省エネ化のための金融資産の活用などの社会制度の改革にも積極的にかかわっている。このような個々の社会実験で取得される技術，経済，社会的側面にかかわるさまざまな情報を集積して，統合情報システムを構築し，さらに低炭素都市モデルの構築，成果情報のパッケージ化により，他の地域にも適用可能な汎用システムを構築することで，全国への普及・展開を目指している。

　このように各地の大学が主導してプラットフォームを形成し，関係するさまざまなステークホルダーと連携して社会実験を行うことによって，サステイナビリティ・イノベーションを創出していくために果たすべき機能が明らかになってきている。具体的には，どのような将来像が望ましいのかということに関するビジョンの形成，ステークホルダーとの共同シナリオ作成，社会的なニーズに関するデータの収集と分析，必要となる技術とシステムの開発，社会実験によって得られた成果の評価，生み出されたイノベーションの社会における正統性の獲得，そして地域・国・国際レベルでのアジェンダ・セッティングなどが重要な機能として考えられる。その際に，大学が伝統的に有していると思われる客観性，中立性，そして公開性が，そうした機能が効果的に働くことを支える基盤となる。

　都市はエネルギー，住宅，交通などさまざまな側面を含む複雑なシステムであり，大学がサステイナビリティの問題に取り組む際には，問題の背景にあるこのような技術，経済，政治，文化といった多様な要素に同時に取り組まなければならない。したがって，ステークホルダーとプラットフォームを形成することで，必要とされる組織，知識，資源のすべてを1つの包括的な枠組みに動

員することが非常に重要となる。しかし，大学の研究者をそうした活動に積極的に参加させるためには，いくつかの障壁を克服する必要がある。例えば，資金調達の難しさ，多様なステークホルダーを含むネットワーク内でのコミュニケーション，学部・学科の組織的抵抗，各研究者へのインセンティブの欠如，異なる専門領域間での共同研究の成果の評価の難しさなどが挙げられる（Trencher and Yarime, 2012; Trencher et al., 2012; Yarime et al., 2012）。大学は，これまで果たしてきた教育，研究，社会貢献の機能を統合することによって，都市の持続可能な変容を目指すプラットフォーム形成と社会実験を効果的に実行することができる。さまざまな条件の下で得られた経験を共有していくことが，今後グローバルなレベルでサステイナビリティ・イノベーションを追求していく上で非常に重要となる（Shiroyama et al., 2012）。

7 サステイナビリティ・イノベーションのグローバル展開

アジアにおいては，経済活動のグローバル化が急激に進む一方，環境・資源・エネルギー・人口の制約が顕在化しており，如何にしてイノベーションを通じて経済的および社会的価値を創出・維持することができるかが大きな課題となっている。サステイナビリティに配慮した科学技術を創出し活用するための制度・仕組み，すなわち広い意味での社会ビジネス・モデルを如何にして構築していくことができるか，そのメカニズムを学問的に分析するための概念・方法論を開発し，国際的な観点から，その成果を大学・企業・政府・市民の効果的な連携を通じて社会において実現することが求められる。日本も高齢化・人口減少社会を迎えて，成長するアジアの活力を積極的に取り入れることで，産業・経済を維持していくことがグリーン成長戦略として期待されている。

従来，経済成長と環境保護，社会的配慮はトレード・オフの関係にあると捉えられることが多かったが，大学・企業・公的機関などが連携して戦略的な取り組みを行うことで，環境・健康・安全を確保するとともに，長期的に産業を成長させていくような広い意味でのビジネス・モデルを先行的に確立することが鍵となる。大学や企業が開発する個別技術の中には非常に高い水準にあるも

のがあるが，その優れた技術が社会において広く普及し，有効に活用されることは必ずしも容易ではない。都市のサステイナビリティの構築に向けては，個別技術の開発に加えて，需要の把握・予測，管理システム・インフラの構築，サービスのマネジメント，法律・制度の整備など，多くの側面にわたるコーディネーションが求められる。大学，サプライヤー，サービス・インテグレーター，ユーザー，公的機関を含めて有機的に連携し，要素技術だけではなく，その運用・管理も含めた1つのシステムとしてパッケージ化を行うことが重要となる（Yarime, 2010）。

そのためには，従来のように製造業を中心として部品や完成品を輸出するだけではなく，持続可能な都市システムを形成するための知識・経験・ノウハウを統合化した形で広く活用していくことは，日本とアジア諸国にとって相互に有益な関係を新たに築いていくことに貢献する。今後日本に続いて韓国，香港，シンガポール，中国，タイなどの新興国が低炭素化への対応を迫られるなか，そうしたアジア諸国へパッケージ化されたシステムを順次適用していくことでアジア全体のサステイナビリティに貢献することが可能となる。同時に，そこで日本にとってのリターンも確保できるようなスキームを作り，長期的には補助金などの公的支援に依存しないような広い意味での持続可能なビジネス・モデルを構築する必要がある。しかし，国内において基盤技術の開発に向けて効果的に働いた産学官の連携が，他の地域・国への単なる要素技術の移転にとどまらない，社会レベルでのイノベーションの創成に向けては，必ずしも十分に機能するとは限らない。今後は，地域における多様なアクターを巻き込んだ社会実験を通じて経験・ノウハウを蓄積し，それをイノベーション・システムとして体系化するための概念・方法論を開発するとともに，世界における日本の長期的なポジションを検討し，国際的な観点から公共政策・制度設計の提案と組み合わせることで，地球レベルでのサステイナビリティに向けて戦略的に展開していく必要がある。

そうした目標を実現していくための要素としては，イノベーションの創出のメカニズム，異なる領域におけるイノベーションの間の連結・統合のメカニズム，社会的ビジネス・モデルの開発，知識・経験・ノウハウのパッケージ化，システム・イノベーションの国際的な移転と制度設計の検討などが考えられる。

サステイナビリティにかかわる環境・健康・安全などの社会的な価値へ向けたイノベーションはどのように創出されるのかを理解するためには，それぞれのイシューに関わる知識（科学技術），アクター（多様性・ネットワーク），制度（慣習，法律，政策）に着目して，基本的なイノベーション・システムのメカニズムの分析が重要となる（Malerba, 2004）。イノベーションは本質的にダイナミックな現象であり，その進化のプロセスを解明するためには，イノベーションに要求されるさまざまな機能を詳細に分析し，各機能がどのようなフェーズ，タイミングで顕在化するのかを議論する必要がある。イノベーション・システムにおける機能としては，実験的・試験的な探索，知識の生産・展開，市場の同定・創出，社会的な正統性の獲得，必要なリソース（人材，資金など）の投入などがある（Hekkert et al., 2007; Bergek et al., 2008）。このような機能が適切に組み合わされて，イノベーションのライフサイクルが形成されると考えることで，サステイナビリティにかかわる各課題に対して，どのような機能がどのタイミングで重要になるのかを理解することが可能となる。

　個別のメカニズムを通じて創出されるイノベーションは，基本的には，環境・健康・安全などに関するさまざまな情報・知識を生み出すが，それらがどのようなしくみによって連結・統合することが可能か，どのようなインターフェースを構築することが必要かを考えなければならない。そうした異なる領域におけるイノベーションについて，システム的な観点から把握し，後の段階で実施する社会実験の評価の枠組みを検討することが求められる。私的な価値と公的な価値に関する評価手法の開発とその連結・統合化を通じて，社会のサステイナビリティへの貢献を，それぞれの領域に関わっている各アクターにとっての価値体系に効果的に取り込むためのメカニズム，すなわち規範，インセンティブ，規制などをいかに構築できるかが重要である。

　大学・企業・公的機関・市民など多様なステークホルダーが連携してイノベーションを創出し，長期的に環境の保護と産業の成長の両立を目指すためには，個別企業レベルにはとどまらない，広い意味での社会的ビジネス・モデルを構築することが求められる。大学，研究機関は，環境・健康・安全などさまざまなニーズに関するデータベースや，製品・サービスが実際に使用される際の効果の評価を行うことが可能である。企業は，製品・サービスの供給，実際

第4章　ステークホルダーの連携を通じたサステイナビリティ・イノベーション

の利用状況の把握，メンテナンスへの対処，および情報共有，モニタリング，フィードバックの効率化を進めることができる。公的機関は，初期における継続的な需要量の確保，技術・サービスに関する情報の周知・広報，正統性・中立性・信頼性の提供に大きな役割を果たす。NGO/NPOは，ローカル・コミュニティ・レベルでの情報共有，関係するアクター間でのネットワーキングにおいて特に重要である。研究開発と他部門との連携，長期にわたるサポート（特に初期における需要は少なく不安定），製品・サービスの価格設定，他企業・組織への技術供与（知的財産権に関する条件）などをいかに行うかも検討する必要がある。個別技術の開発に加えて，需要の把握・予測，管理システム・インフラの構築，サービスのマネジメント，法律・制度の整備などに関する知見は，社会実験を通じてサプライヤー，サービス・インテグレーター，ユーザー，大学，公的機関などに分散されて蓄積される。それを情報マネジメント・システムとして体系化・効率化するための概念・方法論を開発するとともに，パッケージ化を効果的に行うための条件・メカニズムを検討することが重要である。最新の情報通信技術の活用によるハード面での整備と，ステークホルダーの行動に影響を与える政策・制度に関するソフト面の整備が効果的に統合化される必要がある。パッケージ化されたシステム・イノベーションを将来アジア諸国などグローバルに展開していくことに向けて，世界における日本の長期的なポジションを検討し，国際的な観点から制度設計の提案と組み合わせていくための戦略的な取り組みを検討することが求められる。その際，国際・分野間を比較可能とする指標化・標準化，民間企業，大学，公的機関の間の効果的な連携体制の形成，国際的なレベルにおける意思決定プロセスへの積極的な関与をどのように行っていくかを議論する必要がある。

　より具体的には，創出されたさまざまなイノベーションが，実際にどの程度人々の健康を改善し，二酸化炭素排出の削減につながっていくのか，またどれほどの投資が必要で，それがエネルギー・コストの削減や環境保全コストの削減にどの程度貢献できるのか，そして産業の創出がどの程度の規模になると期待できるのか，マクロ・レベルでの効果を計測するモデルを開発してサステイナビリティにかかわる環境，経済，社会的側面のインパクト評価を行う必要がある。それと同時に，地域におけるさまざまなアクターを同定して，それぞれ

に対するインセンティブを考慮したミクロ・レベルでの行動モデルを開発することで，そのプロセスをダイナミックな観点から分析・評価しなければならない。イノベーションを創出するメカニズムにおいては，供給サイドの技術レジーム，需要サイドの市場，さらに特に環境，健康，安全などの領域においては規制・政策が大きな影響を及ぼす。技術レジームは，知識ベース，市場構造，技術機会，専有可能性，アクター間の関係（垂直・水平統合，ネットワーク），産官学連携などが重要である。マーケット・デマンドについては，市場サイズ，市場セグメンテーション，消費者選好，需要の価格弾力性，ニッチ・マーケットの存在などが影響を及ぼす。規制・政策に関しては，基準・標準，税金・課徴金，自主規制，公的機関による商品購入，情報・知識の供給・普及，研究開発に対する補助金・税制優遇措置，研究開発コンソーシアムなどが重要となる。

　こうしたさまざまな要素がどのように相互作用を行い，イノベーションの創出につながっていくのか，社会実験を通じて実際のアクターの行動に関するさまざまなデータを収集・分析し，そのプロセスに関するダイナミックなモデルを構築していくことが必要である。併せて，そのモデルの構造・機能・進化を評価できるような方法論・実践ツールを開発することも重要である。それがどの程度地域的な特性に依存するのか，重要となるパラメーターを同定することで，将来的にイノベーションを国際的に展開していく際に，どのような修正・適応が必要になるのかを検討することが可能になると期待される。企業戦略，公共政策，制度設計の観点を含めて，定量的なデータを使って分析を行うと同時に，企業などの関係するアクターと連携を進める体制を形成することで，サステイナビリティに貢献できるようなイノベーション・システムの実現に向けて他の分野にも応用し，将来的にアジア全体における社会的な転換にも寄与することが期待される。

　現在，気候変動，生物多様性をはじめとして，環境問題に関するさまざまな領域における国際規制・ルールの枠組みの制度設計が議論されている。そうした場において，他国・地域からの提案を単に受け入れるだけではなく，長期的な観点から見て地球全体にとって望ましいターゲットと，それを達成する基盤となる個別アクターの行動に影響を与えるインセンティブの整合性を適切に考慮した提案を，自らの戦略に基づいてデザインする構想力と，国際社会におけ

る交渉を通じて着実に実現していくための実行力が求められる。環境，安全，健康などサステイナビリティにかかわるさまざまな問題に対して，統合的な観点から効果的に対応するための仕組みをどうデザインし，実行に移していくかという発想は，これからイノベーションを促進していくにあたって，非常に重要になる。今後大学は，国際ネットワークを十分に活用しながら，サステイナビリティにかかわる教育・研究・社会貢献を統合した形で，科学研究，技術開発，企業戦略，公共政策，制度設計などを統合的に考えていくことを可能にするようなプラットフォームを形成していくことが課題となる。特に，将来的にグローバルなレベルでサステイナビリティを追求していくにあたっては，アジアやアフリカにおける新興国と協働していくことは極めて重要となる（ジュマ・鎗目, 2008; Yarime, 2011）。ネットワークの国際的な連携を通じて，地球規模の社会的課題の解決に向けたイノベーションに貢献することが強く期待される。

（鎗目　雅）

第Ⅱ部

日本のグリーン・イノベーション

第5章

グリーン・イノベーションと日本の環境技術の国際競争力

1 はじめに

　米国のサブプライムローンの問題に端を発した世界金融危機は，先進国のみならず新興国や発展途上国に世界的な不況をもたらした。そして，その不況から抜け出す新たな経済成長のモデルとして登場したのが，低炭素でグリーンな経済成長をめざす「グリーン成長」である。諸外国でグリーン・ニューディール構想や計画が発表され，グリーンな新しい技術パラダイムの下で経済成長を図る路線への転換が行われてきた。グリーン成長とは，環境維持と経済成長が連動し，クリーンエネルギー活用や温暖化効果ガスの削減によって環境の基盤を復元可能な状態にしながら経済発展を進めることである。経済，環境，社会政策上の目的を効果的に統合し，包括的でかつ一貫した政策が求められる一方，環境の持続性を考慮した消費行動や産業構造や技術の大幅な転換と，低炭素，循環型，高資源効率の経済へのグローバルなシフトが不可欠となる。

　そして，その新たな経済成長を支える原動力として期待されているのが「グリーン・イノベーション」である。2009年のOECD閣僚会議でも，環境への負荷を軽減する環境関連技術のイノベーション促進政策や，集中投資が全世界的に実施されることの重要性が認識されている。日本においても東日本大震災をきっかけに，地熱，太陽光，バイオマスなどの再生エネルギーへの投資やエネルギー分散政策へのシフトが起こっている。

近年，知識型経済が世界を巻き込んで，イノベーションに対する関心も同様に先進国発展途上国問わず高まっているが，イノベーション政策に関する研究はまだ発展途上であり，イノベーションに対する政策的効果はこれまであまり明らかになっていない。また，新技術の普及プロセスに政府が意図的に介入する政策についても，研究は始まったばかりであり，政府の介入が効果的に機能する状況としては，新技術についての情報の非対称性等による市場の失敗を回避するため，政府が情報と補助金の提供を行う程度であり，きちんと評価された政策手段は極めて少ないのが実情である。

2　グリーン・イノベーション
―政策研究と概論

イノベーションとは，新しい知識に基づき，製品・サービスを生み出す，あるいは生産工程を効率化することである。なかでも，科学技術にかかる知識に基づくイノベーションは技術イノベーションと呼ばれ，その成果が大きな経済的価値を生むポテンシャルがあることから，産業の国際競争力の向上，さらには経済社会の発展に大きく貢献すると期待されている。

技術イノベーションの概念は幅広いが，その内容は新しい製品を生み出すプロダクト・イノベーション，生産工程の変革により生産効率をあげるプロセス・イノベーション，新たなサービスを創出するサービス・イノベーションに加え，近年では技術のみならずビジネスモデルや，市場創出を支援する政府の政策のイノベーションまでをも範疇に入れるようになってきている。また，全く新たな技術の活用やイノベーションの結果として極めて大きな変革やパラダイムシフトが生じる革新的なイノベーションと，既存技術等の延長線上の改善・改革による漸進的なイノベーションとで区別する場合もある。

一方，技術イノベーションが生じる要因については，需要により喚起されるとする「需要プル」要因と，技術の供給により喚起されるとする「科学技術プッシュ」要因とに大別される。しかし，実際にイノベーションが生じるプロセスは極めて複雑であり，双方の要因が相互に関連して生じていると考えられている。例えば，刻々と変化するグローバルマーケットのニーズを捉えること

が必要であるため，先進国の技術力が高いからといって必ずイノベーションが生じるわけではなく，むしろ市場に隣接する人口の多い途上国のほうがより有利にイノベーションを起こす可能性もある。

　また，イノベーションとは新たな技術開発のみならず，研究開発を支える組織や社会システムまでも含む広い意味で使われる場合もある。具体的には，①新しいアイディアが生まれ（Invention：発明），②そのアイディアが商業ベースで実現可能な形に開発され（Innovation：商業化），そして③新しく有益な製品技術・プロセス技術が登場してから，その技術が時間の経過とともに市場や社会に拡散するプロセス（Diffusion：普及）という，3つの段階を経ている。つまり，そうした新たな技術が社会に成功裏に導入される過程すべてがイノベーションであるといえる。

　しかし，新しい技術が商品化され，市場において普及するには，研究開発から商品・製品の普及まで一定の期間を要する。この一連の期間，すなわち企業が技術に対する投資を行ってから収益を得るまでの期間が長い場合，多くの企業はそもそも研究開発に踏み出さないか，あるいは，開発した技術・商品でなかなか収益が上げられない。また，新しいアイディアが生まれても，そのアイディアを開発するための投資がなければ商品化されず市場には出回らない。そこで，政府の介入により民間企業の環境への負荷を軽減する技術に対するイノベーションへのインセンティブを増加させることが考えられる。

　グリーン・イノベーションとは，基本的に環境への負荷を削減する技術や，環境汚染防止技術，汚染物質除去技術，汚染された環境の復元といった技術などを対象としたイノベーションであり，日々の累積的イノベーションから技術パラダイムの転換をもたらす革新的イノベーションまで幅広く，さらに，技術のみならずビジネスモデルや市場創出を支援する政策イノベーションにいたるまで，さまざまな形態が求められている。グリーン・イノベーション技術の開発と市場への普及を促進するためには，環境規制や市場での価格というインセンティブのみならず，研究開発投資や規制や政策の再構築により，新技術の需要を創出し市場をつくり，効果的に技術を伝播・普及させることなど，政府による政策的支援が大きな鍵となると考えられている。

　日本政府もグリーン・イノベーションを「生活・地域社会システムの転換及

び新産業創出により，環境，資源，エネルギー等の地球規模での制約となる課題解決に貢献し，経済と環境の両立により世界と日本の成長の原動力となるもの」と認識している。そのため，環境・資源・エネルギー分野の革新的な技術等の研究開発と成果の実用・普及のための社会システムへの転換や，新たな発想を活用しライフスタイルや街づくりを推進する一方，グリーン・イノベーションの産業戦略方針を掲げている。例えば，

- 日本発の既存のエネルギー効率の高い技術の国内外への幅広い普及
- 太陽電池（太陽光発電），蓄電池，燃料電池，超伝導，バイオマス，グリーンケミストリー，CCS（CO_2の回収・貯留）等の革新的技術の研究開発の加速
- 新たな科学的・技術的知見の「発掘」と「統合」による環境・資源・エネルギー分野におけるブレークスルー技術の研究開発

しかし問題は，これまで政府は技術開発のサプライサイドへの支援に重点をおき，市場への技術普及を促進するためのデマンドサイドへの支援は重要視してこなかったことである。研究開発に伴うリスクを低減することと同時に，開発サイクルを考慮した需要と供給の両方の要素を常に考慮することが重要である。つまり，政府は如何に技術開発（サプライプッシュ）を支援するかと同時に，その環境技術の市場を作り上げるため，政府調達や買い取り制度などで需要を押し上げる（デマンドプル）必要がある。十分な需要がなければ，投資した環境技術において十分なコストの回収や競争力強化にはつながらないためである。今日太陽光発電関連分野で日本企業が劣勢を強いられているのは，太陽光発電の技術支援プロジェクトは実施されたが，日本での市場拡大策がとられなかったために，開発した技術のコスト回収が十分できなかったことにある。バランスのとれたサプライ・デマンド策が今後さらに求められる。

(1) 規制とイノベーション

政府が環境規制を強化することで，環境負荷抑制技術の需要が増えるため，イノベーションが起こりやすくなるという関係が指摘されている。特に，気候変動に関する環境関連技術は京都議定書締結後に急増している。ただ，規制の条件や産業の種類などによって結果は一様ではないといえる。

第5章　グリーン・イノベーションと日本の環境技術の国際競争力

　日米独における大気汚染制御装置のイノベーションについて特許データをもとに分析した研究結果では，各国におけるイノベーションはあくまで自国の規制に対応したものであり，他国の環境規制に対応している様子は見受けられなかったとしている。

　一般的に電力産業は輸出商品ではないため，海外の市場の環境基準や規制にほとんど左右されない。例えば，石炭火力発電に関する大気汚染コントロール技術についての分析では，イノベーションは主に国内の規制に対応して生まれているということである。各国で急速に国内特許申請数が増加したのは，その国が発電所に影響する規制を施行した後に集中している。

　一方，自動車産業のように，輸出商品として海外市場で競争する産業においては，外国市場での規制がイノベーションを誘発する場合がある。例えば最大の市場である米国が自動車排出量基準の規制を採択した際，米国における自動車の排気ガスに関する特許は海外勢がほとんどを占めていた。韓国の自動車メーカーは日米市場での厳しい排気ガス基準を満たすために高度な排出管理技術を早くから車に搭載し，自国の排出基準の規制を実施したのはもっと後になってからという事実もある。風力発電と自動車産業の事例研究などを見てみると，政府の厳しい規制は環境技術のリードマーケット構築に寄与し，輸出能力を強化した，という分析結果も出ている。

　規制が遅れた国においてもイノベーションが起こっているケースもある。後発で規制を行った国では，棚卸のように外国の技術を使うのではなく，その技術が自国市場に合致するようカスタマイズするためのR&Dを行う場合が多い。見過ごされがちだが，既存の技術を自国条件に合うように修正を加えたりする過程でもイノベーションは起こっている。途上国の場合，海外の環境関連技術の知識は技術の直接的な導入という側面より，その国においての今後の環境技術発展の方向性を示す指標の役割を果たしている。

　先進国においては，国内政策や気候変動に対処する国際協調的取り組みがイノベーションへのインセンティブを高めたため，再生エネルギー技術の特許申請数が近年急速に増加している。同様に炭素税や排出量取引制度などによるエネルギー価格の高騰により，エネルギー効率や代替エネルギー技術のイノベーションも起こってきている。

■図表5-1　世界における気候変動関連技術の特許数の伸び（1978＝1.0）

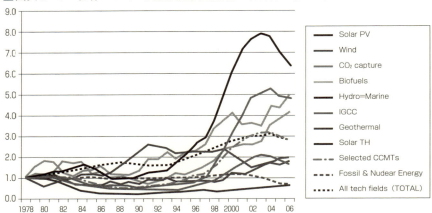

（出所）Haščic, I. et al. "Climate policy and Technological innovation and transfer" 2010, OECD

　環境技術イノベーションに対する政策的効果はこれまであまり明らかになっていないが，気候変動緩和技術（CCMTs）においては，京都議定書締結以降急速に環境技術のイノベーションが増えていることは事実である（図表5-1参照）。その他一般のエネルギー技術に比べ，特に風力，太陽光，バイオマス，地熱，水力に関連する特許数が増加したことがわかる。

(2)　グリーン・イノベーション政策

　環境政策と環境汚染を解決するための技術的イノベーションがどうリンクしているかを理解することは重要である。特に気候変動の分野においては，その対応にかかる経済コストはイノベーションの速度に大きく影響される。政府による政策が気候変動緩和技術に関する開発と普及を加速させる役割を果たすと考えられているが，現時点では検証研究がそれほど蓄積しているわけではない。例えば，二酸化炭素排出量を減らすための政策はまだ実施してから数年しかたっていないため，これらの政策が実際にどのような効果をもたらしたのかまだ研究は不十分であるといえる。

　地球温暖化に対して早急に環境への負荷を低減するために，政府による主導的な取り組みを主張する声がある一方で，かつてのアポロ計画やマンハッタン

計画のように政府が国策として技術革新を誘導する方法に疑問を呈する声も多い。グローバルな気候変動への懸念やリスクに対し，政府による技術政策はある程度必要であるが，それが根本的な解決策にはなりえず，国家主導方式では資源を無駄にし，達成する目的も限定されてしまうという理由からである。確かにアポロ計画やマンハッタン計画は，目的設定・資金・管理すべて連邦政府によって行われたが，その最終消費者は結局のところ政府であった。ところが，気候変動といったグローバルな問題に対処するための技術は，幅広く多様な業種にわたる中間・最終消費者によって実際に利用されなければならず，それに加え巨額の官民の資金拠出を伴う。そのため，地球温暖化への技術的解決策には長期間にわたる運用の費用対効果，利便性，システムへの信頼性が求められる。長期にわたり数々の技術が投入され試される中で，それらの技術がさらに進化し向上していくことを考慮すれば，現時点で達成すべき技術を特定せず，技術進化の動向によってプレーヤーが順応できるフレキシビリティを残しながら，長期的なビジョンと方向性を示すことが重要であろう。

　従来，日本の環境技術関連のイノベーションは，公害関連規制などの国の政策によって誘発される環境イノベーションが主であった。大気・水・土壌を中心とした環境規制，特に排出基準達成のため，日本の公害対策技術が著しく向上したこと，また，厳しい規制に対応した日本車が米国市場を中心に高い評価を受けた事例はよく知られている。

　やはり政府が環境規制を強化しなければ，環境への負荷を軽減する技術に対する需要が生まれず，民間によるR&D投資が増えないということがある。つまり，環境への負荷を抑制するという目的の技術に対して，企業が投資をする十分なインセンティブが見出せないのである。問題の1つは環境関連技術が公共財として捉えられることである。ほとんどの場合，新しい技術は広く社会全体の利益のための公共の知財ということになり，開発者への報酬が少ない。新しい技術が公的なものとなることで，波及効果としてさらなるイノベーションを誘発する可能性もあるが，こういった環境負荷抑制技術は社会全体にとっては有益であるが，開発者個人にとっての直接的な利益は低い。その結果，企業にとっては公共財となるような技術に関する研究に取り組むインセンティブが低くなってしまう。新技術の需要者は恩恵を受けるが，企業が投資分を回収で

きないため，環境にやさしい技術のR&Dは市場のメカニズムだけではそれほど多く供給されないといえよう。

　投資が少ない理由として，環境における外的経済要因も存在する。例えば，生産する過程で排出された物質が原因で起こる大気汚染などの公害があっても，市場が商品の生産過程に対して値段をつけるわけではない。つまり，政府による規制がない限り企業や消費者は排出量を抑制するというインセンティブを持たない。適切な政策的介入がなければ，排出を抑制する技術の市場の広がりは限定的であり，そのためのクリーンな技術を開発することによって得られる利益は少ない。ただ，エネルギー効率を高めることが排出量を抑えるだけでなく，生産コストを下げるという利点がある場合，企業は開発する利益はある。また消費者のクリーンな技術による製品に対する関心が高い場合，企業は環境にやさしい商品の特徴を宣伝し，他の商品との差別化を図ることも可能である。消費者が排出量を抑える技術を使って生産された商品に社会的利益を見出さない場合，市場によるインセンティブだけでは環境負荷抑制技術の開発を促進することは難しいといえる。

　しかし，環境関連技術のイノベーションの背景にあるのは環境規制だけではない。環境問題解決への貢献意欲等，需要側のモチベーションがその原動力として大きく作用する場合もある。また，市場の成熟・競争の激化に伴い，収益性向上のため，より効率のよい環境技術が求められる場合もある。つまり，環境政策・規制には，環境技術への貢献意欲に対する正当な経済的報酬を確保し，環境市場の成熟を促進し，技術コストが内部化されるよう市場環境を再構築する役割が期待されており，イノベーション政策の手段としても注目されている。例えば，再生可能エネルギー普及のための政策として，特に税優遇や固定枠制を導入することは，関連分野の特許活動の活発化させるなど，環境調和型の技術革新の誘導や，新しい市場を創出する効果があるとされている。環境規制や市場での価格というインセンティブのみならず，政府によるR&D支援が大きな鍵となると考えられている。新しいアイディアが生まれても，そのアイディアを開発するための投資がなければ商品化されず市場には出回らない。特に，民間企業による環境への負荷を軽減・抑制する技術に対するR&D投資へのインセンティブをどう高めるかという課題がある。

グリーン・イノベーション技術の開発と市場への普及を促進するためには，先に述べたように，政府は如何に技術開発（サプライプッシュ）を支援するかと同時に，その環境技術の市場を作り上げるため，政府調達や買い取り制度などで需要を押し上げる（デマンドプル）必要がある。太陽光関連技術の例からも明らかなように，日本政府はこれまで研究開発のサプライサイドの支援に重点を置いてきたが，需要を刺激するためのデマンドサイドからの太陽光発電電力の買い取り制度など市場拡大支援策の実施には消極的であった。その結果，現在コモディティ化した太陽光発電技術において，中国・台湾・欧州勢メーカーの躍進に比べ日本企業の相対的地位の低下は著しい。

　今後さらに日本の環境関連技術を国内だけでなく，国際市場で展開し，日本の競争力向上や途上国での技術普及を高めるには，従来型の環境規制だけではなく，世界の市場の動向を見極め，新たな産業・市場構造の構築に寄与する新たな政策パラダイムが必要となることは明らかである。例えば，経営学者のマイケル・ポーターは，国の科学技術政策の立案にあたっても，「単なる科学や技術の政策ではなく，イノベーションを生み出す政策でなければならない」，「民間のイノベーションを刺激しようとする政策は科学や技術を超えて，競争や規制等の政策まで含んだものでなければならない」としている。つまり，政府あるいは公的セクターの役割と民間の役割のバランスをうまく取るようなシステムが必要であり，政策によって先に技術を選択してしまうのではなく，それぞれの技術の軌跡をたどるような柔軟かつ長期的な取り組みが求められている。そして，政府の政策だけではなく，環境問題に関係する民間のアクターを含んだ幅広い環境コミュニティの活動もイノベーションに大きな影響を与えている要因の1つであることも忘れてはならない。

3　日本の国際競争力の現状と課題

　通説では日本の環境技術は高い競争力があるといわれているが，そもそも日本は本当に競争力があるのだろうか。確かに，気候変動対策関係の特許出願数（PATSTATに基づいた1998年から2003年の5年間を分析対象とした集計）で，世界各国の環境技術の競争力を測定した結果，日本が特許出願数で世界第1位

であり，全出願数の40％以上を占めているという（Dechezleprêtre et al. 2011）。さらに，技術分野別に見てもバイオマスが第2位であることを除けば，他の12の技術分野ではすべて世界第1位である。特に，メタン，廃棄物，照明分野では特許出願数は全体の半分以上を占めている。OECDの報告書にも，気候変動に関するイノベーション，特に太陽熱，太陽光における特許数は日本が世界一であると分析されている（Haščic, I. et al., 2010）。

　つまり，これまでの先行研究では，日本企業の環境技術における総特許出願数が多いことから，国際競争力が他の国と比較して非常に高いと分析されてきた。一般的に日本の環境技術が大変強いとする通説と一致しているように思われるが，彼らの分析方法論は，自国内での出願数が多くなるといういわゆるホーム・カントリー・バイアスを適切に考慮していない可能性が高い。つまり，それらの分析方法ではそれぞれの国内市場特有の特徴や条件を考慮していないため，真の国際競争力比較分析とはみなせない。例えば，日本国内の特許出願数は他の国に比べて相対的に多いが，それは国内市場の規模や，国内産業の業種の分布，競争関係など国内市場の特殊要因があるため，国内出願特許数を含めた単純な出願数の国別比較では真の競争力比較が難しいといえよう。

　実際，日本の環境技術のほとんどは，国際的に見ても優位なものが多いにもかかわらず，世界市場ではほとんど導入されていない。一般的に日本企業の製品は品質は良いがコストが高く価格も高い。途上国への参入においては，平均個人所得が低いことから，一般に値段が高い製品は価格が障壁となりなかなかシェアを伸ばせない。一方，途上国では環境規制よりも経済発展を優先するため，環境汚染防止の規制や政策があまりとられていない。日本製品がこれらの途上国市場で競争力をつけるためには，投入する製品の価格や生産・調達コストを下げること，もしくは当該国の環境規制を強化することで，日本の厳しい基準もクリアした質の高い製品の優位性で勝負する戦略，またその両方の戦略が考えられる。

　環境技術における日本の国際競争力の優位性を研究するにあたり，われわれは特許データをもとに環境技術における日本の競争力優位性についての分析を行う一方，特許データだけでは説明できないイノベーションの実体については事例研究で明らかにするため，2つの方法による分析を行った。まず，①特許

第 5 章　グリーン・イノベーションと日本の環境技術の国際競争力

データを国際出願と国内出願とで分け，省エネ・新エネの環境技術を分析可能な範囲で独自に分類し，そして国際競争力を定量的に数値によって具現化した。そして，②実際の国際市場で環境技術を活用して日本企業がどう競争力を高められるのか実地調査を行い課題や障壁について分析した。日本の競争力向上に求められている他国での技術普及をより高めるには，需要側の政策が今後重要となり，誘発形態の違いとイノベーションがどう関連しているのか，また環境技術を活用しイノベーションを可能にする日本国内産業のネットワーク・クラスターなど日本独自の優位性についても考慮，世界の市場の動向を見極めた上で日本の新たな産業構造の構築に沿ったグリーン・イノベーション政策とイノベーションシステムの今後のあり方について研究を行うことが重要である。とりわけ，実際の日本の環境技術がどのように展開されているのか，東南アジア，ブラジル，インド，中国など日本の環境技術を海外展開し国際競争力を高めるビジネスモデルや，新たな資源循環システムの構築などについても分析・研究を行った。

(1)　特許分析による環境技術の国際競争力

　これまで，国や地域の科学技術・イノベーションに関する競争力を分析するために，研究者数や研究開発費の統計データが主要な指標として使われてきた。特に国レベルのマクロ分析において，各国政府機関の統計局などで整備されてきた研究開発費の統計データが，有効性を発揮してきた。しかし，研究開発費のデータはあくまでもイノベーション・プロセスの相対的なインプット情報としての指標であり，イノベーションの結果がどうであったかということを示していない。また，環境分野の研究開発に対する政府予算の統計はまだ未整備であり，特に技術にブレークダウンした額は不明である。また，過去には商品分類に基づいて環境製品のリスト化が試みられたが，分類が広すぎ，イノベーションとの関連が不明瞭なため，イノベーションの指標にはならないという結論に達している。さらに，論文データはイノベーションのアウトプットの指標の1つではあるが，市場へのアウトプットの直接的な指標ではない。したがって，技術発展のハイスピード化，高度化，複雑化に伴い，イノベーションに対するインプットである研究開発費の総額，研究者数などのデータに代わり，イ

ノベーションにより密接な関係を持つ特許のデータが，技術競争力や国のイノベーション能力を測るための有効な手法となりつつある（Popp, 2009）。

また，OECDではパテント・ファミリーに着目し，他国への特許出願数を環境技術の移転の指標とする方法を提案している。特許データは個々のイノベーションに関する詳細な情報を提供しており，技術革新の発信国や個人・企業名，関連技術の特許など有用な情報を得ることができる。International Patent Classification（IPC）はサブクラスで約7万コードあり，技術分野を識別するには十分であり，特許出願頻度を環境技術のイノベーション指標として用いることが可能である。ただ，必ずしも最も多く特許が申請されたイノベーションが普及しているとは限らない。特許を申請する企業は新しいプロセスというより新しい商品に対して行う傾向があり，各国の環境政策のシフトによってイノベーションの質が変化する流れまで正確に反映されていない可能性もある。ただ，現時点において，グリーン・イノベーション研究に関して特許データ分析が最も有効ということは紛れもない事実である。

以上のように，特許データは国際的に技術移転およびイノベーション政策を研究するための1つの重要な手法としても確立しつつある。もちろん，特許の数で技術の競争力，イノベーション能力を測るにはさまざまな欠陥もあるが，利用可能なデータの制約等から考えると，特許データは世界的にほぼ標準化された有力な指標の1つであるということは言えるであろう。例えば，特許データ（主にPATSTAT）によって気候変動緩和技術の発展と国際的な技術移転における政策の役割を明らかにしようと試みた研究（Hašcic, I. et al., 2010）では，再生エネルギー，クリーン・コール技術分野を対象とし，過去30〜35年のデータを分析している。それによれば，イノベーションは多くの気候変動緩和技術において加速しており，京都議定書の可決と同時に加速が起こっていると指摘している。国際的に競争力が高まっている技術（風力，太陽エネルギー，バイオ燃料，地熱，水力等）についてはイノベーションが加速しているが，他の技術（CCS等）に関する特許は，他のエネルギー技術と比べて落ち込んでいることが明らかになった。また，国によって気候変動の緩和技術のイノベーションは異なる分野に特化することが指摘されている。例えば，日本，韓国は太陽光発電技術に強く，デンマークは風力技術，ノルウェーは水力・海洋技術

第5章　グリーン・イノベーションと日本の環境技術の国際競争力

に強いという特徴がある。さらに，中国，インド，南アフリカのような新興勢力も力を増しつつある。

　国際的な技術競争力の優位性を分析するために，われわれはIPCの共起性[1]（Breschi et al. 2003, Suzuki and Kodama 2004）による技術の距離に基づいて合理的な環境技術クラスターの再分類を行い，2カ国以上に登録している国際特許出願数を集計した。これまで包括的に日本が環境技術分野において総特許出願数が相対的に多く，世界一の技術競争力を持つという見方が通説となっていたが，本研究によって日本がすべての環境技術分野で世界一の競争優位性を持つわけではなく，世界一の技術力を持つ分野はかなり限られているという事実が明らかになった。

　具体的には，公害関連技術として水処理，固形廃棄物処理，大気汚染緩和技術，気候変動対策関連技術，太陽光発電の合計5分野について分析を行った結果，日本は特定の分野において若干優位性はあるものの，米国・ドイツの国際競争力が，ほぼすべての分野において圧倒的に高く，日本は米国・ドイツに次ぐ3位の地位を平均的に占める結果が明らかになった。

　水処理についての国際出願数は，ドイツもしくは米国が1，2位を占め，それに次いで日本がすべて世界第3位となった。また，水処理の近隣技術に関しても，国際出願数では日本がほぼ第2，3位にとどまり，特に地下，水中の構造物分野では米国，ドイツ，イギリス，フランスに続く第5位でしかない。

　固形廃棄物処理分野における国ごと出願数によると，国際出願数は固形・金属ごみリサイクル領域で日本が世界第1位であるが，家庭ごみ領域は世界第7位にとどまり，他の分野ではすべて第3位にとどまることがわかる。加熱・焼却処理分野および焼却炉関係は米国が第1位，ドイツが第2位であり，他の技術クラスターでは，プラスチック・リサイクル，回収・処理操作，家庭ごみ分野はすべてドイツがトップで，米国が第2位である。また，汚泥処理・利用，固化・固定化，燃焼・焼却，粉砕・減容，成型，金属の再生・抽出，モルタル・コンクリートといった6つの技術クラスターでは日本は2位もしくは3位に位置づけられ，それぞれの領域の1位は米国もしくはドイツとなっている。

　大気汚染緩和領域においては，排気ガス処理分野は日本が第1位であるが，直立形の炉分野はドイツ，米国，フランスに次いで第4位，その他は，すべて

2、3位であり、当該分野のトップは米国かドイツかであることがわかる。また、エアクリーナー、空調、焼却炉、ろ過・吸着、触媒、排気マフラー、燃料電子制御とバーナーといった8つの技術領域では、国内出願数は日本がすべて第1位であると同時に、空調、排気マフラー、燃料電子制御領域の国際出願数も世界トップを占めている。これは日本の電気、機械メーカーおよび自動車メーカーが多数存在し、しかも長期にわたって世界市場を技術的にリードしてきた結果であると解釈できる。他の領域では依然米国かドイツがトップを占めている。

太陽光発電においては、日本、米国、ドイツが常に上位を占めるが、日米独に次ぐ出願数を示し、特に近年出願数を伸ばしているのは韓国である。韓国は半導体装置、整流、増幅、発振、スイッチング装置クラスターにおいては、ドイツを抑え米国に次いで3位を確保し、電池クラスターでは米国・ドイツに次ぐ4位の位置を占めている。

ここで日本に優位性がある太陽光発電領域について、自国特許出願と国際特許出願を比較すると（図表5-2）、国内で圧倒的な出願数を誇り1位となった松下電器産業は国際出願では15位にとどまるなど、国内出願のみに重きをおき

■図表5-2　自国特許出願ランキングと国際特許出願ランキングの比較

	自国特許出願ランキング			国際特許出願ランキング		国際特許出願率
1	松下電器産業	630	1	キヤノン	282	45.9%
2	シャープ	335	2	シャープ	163	32.7%
3	キヤノン	332	3	サムスン	161	49.7%
4	三洋電機	317	4	精工エプソン	131	49.6%
5	三菱電機	228	5	サムスンSDI	122	49.8%
6	日立	199	6	三洋電機	120	27.5%
7	松下電工	165	7	三菱電機	88	27.8%
8	サムスン	163	8	コダック	68	39.3%
9	富士電機	160	9	フラウンホーファー	67	38.7%
10	東芝	135	10	東芝	66	32.8%
11	半導体エネルギー研究所	133	11	NEC	66	35.5%
12	精工エプソン	133	12	日立	65	24.6%
13	サムスンSDI	123	13	IBM	62	33.7%
14	IBM	122	14	ジーメンス	58	33.9%
15	NEC	120	15	松下電器産業	46	6.8%
16	ジーメンス	113	16	富士通	39	32.2%
17	工業技術院	107	17	富士電機	35	17.9%
18	フラウンホーファー	106	18	工業技術院	13	10.8%
19	コダック	105	19	半導体エネルギー研究所	12	8.3%
20	富士通	82	20	松下電工	5	2.9%

（出所）角南他、環境省受託研究「日本の環境技術産業の優位性と国際競争力に関する分析・評価及びグリーン・イノベーション政策に関する研究」最終報告書。

国際出願については重要視していなかったことが推測される。一方，国際特許出願率（全出願中の国際出願の占める比率）を見た場合，最も高いのは韓国企業のサムスンSDIおよびサムスンであり，それぞれ49.8％と49.7％となっている。日本企業の中ではセイコーエプソンとキヤノンの国際知財戦略が注目に値し，国際特許出願率はそれぞれ49.6％と45.9％となっている。このことから，国が技術開発支援を大規模に行ったのにもかかわらず国としての一貫した知財戦略が存在せず，個々の企業の方針に委ねられたことがわかる。

時系列で特許出願の変遷を見ると，ドイツのジーメンス，フラウンホーファーは最も初期から継続的に，少しずつ特許を出願している。米国のIBMとコダックは早い段階から特許を出願しているが，中断期間も存在し，産業化段階になると再び活発に特許を出願している。韓国企業の後発性は特許出願から

■図表5-3　自国特許出願トップ20の企業（機関）の時系列変遷

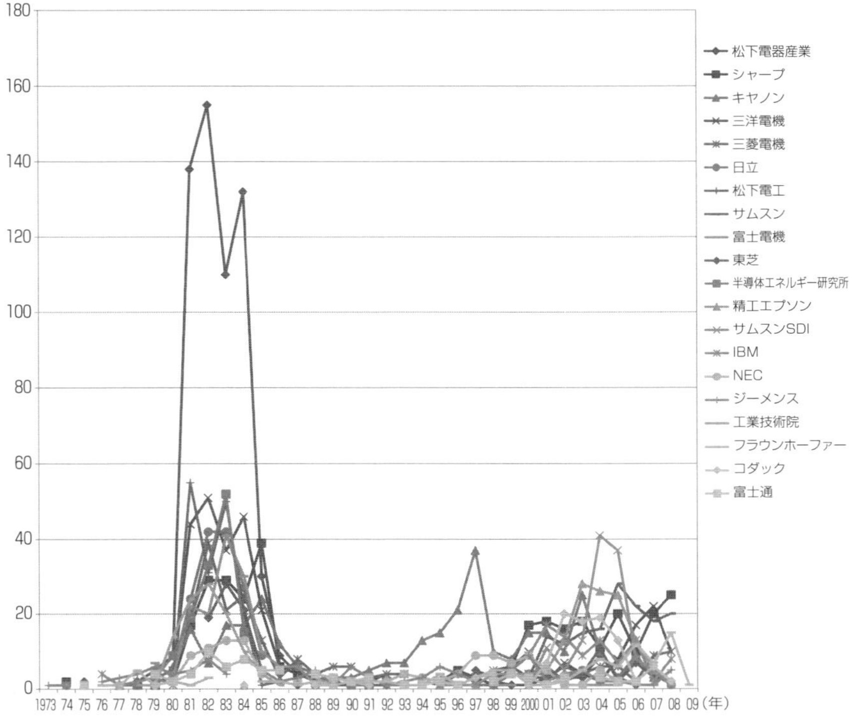

第Ⅱ部　日本のグリーン・イノベーション

見て明らかである。国内出願・国際出願共に90年代半ばから始まり，その後わずか5，6年間で急速に出願数を伸ばしている。日本企業は当該分野での特許出願は相対的に早い時期に開始している。また，多くの企業の最初のピークは80年代前半に集中していた。しかし，80年代前半には国際出願はほとんど出されていなかったことがわかった。また，工業技術院はドイツのフラウンホーファーと異なり，特許出願の継続性が見られず，1980年代の10年間のみに限っ

■図表5-4　国際特許出願トップ20の企業（機関）の時系列変遷

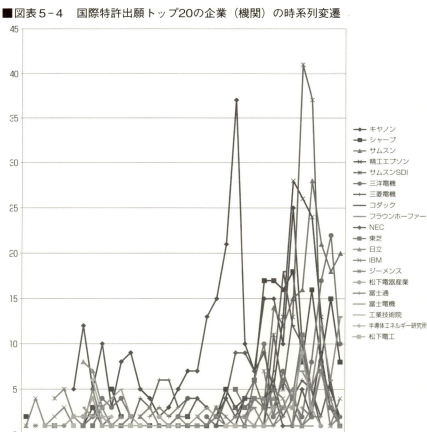

（出所）環境省受託研究「日本の環境技術産業の優位性と国際競争力に関する分析・評価及びグリーン・イノベーション政策に関する研究」。

て特許出願していたことがわかった。

この結果から明らかなように，1980年代に特許出願が増えたのは，日本では政府主導の「新エネルギー技術研究開発計画（通称，サンシャイン計画）」（1974）をきっかけに新エネルギー総合開発機構（現，NEDO）が設立された1980年以降太陽光発電の研究開発が行われたためである。

確かに，新エネルギー財団（NEF）による住宅用太陽光発電への補助金制度『住宅用太陽光発電導入促進事業』（1994～2005年度）の施行によって，太陽電池の国内出荷量は順調に伸びてきた。しかし，当該制度の打ち切りの影響を受け，2006～2008年の国内出荷額は減少している。2009年からは補助制度の復活によって国内出荷量も急速に伸びることになった。一方，輸出は2004年に急増し，その後堅調に増えつつある。

しかし，世界全体でみると，中国・台湾勢メーカーの躍進および欧州メーカーの成長ぶりと比べ，日本企業の相対的地位の低下は一目瞭然である。つま

■図表5-5　世界における太陽電池の生産量の推移

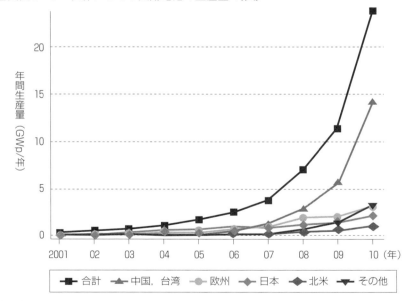

（出所）PV News 2009.4-2011.5.

り，太陽電池の技術発展を推し進める政策があっても，需要および市場を同時に拡大させる政策を打たなければ普及まで時間がかかり投資コストの回収もできない。電力業界などの圧力などもあり2009年までの日本の買い取り価格は販売価格と同じという消極的な需要誘導政策をとったため，国内市場が発展しない状態で出荷数が低迷した。そのため，世界市場がある時期を境に急激に拡大したときには，コスト面などで世界市場で渡り合うだけの国際競争力がついていないという現実に直面したと考えられる。

太陽電池の世界的需要が拡大したのは，2004年頃からであり市場全体が急速に成長しつつある。その背景の1つにはドイツの「再生可能エネルギー法」第2次改正に代表されるように，デマンドサイドからの太陽光発電の優遇強化が実施されたことが挙げられる。すなわち，太陽光発電からの電気の買い取り価格を通常の販売価格の約4倍に引き上げるなどの措置が，世界中に大きな需要拡大の波を及ぼし，市場全体の牽引力になったものと考えられる。

太陽光発電に関するイノベーション政策を国内のみで振り返ると，NEDOの研究開発補助金とNEFによる太陽光発電導入補助金，電力会社の買い取りによる事実上の補助金の3種類が切れ目なく機能し，国内市場の成長にうまく寄与したように見える。しかし，技術的には相当のアドバンテージを持ち，国内市場もそれなりに成長した結果の日本企業の世界市場でのシェアは，前述したように惨敗である。欧州の例を参考にすると，これは第1にデマンドサイドの刺激政策，特に電力買い取り制度の設計が力不足であった点に主要因があると考えられる。前述のようにドイツでは，電力会社による固定価格買い取り制度の導入が，Qセルズなどの新興メーカーの成長を促した。

しかし一方，Qセルズの近年の不調や米国におけるSolyndraの破綻に象徴されるように，市場拡大の恩恵の大きな部分が中国メーカーの急成長に飲み込まれ，インカンベントおよび新興の技術リーダー企業には，その利益がほとんど還元されないという事態が生じつつあるのも事実である。これは，ある程度の性能の太陽電池はいまや，原料および製造装置を買って来さえすればほぼ誰にでも製造することができる，コモディティ商品と化しつつあることを示している。

イノベーション・プロセスに関するこれまでの研究から，ほとんどの商品は

遅かれ早かれコモディティ化のフェーズを迎え，利益の回収が難しくなることがわかる。先行する技術リーダー企業は，適切な知財管理と迅速な商品化による市場シェアの先行確保を通じて，先行投資を回収しさらなる研究開発投資のインセンティブを得るのである。公的な研究開発支援や電力買い取りなどの支援政策は，このようなプロセスや企業戦略とタイミングを合わせて実施される必要がある。特に，エネルギーのような特殊市場においては，サプライサイドの技術政策とデマンドサイドの刺激政策の両方が適切に機能して初めて，研究開発と産業化のインセンティブが生まれ，市場成長と社会厚生の向上および国際競争力の向上が達成される。そしてグローバル経済の下では，そのタイミングを計るためには世界的な視野が必須である。日本における太陽電池関連の諸政策や企業行動は，このタイミングを逸したという印象を拭いきれない。

2011年に顕在化したヨーロッパ市場の低迷により，太陽電池に関連する多くの外国企業は日本を次の有望マーケットとみなし，意欲的な進出を開始した。それは，これまで国内市場をほとんど独占してきた日本メーカーが，外部からの大きな挑戦に直面することを意味している。かつて，DRAMのコモディティ化に直面し翻弄された日本の大手電機メーカーと産業政策当局は，その二の舞に陥ることなく，次の機会を捉えなければならない。

(2) 事例研究から見た国際競争力

近年，気候変動問題等地球的な課題を背景として，低炭素社会構築が課題となっている。特に，急速な経済成長とエネルギー需要増大により，先進国のみならず途上国においても低炭素型のエネルギーシステム導入等を通じたエネルギーの安定的な確保や，環境負荷を低減しエネルギーの効率的な利用を推進する環境都市などの構築が進んでいる。

各国で低炭素社会の構築が進むなか，日本の先進的なインフラや環境技術が実際に国際市場でどう展開しているのか。例えば，太陽光発電や蓄電池等の個別環境エネルギー技術や，地域熱供給，スマートグリッドやHEMS，BEMS等のインフラにおいても日本の技術優位性が指摘されているが，価格・コスト面で競争相手に後れを取っている。特に，環境技術等を取り巻く事業環境としては，韓国・台湾およびその他の新興国企業等の市場参入に伴い，競争が激化し，

日本企業による国際的環境技術展開は必ずしも容易ではない。

　前述のとおり，特許データ分析から，通説として日本の環境技術が圧倒的に高いということではなく，ドイツ・米国に次いで一定の相対的優位性は確認された。ただし，環境技術等の国際的展開においては，技術優位性に加えて他の要素が重要になってくる。例えば，現地調達や現地生産，環境技術のコスト問題の解決や，複雑な政治的・社会的問題を踏まえてプロジェクトを創出する総合コンサルタント能力，技術導入後のメンテナンスにまで踏み込んだサービスの提供や，社会的ニーズに応えながら相手国の市場に浸透していく努力が求められている。

　日本はこれまで主に欧米市場等の先進国に向けて高付加価値製品を輸出してきた。先進国においては経済の成熟レベルに大きな隔たりはなく，比較的公正な競争条件の下，市場の透明性は確保されている。しかし途上国市場への国際展開を考える上では，政治的・経済的リスクを背景とした困難な利益率確保等，大きなリスクを前提としなければならない。これまでの主に企業努力にのみ基づく日本環境技術の国際社会，特に途上国への積極的展開が必ずしも容易でなかったのは，まさにこの高リスク低リターンの市場背景に因るものと言えよう。少子化が進み日本国内の市場が縮小傾向にある以上，今後途上国を中心とした新興市場で環境技術を展開するには，まず，高リスク低リターンの市場で短期的な利潤をとるのか，または市場のシェアを確保し長期的には高付加価値商品も展開していくのかという選択と覚悟，そして戦略が求められる。また，国家においても，企業と同様，環境技術を国際展開する上でのリスクとリターンについて把握し，進出する技術・企業をサポートするか否か，サポートするならばその目的は何か（経済戦略・外交戦略等），どうサポートするのか（国内R＆D支援，海外市場参入障壁の撤廃等）について，明確なビジョンが必要である。例えば，途上国では，従来までの先進国向け国際展開以上に，相手国の市場に付随するリスクを把握し，場合によっては官民を挙げて関連するリスクを軽減するために相手国の法制度や市場の成熟性を高め，公正な競争条件を確保していくようなサポートも必要であろう。なお，途上国では環境規制よりも経済発展を優先するため，環境汚染防止の規制や政策があまりとられていない。

　このように，環境技術の国際展開に際しては，環境技術を有する企業のみの

第5章　グリーン・イノベーションと日本の環境技術の国際競争力

マーケティング戦略だけではなく，それら企業を支援するための包括的な体制や海外市場そのものを拡大する政策的支援や，また直接途上国等の国々の消費者に対し直接訴えるような環境への配慮向上キャンペーンが重要である。環境キャンペーンでは，直接消費者へ働きかけることで，消費者の環境への意識を高めそれが消費行動へつながり，企業や現地政府に対して規制強化を誘導する効果が考えらえる。政府による明確な環境技術国際展開戦略をとるとした場合，例えば相手国市場における競争条件の公平性の確保，参入障壁の撤廃や，リスク相分のリターンの確保のための制度的支援を基に，相手国の環境・経済・社会に貢献しつつ，日本企業を含めたグローバルプレーヤーが公平な条件の下環境技術を展開する枠組みも検討する必要がある。そのためにも具体的な環境技術が，途上国や新興国においてこれまでどのように需要を取り込んできたのか，さらに，今後市場を拡大するにあたって途上国や新興国ではどのような課題があり，そのためにどのような環境技術が役割を果たすのかを把握した上で，必要な国際的政策協力等を理解し，実施していくことが必要である。

① **国・企業の連携が必要とされる事例**
(a) **インドネシアの地熱発電事業**

化石燃料代替として大規模な開発が期待されているインドネシアでは，地熱発電のみならずその関連産業，さらには地中熱利用，中小地熱利用を含む多様な地熱利用システム技術を日本が確立し国際展開することは，環境面，経済面でのメリットだけでなく，日本のエネルギー・セキュリティの観点から非常に意義がある。日本の地熱企業は技術力を背景に国際市場で高い信頼を得ているにもかかわらず，タービン等の個別技術以外の地熱関連ビジネスが成長しているとは言い難い。地熱発電等環境技術の国際的展開においては，技術優位性のみならず，個別技術のコスト問題の解決や，複雑な政治的社会的問題を踏まえてプロジェクトを創出する包括的調整力や，技術導入後のメンテナンスにまで踏み込んだサービスの提供が求められている。しかし，これらの問題への解決に際しては，環境技術を有する企業のみの市場努力だけでなく，その国際的展開を可能にするための官民連携や海外市場そのものを拡大する政策的支援等を含む国の支援が必要である。これまでも日本政府とインドネシア政府の間では，二国間経済連携協定等を背景に地熱技術等の国際展開のための働きかけが行わ

れ、インドネシア政府も地熱発電に関してのさまざまな政策や規制緩和・再構築を行ってきた。今後も、外交的ツールを弾力的に運用し、その範囲の拡大等を視野に入れつつ戦略的に支援を行うことが必要であろう。日本国内市場においても、地熱関連技術が環境面・経済面において果たす役割は大きいものの、東日本大震災以降若干緩和傾向にあるが、未だ必要な政策の不在および過剰な規制により国内地熱エネルギー利用は十分に進んでいるとは言えない。つまり国内の市場規模が不十分であるために、裾野産業の発展や必要な技術開発が滞っているおそれがある。技術のみならず、国内地熱エネルギー市場を拡大し、技術育成を図ることが日本の競争力向上へつながっていく。特に、諸外国においては地熱発電のみならず、熱水利用や地中熱利用など地熱由来の熱の直接利用なども大きな市場が広がっており、これらの需要に対応する技術力・マーケティング能力が求められている。

(b) 中国における環境都市

中国は2050年までに都市化率を70％以上にするとの目標を掲げ、低炭素都市の建設は1つの柱になっている。中国はエコシティの建設により、これまでの輸出志向から内需拡大へと切り替え、農村部と都市部の格差是正も視野に入れている。中新天津生態城では、国プロジェクトとして環境都市のモデルを構築し、全国に普及しようという考えである。計画人口が35万人となり、今後中国で最も需要の多い中型都市のモデルをつくるためとされる。環境都市のもう1つの狙いとしては、外国の技術を導入、消化、吸収および定着の実験の場としていることである。例えば、再生可能エネルギーシステムのように、環境都市の中では複数の技術がネットワークで機能している。そこで中国産技術の欠陥をすぐに発覚でき、改善すべきポイントも明らかにしやすく、ますます自前の技術レベルを磨き、競争力アップへつなげる意図がある。

新型都市開発ビジネスに参入するためには、ビジネスモデルの構築が重要である。日本企業は現地に参入はしているものの、利益が出るビジネスモデルがまだ構築されておらず、リスクをとるような積極的な関与はまだ少ない。国内の環境都市ビジネスも未だ確立していないため、まず国内で、多くの小さな単位のエコタウン建設において、メーカー、ディベロッパーのネットワークを構築し、さまざまなマネジメントノウハウを蓄積、ビジネスモデルを確立するの

が緊要である。東日本大震災の被災地の復旧に当たり，その機会を最大限利用しながら，国のイニシアチブの下で地方政府などと連携し，新型開発モデルに関するビジネスモデルの模索を行うことが必要であろう。一方，海外の関連事業も企業にインセンティブを与え，例えば，日本政策投資銀行の支援項目に海外，特に新興国にも目を向けて，積極的参加させ，海外市場のニーズ情報の獲得，海外から得る経験を逆輸入し，国内で活用するなどが望ましい。

② 企業・NGO連携モデル

ベトナムに展開して成功を収めているのが，INAX節水型便器である。エンドユース向けの比較的高付加価値商品がNGO活動との相乗効果により途上国市場で受け入れられ，「日本の環境技術は高価であり，アジアの競争に勝てない」という通説は必ずしも正しくないことを示している。日本が抱える環境問題と，アジアの途上国が抱える環境問題とはその性質が大きく異なっており，企業が進める先進国のステークホルダー向けのCSR活動は，アジアの途上国の住民にとってはメリットが少ない。しかし，INAXが現地滞在のNGOと協働で実施している地元住民密着型CSR活動は，環境問題をテーマとして扱っているが，地元住民に主体的に問題解決方法を促す教育であり，現地住民の意識改革を伴う活動であった。この環境教育NGO活動は，現地住民からの高い評価を受けた。このような現地住民にとってメリットの多いCSR活動に対して，日本政府が支援すれば，日本企業が現地でのビジネス展開に有利に働き，環境ビジネスという日本ブランドの新たな構築が実現できるであろう。現地に進出する企業は，商品を無理やり買わせるような活動ではなく，あくまでもCSRという取り組みでNGOなどと効果的にリンクすることが重要で，それが結局は1企業への売上につながっていくという例を示した点では，INAXのケースは重要である。

環境イノベーションの出発は，日本企業であったとしても，最終的には，ベトナムなどアジアの現地の人が雇用され，現地の人がマネジメントし，現地の原料で生産され，現地の消費者に便益が残ることが持続可能な社会における企業のあり方であろう。INAXの環境技術は日本発であるが，その他の点では現地化を強く図ってきた。原料を現地で調達することで他の業種で頭を悩ます原料調達のコストダウンを実現できた。従業員も管理職も現地採用が進み，日本

人スタッフは数名となっている。これが基となって，コストダウンにつながり海外企業との競争に勝てた一因になっているのである。イノベーションを技術開発からノウハウ，技術的アイディアの取得を経て，生産，販売，消費者への伝播までを含める広義の定義とするのであれば，INAXの場合は，イノベーションの基盤は日本で長期間にわたって開発された技術であり，それに基づき，ベトナムの現地の土を利用したトイレ生産への技術開発がなされ，ベトナムにおいて現地の土を調達する生産技術をしっかりと構築し，ベトナム市場へ販売する販売ルートを，NGOとの協働による環境教育活動の実施を深く実施することで，構築する方法を選択し，現在，この販売ルートで売上が増加しており，世界で最も高度な環境技術がベトナム社会に伝播するルートを構築したのである。

　INAXが継続的に現地滞在のNGOと協働で環境教育活動を実施したCSR活動は，他の企業が行う，短期・単発・資金提供のみのCSR活動とは異なり，地元密着型のものであった。日本政府として環境省が主導し，こういった地道なNGOの活動を奨励するような賞を設けて表彰することで，認知度も高まりNGOなどが現地で活動しやすい環境を整えることも可能である。日本企業を含む日本のブランドイメージ，しいては競争力をアップするためには，海外のフィールドで活動している日本のNGOや新たな取り組みなどに対し支援するスキームが政策として考えられる。また，環境省や外務省など省庁間での連携により，環境に力を入れ国際的に活動しているNGOを表彰することで日本のみならず国際社会での認知度を上げ，環境への取り組みを積極的に行っている日本のイメージを作り上げることは重要である。

③　国家間レベルの取り組み

　ブラジル，インド，中国に関しては市場の将来性が期待されているが，現時点の段階では企業が単独で参入するより，政府や研究・教育機関が積極的に研究交流，共同研究などに取り組むフェーズが必要がある。特にそれぞれの国が抱える社会的課題なども考慮した包括的解決策・共同研究などから市場へ入り込むきっかけを作ることが重要となる。

(a)　ブラジル

　日本との関係においては，自動車部門，資源・エネルギー部門において日本

企業の進出が徐々に増加しており，現在ではサンパウロを中心に日本商工会議所所属企業が約300社を数えるまでになった。日本に対して「親日」的な見方が幅広く定着しており，多くの日系人がブラジル社会でエリート層として活躍していることから，他国にはない両国関係の深さが潜在的に存在する。中国やインドに加え，今後も日本の対ブラジル貿易・直接投資の拡大が期待されている。以上の背景から，日本がグリーン・イノベーションで世界的な地位を確保していくためにブラジルとの多元的な関係構築が果たす役割は大きい。

他方，日本が得意とする環境エネルギー技術をブラジルで展開する上で，まだまだ障害となりうる構造的な問題も存在する。下水処理や廃棄物管理などの都市問題，貧困や所得分配などの社会的問題，環境問題，インフラの未整備，エネルギー・電力の制約，人的資源の開発，制度的問題などである。これらの制約要因を十分に理解しておくことは，ブラジルと同様の難しい市場環境へ入り込むための戦略を検討し，グリーン・テクノロジーを効果的に伝播する上で必要である。

特に，ブラジルから第2世代バイオマス燃料技術開発分野での日本に対する研究協力の期待が大きい。研究協力ニーズのある技術分野は①原料農産物の開発，②原料の収集運搬効率化，③有効な培養前処理技術の開発，④変換プロセスの開発，⑤持続可能型バイオマス資源創出技術の開発である。最優先分野としてバイオ燃料を大量に生産できる作物を開発が挙げられる。中長期的なニーズとして前処理技術，転換技術の効率化が挙げられる。前処理技術に関しては，酵素や菌を用いた技術の開発が期待されている。エタノール変換技術においてはリグノセルロース系バイオマス酵素糖化プロセスの効率化が課題となっている。バイオディーセルに関しては，大豆やヤシを利用した生産技術研究，植物油のエステル化による生産，廃棄物系バイオマスのバイオディーゼル燃料化に関する研究も注目されている。今後はパイロットプラントの設立を含む日伯協力が期待されている。

(b) インド

インドの経済は飛躍しているが，インド国内ではインフラの整備，特に交通，電力の供給，および水道の整備が後れを取っている。これは，製造業に必要な交通・電力等のインフラが圧倒的に不足していることに加え，経済の自由化を

徐々に進めているなかでも依然税制や規制が複雑であることも発展を遅らせている要因である。一方，インドには鉄鉱石や生物資源など，多くの天然資源がある。しかし，資源開発に伴う技術力が十分にないことも指摘されており，この分野での日本との協力も期待されている。クリーン・コール技術や，省エネ，新エネ技術分野は，日本がこれからインドで展開しやすい環境は整い始めていると考えられる。インドでは石炭への依存度が高く，国内の50％以上の電力を供給しているが，インド政府は今後のエネルギー政策の中で太陽光発電や風力発電などの再生可能エネルギーに注目しており，エネルギーにおける他国への依存性から脱却するための重要な戦略と位置づけている。

日本は東日本大震災や長引く円高の影響等により，海外に生産の拠点をシフトする傾向にある。また，国内市場が縮小しつつあることもあり，新しい市場を求めて海外に目を向けざるをえなくなっている。これに対し，経済成長が著しく，人口も多いインドは日系企業にとって魅力的な国である。しかし，外資系企業による積極的なインド太陽エネルギー産業への参入に対し，日系企業の活動はほぼみられない。土地利用に対する規制が厳しく，初期の投資コストが高いこと，高い関税，国内の主要港で貨物の滞留などがあり，既存の規制の下ではインドに進出できる企業は大企業に限られる。

太陽光発電に関する調査では，現時点でのインドでは太陽光発電の国家的な取り組みがまだ新しいこともあり，インド製の太陽電池の細かい技術的な問題点は徐々に明確になってくると考えられ，今はインド人による試行錯誤，そしてそれによるデータや知識の蓄積が大事である。そのため，太陽エネルギー発電の技術協力において，日印間の産学連携による技術協力，共同開発事業推進，教育分野での連携などを官民複合体で行うことが肝要であろう。

④　その他（企業主導モデル）
(a)　DOWA：資源循環システム

アジアでの産業廃棄物を日本の高度廃棄物処理拠点で製錬し，日本を含めアジアで循環させる資源循環モデルを構築する試みが企業主導で進んでいる。日本，アジア諸国，企業がwin-winとなる構造であるが，少しでも資源循環バランスが崩れると不安定なビジネスである。例えば，将来日本に希少金属が少なくなり，アジアから日本へ電気電子部品が集積し，製錬した金属を日本だけに

とどめることがあっては，アジア諸国からの疑心を招きうまく循環が機能しないことになる。常に，部分的に製錬した金属がアジアへ戻る循環が完結する必要がある。企業は利益追求で行動する可能性は高く，高価に希少金属のすべてを日本企業が買い取ることもありうるため，このバランスを政府や第三者機関がとる必要性が出てくる。このバランスをとるのは困難であろうが，アジア域内の資源循環の道を探るのであれば，現在の日本の高度な環境技術を基盤に壮大な構想であるアジア域内資源循環が達成できる可能性はある。希少金属を日本国内に獲得する戦略とともに，それを日本にとどめずにアジア域内に循環させる政策を目指すことが，長期的には日本および日本企業がこの資源循環システムから恩恵を得ることができる持続可能な方法である。一方で，アジア企業の環境配慮の水準が低いことが，DOWAの廃棄物処理業にとってはビジネスの阻害となっている。適正な廃棄物処理を怠るとどれだけデメリットが大きいか，正しく理解しなければ，アジアの住民にとってもアジア企業にとっても，大きな損失が生じる可能性がある。例えばタイの公害訴訟が1つ政策にインパクトを与えたが，いまだ不十分であり，日本の公害問題の経験を何らかの方法によりアジア企業へ広く共有・普及させる必要がある。途上国では環境規制よりも経済発展を優先するため，環境汚染防止の規制や政策があまりとられていない。日本企業もその国の規制や政策以上の環境汚染防止技術をあえて導入せず，既存もしくは古い技術を用いて現地生産などを行っているため，バイクなどの排気による大気汚染など影響が出てきている。日本企業の現地担当者は，アジアでかつての日本と同じことが起ころうとしていることを目の当たりにして憂いており，企業あるいは主力企業を集めたシンポジウムを頻繁に開催することで，負の経験を繰り返さない政策示唆が行える。こういった地道な努力から途上国からの信頼を得「日本ブランド」を確立していくことが，日本企業への後方支援となるだろう。

(b) **環境負荷低減商品（上海花王）**

　花王は日本国内の需要が減少傾向にあり，中国市場での需要獲得が企業の死活的利益であるという認識の上で，中国進出を行った企業である。1993年に花王上海有限公司を設立し，2006年3月に花王上海研究所を設立。現地のライフスタイル研究および大学との連携，現地研究員の採用，技術標準委員会への積

極的参加により，2010年に発売された日本のアタックNEOの技術や原理を基盤とした商品が市場に浸透し成功を収めている。花王のケースは企業努力により成功しているパターンであり，特に中国当局の技術標準委員会のメンバーとして標準洗剤の成分作成に関与していることが，中国市場での成功の大きな要因になっている。花王のように一企業でリスクを取る企業はまだ少なく，花王以外の日本企業が海外市場で成功するためには，政府は日本企業が海外でリスクを取りやすい環境を整えることが肝要である。

4　グリーン・イノベーション政策の方向性

リーマンショック後の経済危機からの脱出を目指して，いわゆる「グリーン・ニューディール」と呼ばれる政策が米国・韓国を皮切りに展開され，グローバルな潮流となっている。この中で，スマートグリッドに象徴されるような，再生可能エネルギーを大幅に活用可能な新たな電力システムの構築が，エネルギー分野におけるパラダイムシフトを促すイノベーションとして期待され，注目を集めている。

新エネ，省エネ分野に関する幅広い環境技術について市場性や当該国の環境技術政策などの取り組みや，海外進出企業の直面する問題について調査を行った結果，明らかになったことは，ノウハウやビジネスモデル，運用形態，またあえて特許にしない技術など，海外進出している日本企業が持つ優位性は必ずしも特許を取得した技術ではないことである。よって，特許データ分析結果が日本企業の国際競争力をすべて反映しているというわけではなく，ビジネスモデルなどの詳細な検討も重要である。

また成功している企業に共通であったのは，途上国市場だからといって，自社製品の質を下げたり，汚染処理の基準レベルを日本より下げていないことである。海外に進出する際のそれぞれの企業のアイデンティティというところに帰属することであるが，やはり日本企業に期待されているのは，高品質と高い環境基準であり，そういう商品やサービスをいかにコスト面で折り合いをつけ現地市場へ提供することが，長期的に日本企業，日本の製品が海外市場で成功する大きな要因となると考えられる。

第5章　グリーン・イノベーションと日本の環境技術の国際競争力

(1)　長期的視野に立った継続的な国際知財戦略を

　日本のナショナルプロジェクトであるサンシャイン計画の太陽光発電研究開発は，米国やドイツで開始された同様の大規模な国家プロジェクトに少し遅れて開始されたが，その研究成果は大量の国内特許出願という形で，世界的にも例を見ないほどの量が得られている。しかし，当時の知財管理が世界戦略の視点を欠いていたため，そこでオープンにされ国際共有財となった知識が，それ以降の特に韓国メーカーの急速な技術キャッチアップに貢献したであろうと考えられる。ナショナルプロジェクトにおける国際的な知財戦略の重要性は，最近ますます高まっている。

　環境技術商品がコモディティ化し市場が飽和すれば低価格競争となり，初期投資コストや利益の回収が難しくなる。技術先行企業は，適切な知財管理と迅速な商品化による市場シェアの先行確保を通じて，先行投資を回収し，さらなる研究開発投資のインセンティブを得る。国としての継続的な知財戦略が必要なのは，国際特許で先行期間の技術優位性を守り，特許使用料や違法なコピーに対する訴訟で先行投資分を回収する意味もあるのである。

(2)　政府の政策分析のためのインフラ整備が急務

　環境関連の技術とイノベーションは，公共経済学が言うところの「市場の失敗」が顕著な分野である。このような分野においては，市場の不完全性を補完するための政府の役割が重要であることは従来から指摘されている。今後環境省など政府が特許分析をするにあたり，政策として体系的で長期的なデータの蓄積や政策分析能力を備えた人材の育成など，データベースから政策分析ができるためのインフラを整備する必要がある。政策の長期にわたる追跡調査を行わなければ，なぜ技術はうまく開発できたのに普及しないかということが解明できず，その時その時の状況に振り回され政策をつくるということになる。省庁や政府に，そういった体系的・長期的データのインフラや，データに基づく体系的な分析が知識として蓄積され，政策情報として整理されていれば，データや分析のインフラ自体が日本企業の優位性を向上させるためのサービスとして提供できる。それこそが企業の負担を減らし個々の競争力を高めるための一角を築くものとなるだろう。

それらのいずれについても，しっかりとした政策分析に耐え得るデータの蓄積が必要である。今回のケース分析で利用した特許データ等，サプライサイドの情報については各分野でかなりしっかりとしたデータが利用可能となりつつあるが，デマンドサイドの，特に市場や生産量に関するデータについては，民間や業界の断片的な情報を利用するしかなく，分析にもかなりの制約を受けることとなった。例えば，技術支援政策と同時にどれだけ需要刺激政策をやったかというデータの収集や，現在あるようなフェーズやプロセスによってバラバラになっている統計をつなげる作業を行わなければ，効果的で意味のあるイノベーションや環境政策をつくることが難しい。このような需要データを行政サイドとして体系的に収集していくことも，今後の環境関連産業を考える上では死活的に重要である。

(3) 環境都市は環境技術の将来のニーズ―国を挙げての国家戦略が必要

グリーン・イノベーションに関連する多様な環境技術の社会実装実験が可能なのは環境都市である。日本が環境技術の分野において競争力を持つためには，将来の市場ニーズを積極的に模索することが必要不可欠である。現在，国内外で環境都市プロジェクトが着工されているが，日本の国内のエコタウンプロジェクトは地方自治体任せであり，投資額も少額である。しかも，国内の実装実験は農村や都市など人口や地場産業など違う条件で行う必要があるのにもかかわらず，戦略的ターゲットを持って選定していない。また，環境都市の定義が明確ではなく，グリーン，医療，農業とバラバラなものを，それぞれのルールで行っているため連携やコーディネーションができていない。一方，将来の市場拡大が見込まれるインド，中国，ブラジルといった地域の市場参入は，環境技術のイノベーションにとって死活的な将来の需要データ蓄積の機会であるにもかかわらず，国としての支援など積極的な取り組みがみられない。日本が環境技術を基に国内外に普及させ需要拡大を目指すのであれば，省庁の縦割りを超えた包括的な社会実験を国家戦略として行う必要がある。

① 縦割り行政の撤廃

環境未来都市というだけではなく，医療，高齢少子化，交通などライフスタイルを考えればあらゆる業種が含まれる。医療や交通や環境などそれぞれが現

在の省庁の管轄の縦割り行政の下で，別々の特区認定を行っている。また各省庁へのそれぞれの特区申請のための煩雑な書類づくりで資源が無駄に投入されているため，申請を行う自治体は疲弊している。経産省の低炭素や国交省の交通に関する実証実験など，環境都市構想で実施される内容によって管轄が多義にわたっている。少なくとも現状を是正するために，特区申請の窓口は1つにするなど国家戦略の下で明確な制度として示す必要がある。

② **資金と人材**

韓国の済州島1カ所での環境都市に関する実装実験は総額645億ウォン（約45億円）であるのに対し，2011～2013年度の3年間に内閣府が選定した23の環境未来都市に対して用意された予算は内閣府の約22億円であり，執行分はその7割にとどまった。しかも事業費の2分の1は地元市町村の負担である。投資規模が小さいこと，かつ地方自治体に任せきりで負担が大きくかかる構造になっている。人材についても地方自治体では大幅に不足しており，国への申請書類を作るだけで疲弊している。中央から人材の派遣，特にJICAなどで経験を多く持っている，途上国でのミッションを管理でき，環境アセスメントや市場分析ができるような人材，を多く地方へ送り込むことが肝要である。それによって，途上国の市場などニーズと直結させることが可能となり，効率的な社会実験の実施が期待できる。

(4) 「環境技術の日本」ブランドの構築を

日本の環境技術力を維持・向上させるために環境技術ブランド日本を確立する必要がある。途上国の行政機関は，技術基準や政策・規制を検討するにあたって，世界各地から最高の環境技術を求めている。技術の質が高い日本，という一般的に普及している日本ブランドに加え，「環境技術の日本」，という新たな日本ブランドを確立する必要がある。このためには，途上国政府の技術基準や政策・規制の検討の場において，日本企業のさらなるプレゼンスが必要である。花王の事例のように，1社の日本企業の存在では，ブランド構築には不十分である。これまで以上に，このような場づくりや日本企業の参加を進める情報共有の場をさらに進めるべきである。ベトナムのケースでわかるように所得水準がそれほど高くなくても日本の環境技術が売れる場合があることである。

つまり，NGOと協働し環境意識を高める活動を推進している日本企業が成功していることは，他の途上国においてもコストが高い日本の環境技術を展開する可能性があるということである。環境教育などのキャンペーンは政府としても取り組みが可能であり，政策インプリケーションとしては興味深いケースである。また，相手国政府の省エネ施策の支援や，ライフスタイルの変更に向けた省エネ広報等の推進が必要であり，現地の消費者が高い環境技術を評価するような環境をつくり出すため，現地の消費者へ直接訴えるキャンペーンが有効であろう。INAXのケースでは現地調達によりコスト減らし日本並みの高品質を保ったまま，環境教育というCSRでブランド力を確立しシェアを席捲したことである。つまり，技術力を基盤とした品質の高さと，CSRという付加価値をつけ現地の消費者にアピールし，かつ技術イノベーションによって現地の泥を混合するノウハウを会得し，コストの低い生産体制を確立，さらに市場の大きなシェアを獲得し成功していることだ。

日本が抱える環境問題と，アジアの途上国が抱える環境問題とはその性質が大きく異なる。途上国へ進出する企業が実施すべきCSR活動は，途上国に住むステークホルダーへのメリットが明確なものでなければならない。このような現地住民にとってメリットの多いCSR活動に対して，選択的に日本政府が表彰などを行い認識を高める活動を行えば，日本企業が現地でのビジネス展開に有利に働き，環境ビジネスという日本ブランドの新たな構築が実現できるであろう。

(5) 企業のリスク分散・枠組みづくりなど市場参入支援戦略が必要

中国に進出している花王が中国当局の管轄する技術標準委員会にメンバーとして参加し，成分などの情報を開示する代わりに洗剤の技術標準を決定するプロセスにかかわるという立場になることで，規制づくりにかかわるなかで貴重な情報を得ることができ競争力強化につながっている。花王のようにリスクを取る姿勢を見せている企業は少数にとどまり，環境都市ビジネスなどにみられるように，海外進出する日本企業はリスクには消極的である。海外進出する企業に対し，少しでもリスクを軽減する何らかの方法の模索が必要である。資金援助という形ではなく，リスクを取る企業にインセンティブを与えるような枠

組み，例えば，政府ファンドで低利子でのローン，官民での新興国市場情報データベース共有など検討する必要があるだろう。

　日本の再生可能エネルギー技術の水準は，国際的に見て高いレベルにあるものの，価格・販売促進ルート等に関する問題もあり，諸外国，特に新興国への参入が必ずしも進んでいるとは言い難い。現在，新興国においても，再生可能エネルギー技術および産業を政策的に育成しており，技術を有した国・企業が新興国市場で優位性を保つことは，次第に困難になってきている。中国における風力産業は，その典型的な事例である。拡大する市場に照準を当てた諸外国・企業が，まず合弁企業等の設立によって参入するものの，国内産業優遇の政策等により，諸外国企業の市場におけるシェアを次第に落としていくといったパターンが見られた。激化する新興国市場における参入支援政策そのものについて新たなアプローチが必要である。例えば，政府間での共同研究の枠組みをつくり民間へと連携するなど，市場参入支援政策が国レベルでも検討される必要がある。デンマーク政府と中国政府によるWEDプログラムでは，風力発電開発について優位性を持つデンマークが，中国の政府，研究所，企業，教育機関の協力を得ながら，制度・計画そのものの変更を促すことによって，中国の風力発電供給量全体を底上げし，間接的にデンマーク風力発電メーカーの参入を図るというものであった。技術的優位性を持つ分野では，産官学との連携なども含め，相手政府へ基準制定や制度といった面で協力しながら民間へ連携できるような体制も検討する必要がある。

(6)　政府・民間の枠組みを超えた問題解決策の提示
　相手国が抱える社会問題と環境技術を政府と企業が横断的に包括プロジェクトとして取り組み解決策を提示できないか検討する必要がある。例えばブラジルにおいて，日本が得意とする環境エネルギー技術展開する上で，まだまだ障害となりうる構造的な問題も存在する。下水処理や廃棄物管理などの都市問題，貧困や所得分配などの社会的問題，環境問題，インフラの未整備，エネルギー・電力の制約，人的資源の開発，制度的問題などである。例えばJICAと民間企業の連合体として対処する枠組みの可能性を検討する必要がある。これからの有望な市場であるインドやブラジル，中国などは，政府・企業連合体で

の解決策がますます求められていく。これらの制約要因を十分に理解しながら，難しい市場環境へ入り込むための戦略を検討し，グリーン・テクノロジーを効果的に伝播することが必要であろう。

(7) 産学連携・共同研究の推進を

インド，中国，ブラジルといった将来の市場の拡大が予測される国については，官民一体となった戦略的な研究開発の継続がますます重要であることから，産学連携による技術革新の促進が必要である。研究開発マネジメント自体に日本の国益があり，戦略を持つことが重要である。技術の普及先の市場のニーズを積極的に取り込むためにも，実証実験を海外で展開すべきであり，しくみを現地政府と一緒に考える段階からかかわっていく必要がある。そのための人員の配置や，JICAを通じた環境アセスメントや市場分析の専門家なども配置し，日本のノウハウとして蓄積することが肝要である。例えばブラジルにおいては，次世代バイオ燃料技術革新の促進や，バイオマス燃料の持続可能な生産のためには原料を生産する農業技術の向上が不可欠である。農業技術普及のための政府開発援助の枠組みでの支援など，今後の日本の高い技術力，経験を活用しブラジルのバイオマス燃料分野に向けて支援を実施することは，バイオマス燃料の供給安定化，経済性の向上だけでなく，日本の地球環境問題解決への取り組みに寄与するものである。インドやブラジルなどにおいては，日本と現地の大学・研究機関との共同研究推進が必要である。例えば，インド国内ではこれからも太陽電池のセル，およびモジュールの生産が伸び，市場の競争もさらに大きくなっていくと予想されるため，日本企業は，これらの太陽電池メーカーと共同で開発を行い，生産ラインの性能の改善やインドの気候に適した太陽電池の生産に関わっていくことも可能である。中長期的には，日本がインドの有望な学生や研究者を招致し，日本国内で共同開発を行うことが考えられる。インド人の太陽発電技術者育成の場を日本で提供するだけでなく，共同開発によってイノベーションを促すことも可能である。

5　最後に

　環境イノベーションを推進するためには，規制と研究開発，そして普及ということが大きな鍵となる。これまで政府による宇宙や原子力といった大型プロジェクトの場合は最終ユーザーが限られ，政府調達などの方法で開発を促進してきた。他方，環境技術については，最終的なユーザーが多種多様であり，幅広く成果が普及することが求められる。普及しなければ環境イノベーションとしては成立しない。多大なコストを使って開発された環境技術は活かされず，低炭素・循環型の社会実現へつながらない。したがって，将来の市場やニーズを的確に把握することが肝要であり，それを探る手がかりになる実装実験を行うことが重要なのである。実装実験などを通して得られたデータを基に，投資配分を決め規制を設けることでイノベーションを誘導していくことが重要であり，それが結果的に競争力の増強につながっていくのである。

■[注]

1) 1つの特許に複数のIPCが同時に付与されている場合があり，これを「共起」，Co-occurrenceという。

（角南　篤・村上博美）

第6章

日本における硫黄酸化物排出削減技術の開発と普及への各種政策手段の影響

1 はじめに

　硫黄酸化物（以下，SO_x）は，1960年代に日本における主要な大気汚染物質として問題となったが，1970年代末までには十分な削減がなされ，成功した環境政策の例，と考えられている。本研究は，1960年代から今日までのSO_x削減技術の開発と普及にどのような政策手段が影響を与えたか，を明らかにしようとするものである。

　藤井（2002）は1960年代から70年代にかけてのSO_xの規制と対策技術の関係を記述的に振り返り，公害防止協定や法規制が次第に強化されていくなかで，これに対応するために，既存の基本技術の実用化開発，およびそれらの取捨選択がなされ，一定の技術が定着していったと述べている。

　本研究は，1980年代以降も検討範囲に含め，この時期にその料率が高水準となった公害健康被害補償法（以下，公健法）に基づく汚染負荷量賦課金（以下，公健法賦課金または賦課金）も政策手段として検討に含めた。この賦課金は国際的にも早期に導入された環境政策の経済的手段であり，その影響の解明は本研究の1つの焦点である。

　以下では，まず，第2節で，我が国のSO_x削減の制度的枠組みを説明する。その中で公健法の制定や改定の経緯や賦課金の仕組みについても説明する。

　第3節では，SO_x排出量の要因分解により排出削減に用いられた技術を概観

する。

　第4節では，規制の基準値や賦課金の賦課料率およびSO_x削減技術の費用の相互の関係からSO_x削減に有効であった政策手段を推定する。

　第5節では，SO_x対策技術の開発の経緯についての環境装置メーカー等からの聴き取り調査結果を記す。

　第6節では，特許データを用いて技術開発の動向を分析する。

　第7節では，これらの結果を，技術が開発された時期に汚染削減に有効であった政策手段が当該技術開発に寄与した政策手段である，との考え方を用いて結論を導いた。

2　日本のSO_x削減の制度的枠組み

(1)　日本の硫黄酸化物排出削減の政策目標

　我が国のSO_x排出削減政策は環境基準の達成を直接の目標として行われている。環境基準は，排出量のほとんどを占めるSO_2について1969年に初めて設定され，1973年により厳しく改定され今日に至っている。その内容は，「1時間値の1日平均値が0.04ppm以下であり，かつ，1時間値が0.1ppm以下であること」というものである。1978年3月までの達成が目標とされた。法的には，政府には，その達成のための努力義務があるに過ぎない。しかし，SO_2の環境基準は，達成目標時期の頃には，100%に近い地域で達成され（環境庁編，1981），SO_x対策は日本の公害問題克服の成功例とされている（Weidner, 1995）。

(2)　日本の硫黄酸化物排出削減の政策手段

①　直接規制

(a)　ばい煙規制法による規制

　四日市市のコンビナートの大気汚染問題がきっかけとなり1962年にばい煙規制法が成立した。しかし，同法の規制は高硫黄（硫黄分3%）の重油を用いても達成できる極めて緩いものであり環境は改善されなかった。

(b)　大気汚染防止法による規制

　1968年に成立し，ばい煙規制法に取って代わった大気汚染防止法は，主に，

K値規制と総量規制，という2つの規制で環境基準を達成しようとした。

ⅰ）K値規制

K値規制は，SO_2の着地濃度に着目したものである。政策変数をK，有効煙突高（m）をH_eとした時，SO_xの量（Nm^3/h）の上限値qが，次式で与えられる。

$$q = K H_e^2 \times 10^{-3}$$

Kの値が規制の厳しさを決めるためK値規制と呼ばれる。有効煙突高H_eは煙の速度と浮力を考慮した高さであり，経験的には実際の煙突高の1～1.2倍程度である。K値規制は1968年に導入されて以来1976年までに7回改正され現在に至っている。

ここで，小規模な火力発電所で用いられる規模の100MWのボイラー（ガス量350,000（Nm^3/h））を想定し，ばい煙規制法が認めていた2,000ppmのSO_xを排出する場合にK値規制が要求する有効煙突高と，逆に有効煙突高を100mとした場合に求められるSO_x濃度を図表6-1に示した（注：EICネット（2009）によれば，概ね100m以上の高さの煙突が高煙突と呼ばれる。高度成長期に公害対策として導入された。『公害白書昭和46年版』によれば，我が国の最高煙突の高さは120m（1963年，四日市火力発電所），150m（1964年，堺港火力発電所），200m（1967年，姉崎火力発電所）と変遷した）。また，石油危機以前に大型ボイラーの標準的燃料であったC重油（比重0.93，乾きガス量9.5（m^3/l）を想定）の場合の対応する硫黄分も示した。

1968年の第1次規制では，高硫黄の燃料でも，煙突を高くすることで対応が可能であり，実際，この時期，全国で100mを超す煙突や集合煙突が出現した。しかし，SO_2の環境基準達成を目指し，1976年に導入された規制では，規制の厳しい地域では，大幅な燃料の低硫黄化や排煙脱硫が必要であることがわかる。工業地域における新設施設ならばなおさらである。

ⅱ）総量規制

大気汚染防止法は，K値規制によってSO_2の環境基準の達成が困難な場合，総量規制を追加的に導入することを都道府県知事に義務づけている。K値規制のみでは高煙突により汚染の範囲が拡大することなどが問題となり，三重県や大阪府，神奈川県が国に先んじて総量規制を導入し，国はこれに追随したので

■図表6-1　K値規制と総量規制の厳しさ

対象		規制導入年	K値（K値規制）(a, b, r)値（総量規制）	対象地域	規制基準を満たす組み合わせ		
					有効煙突高（m）	SO_x濃度（ppm）	C重油S分換算（wt%）
K値規制	既存	1968	20.4〜29.2	27地域	185〜155	2,000	2.9
					100	583〜834	0.85〜1.2
		1976	3.0〜17.5	全国	483〜200	2,000	2.9
					100	86〜500	0.13〜0.73
	新設	1969	5.26	5地域	365	2,000	2.9
					100	150	0.22
		1974	1.17〜2.34	28地域	773〜547	2,000	2.9
					100	33〜67	0.049〜0.10
総量規制	既存	1976〜1978	(0.57, 0.8, 0.3)〜(6.36, 0.9, 0.7)	24地域	-	24〜373	0.035〜0.54
	新設					7.2〜261	0.011〜0.38

（注）規制の対象は、K値規制は施設、総量規制は工場等、と範囲が異なるが、比較可能にするため、100MWのボイラー（排ガス量35万（Nm³/h）（重油換算燃料使用量28.7（kl/h）と等価）が当該工場等に存在する唯一の施設と仮定した。
　　K値規制については、既存か新設か、規制導入年、で4区分を設け、それぞれ、SO_x濃度が2,000（ppm）（対応するC重油S分換算値は2.9（wt%）（比重0.93,乾き排ガス量9.5（m³/ℓ）として計算。以下同様）の時に規制値の式から求められる有効煙突高、および、逆に有効煙突高を100（m）とした時に規制値の式から求められるSO_x濃度および対応するC重油S分換算値を、上段と下段に記した。
　　総量規制については、既存か新設か、で2区分を設け、それぞれで、下限を東京都特別区等の値、上限を広島・大竹地区の値、として、規制値の式から求められるSO_x濃度および対応するC重油S分換算値を記した。なお、新設の区分においては、新増設に関する規制値の式において既存の燃料使用量Wを0（kℓ/h）、新増設分の燃料使用量Wiは28.7（kℓ/h）として計算した。
　　実際の煙突高は本文中で述べたとおりであり、有効煙突高も大きくともその20%増しと考えられるから、ここでの300（m）を超えるような値は、仮想的な値である。

ある（大気汚染防止法令研究会編，1984, pp.108-109）。K値規制が施設ごとの規制であるのに対し、総量規制は工場・事業場（以下、工場等）ごとの規制である。より燃料使用量の大きい工場等によって当該地域の事前のSO_x排出量の約80%以上を占めるように規制対象となる工場等（特定工場等と呼ばれる）の下限規模が決められる（環境法令研究会編，1997, pp.615-622）。Wを特定工場等の重油換算使用原燃料の量（kl/h）（総量規制対象の下限は地域により、0.1〜1.0kl/h）、aとbを政策変数（ただしbは0.8以上1未満）、とすると、排出許容量Q（Nm³/h）は次式で与えられる。

第6章　日本における硫黄酸化物排出削減技術の開発と普及への各種政策手段の影響

$$Q = aW^b$$

また，新増設のあった工場等ついては，上記の記号に加えて，W_iを新増設分の重油換算使用原燃料の量（kl/h），rを政策変数（0.3以上0.7未満）として，次式で排出許容量Qが表される。

$$Q = aW^b + ra\{(W + W_i)^b - W^b\}$$

総量規制は，政策変数bとrが1より小さいので，使用原燃料当たりで見ると，大規模発生源，および，新増設発生源，により厳しい規制であるといえる。担当の都道府県は，当該地域における工業立地の状況等を考慮に入れつつ，環境基準が達成されるように慎重に政策変数を決定することとされた。1974～76年に24地域が総量規制地域として指定された。

ここで，先ほどと同様に100MW（重油換算燃料使用量W＝28.7（kl/h）とする）のボイラーに対する総量規制の厳しさについて，最も厳しい東京都特別区等の場合（(a, b, r)値＝（0.57, 0.8, 0.3））と最も緩い広島・大竹地区の場合（(a, b, r)値＝（6.36, 0.9, 0.7））の値を用いて図表6－1に示す。大竹地域の場合，低硫黄重油などでも対応が可能である。東京都特別区等の地域では，LNGを使用するか，高効率の排煙脱硫装置を使用しないと規制を達成できない。

② 補助的措置

補助的措置としては，公害防止投資に対する，政府系の金融機関による低利融資（日本開発銀行（現政策投資銀行）（1971年～），公害防止事業団（現独立行政法人環境再生保全機構（以下，(独)環境再生保全機構，と略す））（1966年～）），特別償却，法定耐用年数の短縮，固定資産税の減免，が主なものである（寺尾，1994, pp.294-314; Terao, 2007, pp.21-31)）。松野（1997, p.31）は，低利融資については市中金利と比較し金利が低いこと，特別償却と法定耐用年数の短縮については税金の後払い，固定資産税の減免は税の減免，に着目して補助金相当額の定式化を行い，これに基づいて計算したところ，1975, 1980, 1985年度において，低利融資，耐用年数の短縮，特別償却，固定資産税の非課税，の補助金相当額の和は，それぞれ，18％，13％，12％，であった。これは非課税の補助金相当額だから，法人税の実効税率を当時50％だったと仮定する

と，これらは，それぞれ，投資額を37％，25％，24％，を減額するのと同じ効果を法人税控除後の利益に与えることとなる。

③ 自発的手段—公害防止協定

　日本で広く用いられている自発的手段に公害防止協定がある。公害防止協定（以下，協定）とは，典型的には自治体と企業が企業の公害防止・環境対策に関して交渉し締結するものである。覚書，念書，環境保全協定などと称する場合もある。住民組織が当事者として参加する場合もある。1960年代に当時，規制権限を持たなかった自治体が苦肉の策として始めたものである。公害反対市民運動の盛り上がりなどから，国もこれを容認し，協定集を編纂するなど，事実上奨励している。1960年代後半から急速に普及し，3万件を超える協定が有効に存在するに至っている。日本には約600万の事業所があるので，平均すると200事業所に1件だが，素材型の製造業や電力業における従業員300人以上の大規模事業所では100％近い締結率と推定される（Matsuno, 2007, pp.111-114）。

　SO_xの排出は大規模事業所からのものが大半を占めるが，こうした大規模事業所相手の協定は，多くの場合，法規制を上回る追加的規制を含んでおり，こうした事業所が守るべきは協定値である（例えば，寺尾（1994, pp.318-320），Matsuno（2007, pp.115-117），松野・植田（2002, pp.75-78）を見よ）。

　協定により一部の大規模事業所の汚染排出をより厳しく抑えることができ，地域ごとに定められる場合でも，当該地域では無差別に適用される法や条例による規制を緩めに設定することを可能にする。

　企業側にとっては，法を超える対策を求める協定を締結する必要は法的にはない。しかし，自治体はさまざまな許認可権を持ち交渉力が強いため，企業は自治体や地元住民との争いを避け，立地・操業への理解を得るために協定を受け入れていると考えられる。一般に日本の企業は政府とのトラブルを避ける傾向にある。自治体によっては，協定締結を根拠づける条例を有するところもある。企業と自治体間の交渉力のバランスはケースごとに異なるため，企業が協定締結を拒否することもあり，また，企業側の要求が協定に反映されることは多い。最近では，環境報告書に，法規制よりも厳しい協定を締結・遵守していることを掲載する企業も多い。(松野・植田, 2002, pp.45-46, pp.72-73; Matsuno, 2007, pp.131-132)。

④ 省エネルギー・石油代替エネルギー設備投資への補助的措置

(a) 低利融資

大企業への融資を主に行う政府系金融機関である日本開発銀行が，省エネルギー設備投資への低利融資枠を設けたのは1975年度から，石油代替エネルギー設備投資への融資枠を設けたのは1980年度からである。

(b) 税制上の優遇措置

省エネルギー，エネルギー転換等に関する設備投資に対する税制上の優遇措置の最初の例は，1975年度に1年限りの措置として行われた，省エネルギー設備投資に対する初年度30％の特別償却であった。この特別償却制度は，その後も延長を繰り返したが，より包括的なエネルギー関連設備投資促進策の一部として吸収された。

その後，省エネルギー，エネルギー転換等，エネルギー利用の高度化につながる設備投資を促進するためのインセンティブとしてより包括的な税制上の優遇措置が1978年度に開始され，ほぼ2年おきにその内容を組み替えながら，2011年度まで継続した。「エネルギー需給構造改善投資促進税制」（エネ革税制）と呼ばれている。

エネ革税制では，基準取得価額の7％の税額控除か，初年度30％の特別償却のいずれかによる法人税の減額および事実上の減額を，対象設備を設置した法人が選択できる。初年度のみについて見ると特別償却による減税額のほうが大きいが，特別償却を受ける場合は通常の償却スケジュールと比べると後年の税負担が大きくなる。特別償却では，税負担を後年に繰り延べる効果しかないからである。この効果は，無利子の融資を受けることと等しい。7％の税額控除と初年度30％の特別償却のどちらが企業にとって有利になるかは，耐用年数と利子率に依存するが，利子率が非常に高くない限り税額控除のほうが有利であったと見られる。一方，当該年度に赤字法人だった企業は税額控除の利益はほとんど受けられないが，特別償却では欠損金の繰り越し，繰り戻し，特別償却不足分の繰り越しにより，より多くの赤字法人が利益を受けることが可能になる。

税額控除は現在の日本の法人税制では他にあまり例がない措置である。公害防止投資に対する税制上の優遇措置においては，初年度50％という大幅な特別

償却が認められた時期があるが，その時期にも税額控除は認められていなかった。省エネルギー投資は，燃料価格と設備投資額，設備導入による効率向上の割合などの条件によっては，税制上の優遇措置がなくても，企業にとって利益を生む投資でありうる。

エネルギー関係の設備投資減税制度では，生産設備におけるエネルギー効率を改善する設備だけではなく，エネルギーに関係するさまざまな設備がその対象となっている。石油への過度の依存を軽減するためのエネルギー転換，中小企業のエネルギー基盤改善等に関わる投資である。さらに，省エネルギー，地域エネルギー利用設備の固定資産税（地方税）を減免する措置が，1979年度から行われている。

1980年代初めから石油代替エネルギーへの転換が政策課題とされていたことを受けて，石炭燃焼ボイラーに設置された排煙脱硫装置は，エネルギー関係の税制上の優遇措置を受けることができた。石炭燃焼ボイラーの関係では，排煙脱硫装置だけでなく，排煙脱硝装置，集塵装置を含む，ボイラー本体とそれに付随するほとんどの設備が，この税制上の優遇措置の対象に指定されていた。エネルギー関係の優遇措置が全面的に見直されて大幅に整理される2000年代初めまで実施されていた。石炭燃焼ボイラーの税制上の優遇措置による奨励は，温室効果ガスの排出削減が求められる地球温暖化対策とは矛盾していた。

また，エネルギー関係の税制上の優遇措置は，石油代替エネルギーへの転換を目的として地方ガス事業者（メータ取付需要家数が130万戸未満の一般ガス事業者）の天然ガスへの転換に対しても，ガス需要平準化のために最大需要期の負荷が少ない都市ガス利用者が導入するガス工業炉やガス・ボイラーに対しても適用されており，意図せざる結果として，天然ガスへの燃料転換による硫黄酸化物の排出削減を推進する要因となってきた。

⑤ **公健法賦課金**

(a) 公健法の制定の経緯，法改定前の制度の仕組み

公健法制定の直接のきっかけは1972年の四日市大気汚染訴訟の患者側勝訴であった。大気汚染は全国各地で問題になっていたため，四日市判決の確定により法的責任の所在が明確になるなか，原因企業の賠償責任を踏まえた行政的な補償制度の創設が求められたのである。

公健法は1973年に成立し翌年から施行された。1987年には大きな改定が行われた。ここではまず，改定前の制度について概説する。公健制度は，大気汚染以外の被害も対象とするが，本研究では大気汚染関連の制度についてのみ扱う。

公健制度では，国が指定疾病，指定地域を指定し，一定の暴露要件を満たした患者は申請により認定患者として認定される。認定患者は，医療費や障害補償費，等を，受給する。こうした補償給付は，その8割はSO_xを排出する一定規模以上の事業者が支払う賦課金で，残りの2割は自動車重量税の一部で，負担される。自動車重量税は自動車の重量に応じて課されるため，汚染排出削減の効果，技術開発の促進効果は間接的なものである。ぜんそく等の4疾病が指定疾病に，41地域が指定地域に，指定された。認定患者は1987年度までに10万人を超え，補償給付総額は年間1,000億円を超えた。

公健法賦課金は補償の財源確保が目的であるが，SO_xの排出に賦課されるため，SO_x排出削減のインセンティブを与え得る。直接規制の規制値における限界削減費用の値が賦課料率より低いなら削減インセンティブを与えることになる。賦課料率は，まず，補償給付のための必要額が集まるように，また，その他地域よりも指定地域が，さらに指定地域の中でもSO_x排出量当たりの補償給付額が多いところほど，高くなるように，設定される（設定手続きの詳細やその含意については松野・植田（1997, pp.82-88）を参照されたい）。

指定疾病である呼吸器疾患には，他原因や過去の排出の影響もあるにもかかわらず，直近年のSO_xのみに費用負担をさせるため，直近のSO_xを減らしても補償給付額が減らず，賦課料率が上昇する，という事態をもたらした。図表6-2では，指定地域で最も料率が高い大阪ブロックと最も低い岡山ブロック，およびその他地域の料率を示した。指定地域の9つのブロックの料率の単純平均値がその他地域のそれの9倍になるように設定されている。）

また，患者認定は申請に基づくこと，障害補償費等が平均賃金に連動していることも，補償給付額の増大および賦課料率の高騰の一因である。

賦課料率は，1987年度には制度施行当初の1974年度の134倍～339倍となった。この間のGDPデフレーターの伸びは1.6倍でしかなかった。

(b) 法改定の経緯，法改定後の仕組み

前年の法改定により公健法の大気汚染関係の地域指定は1988年に解除された。

■図表6-2　公健法賦課金賦課料率

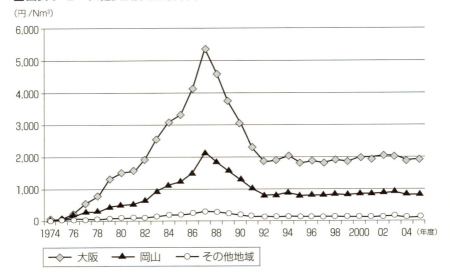

(注)　(独)環境再生保全機構編（2015, pp.44-46）より。

これにより，新規の患者認定は打ち切られた。これは，SO_x排出を減らしても費用負担が減らないことへの産業界の不満に対応したものである。患者側から見れば他の原因も取り込んだ改定がなされるべきであったろう。

　改定により，患者の新規認定は打ち切られたが，既存の認定患者への補償は継続された。費用負担のあり方も基本的には従前と同様であるが，固定発生源については新たに，過去のSO_x排出にも賦課金を課すことになった。具体的には，法改定直前の5年間（1982-1986年）の排出に課す賦課金の収入が賦課金収入全体の6割を占め，残り4割は毎年の排出に課す賦課金の収入で賄うように，現在分，過去分（上記の5年間）の賦課料率を決めることとなった（ただし，改定後4年間は経過措置で，過去分割合が段階的に増加させられた）（環境庁公健法研究会編著（1988, pp.91-92））。このため直近の排出に対する現在分の賦課料率は大幅に低下した。また，1987年4月2日以降新規立地の工場等に賦課金を課されないことになった。

　新規認定の打ち切りにより，認定患者と補償給付額は2005年にはそれぞれ5万1千人，520億円，2010年には4万3千人，480億円まで減ってきている。

3 硫黄酸化物削減に用いられた技術

この節ではSO$_x$の急激な減少は物理的にどのような技術により達成されたかについて検討する。はじめに，SO$_x$排出の総量の推移を見る。われわれは，環境省（2000年以前は環境庁）の大気汚染物質排出量総合調査のSO$_x$排出量（年度）と公健法賦課金データからの推計値（暦年）とを比較した。以後，前者を環境省調査SO$_x$，後者を賦課金推計SO$_x$と呼ぶ。これらを図表6-3に示した。

■図表6-3　SO$_x$排出量

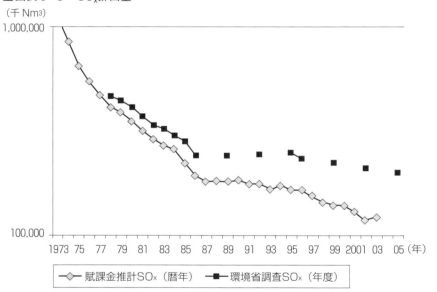

（注）賦課金推計SO$_x$は基本的には公健法賦課金の地域ごとの徴収金額を対応する賦課料率で割ることでSO$_x$排出量が得られる。ただし，法改定後は過去分も含めた納付金額である点を考慮して算出した。徴収金額，賦課料率，は（独）環境再生保全機構編（2015, pp.35-46），法改定後の過去分の考慮方法は環境庁公健法研究会編著（1988, pp.91-92），過去分の換算係数は環境庁公害健康被害補償制度研究会編（1994, p.27），による。
　環境省SO$_x$は，1978（昭和53年度）から1996（平成8年度）までは，株式会社数理計画（1999）『平成10年度環境庁委託業務結果報告書　大気汚染物質排出量総合調査』（平成11年3月），1999, 2002, 2005年度は，環境省の『大気環境に係る固定発生源状況調査結果』（環境省ウェブサイト，https://www.env.go.jp/air/osen/kotei/）の「大気汚染物質排出量総合調査の項」のデータによる。
　なお，1973年の賦課金推計SO$_x$の値は1,105,179（千Nm^3）である。

2つのデータの傾向は大局的によく一致している。1986年まで急激に減少し，それ以後は微増か横ばい，さらにその後は減少している。公健法の改定（1987年）前後のこの急激な変化は，公健法賦課金には少なくとも法改定前の一定期間はSO$_x$削減効果があったことを示しているもののように思われる（2つのデータの乖離は，法改定前は，中小規模の排出者が，それ以後は，加えて新規の排出者が，公健法賦課金の支払いを免除されているため，と考えられる（松野・植田（1997）は法改定以前の制度の分析に専心していたため，1992年までの排出量を算出していたにもかかわらず，この点を見落としており報告が遅れたことは残念である））。

さて，次に，そうした点の妥当性の検討も含めた分析に移る。SO$_x$排出を次の要因分解により検討する。

$$SO_x = GDP \times \frac{E}{GDP} \times \frac{Oil + Coal}{E} \times \frac{SO_x}{Oil + Coal}$$

ただし，SO$_x$はSO$_x$排出量，GDPは国内総生産，Eは一次エネルギー総供給，Oil＋Coalは一次エネルギー総供給の内訳の石油と石炭の和である（いずれもエネルギー単位換算）。上記の式は恒等式であり常に成立する。各要因が小さくなるとSO$_x$排出量は小さくなる。GDPは不景気等，E/GDPは広義の省エネ，(Oil＋Coal)/Eは原子力やガスの利用増加，SO$_x$/(Oil＋Coal)は，低硫黄の石炭・石油の利用，原油やナフサの燃料としての利用，重油の脱硫，排煙脱硫，といった狭義のSO$_x$削減努力，で小さくすることができる。経済のサービス化などの生産構成の変化はここでは特に要因化していないが，産業ごとに見た場合の値の変動が大きいと考えられるE/GDPに影響を与えるものと予想される（実際には，SO$_x$は鉄鉱石や廃棄物にも由来しているが，ここでは緩やかな全体像を捉えるために，SO$_x$を石油・石炭由来と捉えた要因分解を行っている。鉄鉱石や廃棄物由来のSO$_x$の増減は，上記の枠組みでは，SO$_x$/(Oil＋Coal)の値に影響を与えるが，全体の傾向を変えるほどの影響はないものと考えられる）。

要因分解に用いた変数の変化を示したものが，図表6-4である。ただし，SO$_x$データは捕捉範囲の広い環境省調査SO$_x$であるが1973-77年の値は，1978-83年の賦課金推計SO$_x$との関係を用いて外挿した[1]。

第6章　日本における硫黄酸化物排出削減技術の開発と普及への各種政策手段の影響

■図表6-4　要因分解の元データの推移

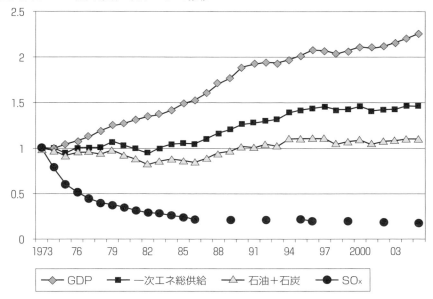

（注）GDP（実質値，平成12年基準）は財団法人日本エネルギー経済研究所計量分析ユニット（2009）p.4，一次エネルギー総供給，およびその内訳の，石油＋石炭，は，いずれも前掲書（p.36）による。SO_xについては本文およびそれへの注で示したとおり。

$SO_x(t)$を t 年度のSO_x排出量，4つの要因を$F_1, \cdots F_4$（すなわち$SO_x(t) = F_1 \times F_2 \times F_3 \times F_4$）とした時，各要因の$t-1$年度から$t$年度への$SO_x$排出量変化への寄与は次の近似式を用いて算出した。

$$SO_x(t) - SO_x(t-1) \approx \sum_{i=1}^{4} \left[\{F_i(t) - F_i(t-1)\} \prod_{j \neq i} \frac{F_j(t) + F_j(t-1)}{2} \right]$$

すなわち，$\{F_i(t) - F_i(t-1)\} \prod_{j \neq i} \dfrac{F_j(t) + F_j(t-1)}{2}$を$F_i$の$t$年度の寄与としたわけである。完全要因分解（Sun, 1998）の手法に近く，説明されない残差は，各期において，SO_xの変化の0.1％に満たない。

SO_x排出量推移（図表6-3，図表6-4）およびSO_x排出量の毎年の減少率（図表6-5）を見ると，SO_xの推移の様子は，急激に減少する1973-78年度，より緩やかに減少する1978-86年度，横ばいとなる1986-96年度，微減となる

■図表6-5　SO_x削減への各要因の寄与（1973 SO_x＝1）

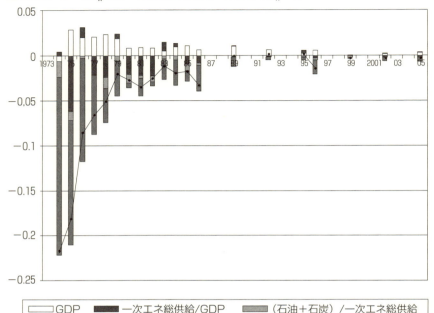

（注）データがなく期間が飛んでいるところは期間の平均値を期末の年にプロットした。図表6-6において各期間で値を合算する際には、当該平均値を当該期間各年の値とした。
（出所）データの出所は図表6-4と同じ。

1996-2005年度、という4つの期間に分けることができると考えられる（減少幅の基準となる区間の初年度も含めて表記）。それぞれの期間における各要因の1年ごとの寄与を足し合わせ各期間の各要因の寄与とした（図表6-6）。

　1973年度から2005年度まで、SO_xは83％減少したが、最初の2期間にそれぞれ、60％ポイント、19％ポイント減少し、その後の19年間は3％ポイントのみの減少である（1973年度のSO_x排出量を100％とする）。SO_x減少への寄与が大きい要因は順に、狭義のSO_x削減努力要因（80％ポイント）、広義の省エネ要因（17％ポイント）、石油・石炭比率要因（10％ポイント）、であり経済成長はマイナスの要因（-24％ポイント）である。

　期間ごとに見ると、第1の期間は、狭義のSO_x削減努力の寄与が圧倒的に大

■図表6-6　SOx削減への各要因の寄与（1973 SOx＝100％）

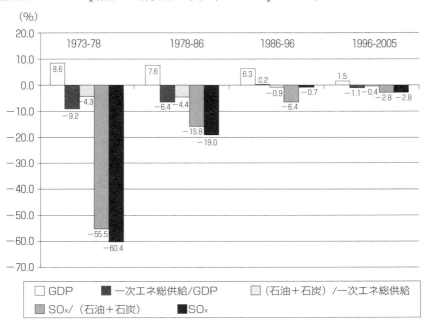

(出所) データの出所は図表6-4と同じ。

きいが，第2の期間は，広義の省エネ，石油・石炭比率，の寄与の割合も大きい。広義の省エネは年によっては狭義のSOx削減努力よりも大きい寄与を記録しているが悪化している年もある等安定していない。第3，第4の期間のわずかな削減も主に狭義のSOx削減努力によっていることがわかる。

寺尾（1994, pp.325-326）は，精製用輸入原油や輸入重油等の硫黄分は1960年代後半から1973年度頃までに大幅に減少したものの，それ以降1991年度まで横ばいか緩やかな減少であることを示した。また，松野（1997, p.26）は日本の石炭供給の過半を占める輸入原料炭の硫黄分は1973年度から85年度まで横ばいであることを示した。こうしたことから，狭義のSOx削減努力のかなりの部分は排煙脱硫と重油脱硫であると考えられる。

4　SO_x削減と政策手段

(1)　全般的検討

次に、こうしたSO_x削減をもたらした政策手段について検討する。一定のSO_x削減をもたらした政策手段は、その削減で用いられた技術の普及に寄与したことになる。技術の開発はその普及により便益を得る。それゆえ、企業は普及を目的に開発を行うのであるから、普及と開発の時間差が小さいなら、当該普及を実現させた政策手段が技術開発に貢献したと考えられる。

公健法賦課金が地域指定解除前の一定期間はSO_x削減に影響を与えていたと予想されることをすでに述べたが、ここでは、他の政策手段（法規制、公害防止協定）の影響を、各手段の適用の対象と時期、SO_x削減費用スケジュール、等、を考慮して区別することを試みる。

各種の補助的措置の公害防止投資額の実質的減額の幅は第2節で示したとおり投資額の100％未満である。こうした補助的措置はそれのみではSO_x削減インセンティブは持たず、公健法賦課金との併存により効果を発揮する。本研究にかかわる主たる投資である排煙脱硫装置を考えた場合、投資回収を何年と考えるかで異なるが、主たる費用は運転費であり投資費用でない上に、賦課金の賦課料率の変化が急激であった（年率平均が1974-79年度110％、1979-87年度20％）ため、影響があったとしても、投資を1年早める程度であったのではないかと考えられる。それゆえ、ここではあえて検討に含めない。補助的措置については、むしろ、被規制者の負担を小さくし厳しい規制を導入することを容易化するという政治経済学的な意味を重視すべきと思われる。

さて、次の図表6-7はK値規制、総量規制、公健法賦課金（指定地域）の対象事業場を比較したものである。

K値規制は、全国的に適用されるものであり、地域により厳しさが異なる（K値＝3～17.5）が、ここでは、厳しさの順位が1および2番目であるK＝3とK＝3.5の合わせて27地域を示した。総量規制地域は、この内の24地域であり、公健法の指定地域はその内の12地域である（K値規制の各地域の境界と総量規制のそれとは一致するが、公健法のそれとは若干のズレがある。しかし以下の

第6章　日本における硫黄酸化物排出削減技術の開発と普及への各種政策手段の影響

議論を妨げない)。つまり、地域的な包含関係は、K値3.5以下の地域⊃総量規制地域⊃公健法指定地域、である。

施設の対象規模については、K値規制はすべての法律上のばい煙発生施設であるから、その下限規模は基本的には重油換算燃料使用量0.05（kℓ/h）と小さ

■図表6-7　K値規制，総量規制，公健法賦課金（指定地域），対象事業所比較

地域名称* K値規制 (総量規制) <公健法>	K値規制** K値	総量規制 指定時期 (1=1974.11, 2=1975.12, 3=1976.9)	総量規制 規制適用時期	総量規制 対象W（重油換算原燃料使用量）(kℓ/h)	総量規制 特定工場数（計画策定時）	公健法# 指定時期	公健法# 1978事業年度賦課金徴収件数
東京特別区等	3	1	1977.12	0.3	1051	1974.11-75.12	667
横浜・川崎等	3	1	1977.4	1	128	1969.12-74.11	131
名古屋等	3	1	1976.10	0.5	270	1973.2-78.6	153
四日市等	3	1	1976.9	0.5	57	1969.12-74.11	41
大阪・堺等（大阪等）	3	1	1978.3	0.8	378***	1969.12-78.6	513
神戸・尼崎等	3	1	1978.3	0.3	221	1970.12-77.1	159
川口・草加等	3.5	3	1978.5	0.3	157		
千葉・市原等（千葉・市川等）<千葉>	3.5	1	1977.1	0.5	156	1974.11	18
清水等	3.5						
富士宮・富士等<富士>	3.5	1	1978.4	1	44	1972.2-77.1	81
半田・碧南等	3.5	1	1976.10	0.5	114		
京都等	3.5	3	1978.5	0.3	250		
岸和田等（岸和田・池田等）	3.5	2	1978.3	0.8	$		
姫路等（姫路・明石等）	3.5	2	1978.4	0.3	146		
和歌山等（和歌山・海南等）	3.5	2	1978.3	0.8	29		
倉敷（水島）	3.5	1	1978.3	0.5	33	1975.12	48##
倉敷（水島を除く）	3.5	2	1978.3	0.5	33		
備前	3.5	3	1978.3	0.5	12	1975.12	6
福山	3.5		1978.4	1	11		
大竹	3.5		1978.5	1	6		
宇部等（宇部・小野田）	3.5	2	1978.4	1	46$$		
徳山等（徳山・下松等）	3.5	2	1978.4	1	$$$		
岩国等	3.5	2	1978.4	1	10		
新居浜等	3.5						
北九州等<北九州>	3.5	1	1978.3	1	70	1973.2	72
大牟田等（<大牟田>）	3.5	2	1978.5	1	11	1973.2	14
大分等	3.5						

* K値規制と異なる場合のみ総量規制，公健法の名称を記入した。
** 8次規制（1976）。対象はばい煙発生施設一般である。基準は施設種ごとに異なるが，例えば，ガス炉，加熱炉ならば重油換算燃料使用量が50（ℓ/h）以上，ボイラーについては，当初は伝熱面積10m^{2}以上，1985年から重油換算燃料使用量50（ℓ/h）以上の基準が加わった。
*** 岸和田等と合計。
\$ 大阪等に計上。
\$\$ 徳山等と合計
\$\$\$ 宇部・小野田に計上。
\# 公健法賦課金の納付義務は，最大排出ガス量が指定地域で5,000（Nm^3/h），その他地域で10,000（Nm^3/h）以上。これを重油換算燃料使用量に換算すると，重油のガス量が12（Nm^3/ℓ）として，0.42（kℓ/h），0.83（kℓ/h）となる。
\#\# 玉野市が4。
（注）K値規制および総量規制に関するデータはそれぞれ環境法令研究会編（1997）pp.613-614，前掲書（pp.621-622）による。公健法に関するデータは（独）環境再生保全機構編（2015）p.21, p.35による。

い。一方，公健法賦課金の納付義務の下限規模は，指定地域では0.42（kℓ/h）（その他地域では0.83（kℓ/h））であり（表の注参照），総量規制の場合のそれは地域により0.3〜1（kℓ/h）であるから，両者はおおよそ同程度の規模であり，K値規制のそれよりは大きい。

　また，公害防止協定は，すでに述べたように，大規模事業所ではほぼ必ず締結され，かつ，法規制よりも厳しいものとなっている。

(2) 時期ごとの検討

　以上を踏まえた上で，時期ごとの検討に移る。

　まず，1973-78年度であるが，結論を先に述べると，この時期の大幅な削減は，1978年3月の環境基準の達成を目標とした，法規制（K値規制，総量規制）および公害防止協定の適用によるものと考えられる。公健法賦課金の賦課料率はSO$_x$限界削減費用に比べ低すぎて汚染削減インセンティブを与えるものでなかったと考えられるのである。

　この期間にSO$_x$は60%減少したが，早い時期ほど，削減の幅も率も大きく，変化測定の基準年である1973年の後最初の2年間（1974, 75年度）で40%ポイントも減少している。1974, 75暦年の排出に賦課される公健法賦課金の賦課料率は，SO$_x$排出量（賦課金推計SO$_x$）の87-88%を排出していたその他地域においてはそれぞれ，8.59, 23.33（円／Nm^3）（6.01, 16.33（円／S-kg））であり，同時期のC重油の硫黄分別の価格差が最も低いS分3〜2.5%の区間でも108

（円／S-kg）であったのだから賦課金はSO$_x$削減には寄与し得ない（重油の低硫黄化は多くの場合安価なSO$_x$削減手段である）。（図表6-8に、C重油の硫黄分別の価格差とその他地域の賦課金の賦課料率を示した。硫黄分別の価格差はこの方法を用いた場合のSO$_x$削減の限界費用を意味する。硫黄分別の価格差は2回の石油ショックの度に拡大しその後縮小する傾向があった）。

　公健法の指定地域では賦課料率が（地域ブロックごとの）平均で9倍となるが、その時期有効であった法規制である第6次K値規制において、最も厳しいK値（＝3.5）が適用されていたと考えられ、100mの有効煙突高で0.15％の低S分重油が要求されるほどであり、その付近の硫黄分別の価格差ははるかに高く、

■図表6-8　C重油硫黄分別価格差と賦課料率（その他地域）

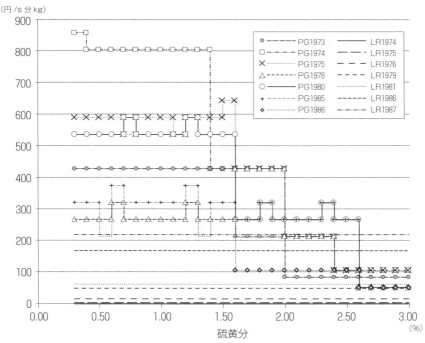

（注）C重油硫黄分価格差（PG）は株式会社セキツウ編集部編（1989）pp.102-129の一般向けC重油S分別価格（各年10月の値）を用い、賦課料率（その他地域）（LR）は（独）環境再生保全機構編（2015）p.44）による。ただし、PGはC重油の比重を0.93とおいて円／kℓの値を円／S分kgの値に換算した。また、LRについては、硫酸化物の1molは22.4ℓ、硫黄の1molは32gと想定し、円／Nm³の値を円／S分kgの値に換算した。

賦課金は削減インセンティブをもち得なかった。

一方,法規制については,1969年制定の環境基準が未達成のために,K値規制は順次改定されていたところ,1973年に環境基準がより強化されたため,さらに強化され,同時に総量規制の導入も行われた。総量規制地域のSO_x排出は全国の2～3割程度と推定されるが,これらの地域では,1974-76年から1976-78年にかけて全体で50％のSO_x削減が行われることが計画・実行された。厳しい排出基準を含む協定も60年代後半から締結されるようになり,また,70年代に入りその数を急増させていた。

それゆえ,この時期に大幅なSO_x削減を実現した重油脱硫や排煙脱硫といった狭義のSO_x削減技術は,主には,環境基準達成を目指した法規制や公害防止協定が開発・普及を誘発したものと考えられる。実際,後で見るように,この時期そうした技術の開発や導入がなされている。一方,広義の省エネは,1975年度になって初めて観測されており,明らかに,第1次石油ショックによるエネルギー価格の高騰が影響していると考えられる（基準年を1973年度から1974年度に変更すると広義の省エネの相対的寄与は大幅に大きなものとなる）。ガスや原子力の増加も,以前より準備されていたとはいえ,同ショックへのエネルギー安全保障面での対応と考えることができる。

次に,1978-86年度について考える。環境基準はほぼ目標通り1979年度には,全国の97％の観測点で環境基準を達成した（78年度は94％,80年度は98％）(環境庁編,1982)。それゆえ,この期間に,環境基準達成のための法的規制の強化はなされていない。また,生産を拡大し,エネルギー利用を拡大する企業について,エネルギー利用量当たりのSO_x排出を減少させる,という意味での協定の強化はあった可能性があるが,環境基準が達成された状況において,合理的な規制当局にとって,地域のSO_x排出の絶対量を追加的に減少させる必要はない。ところが,SO_xの排出の絶対量はどの地域でも減少している。それゆえ,この時期にSO_xを削減させたのは,主には公健法賦課金であったと予想される。

このことをより具体的に検証する。まず,公健法の指定地域とその他地域のSO_xの排出量,賦課金支払件数（SO_x排出事業場件数）,そして,1件当たりの排出量の変化について検討する（図表6-9）。

第6章 日本における硫黄酸化物排出削減技術の開発と普及への各種政策手段の影響

■図表6-9 賦課金推計SO_x，件数，SO_x/件数の年平均変化率

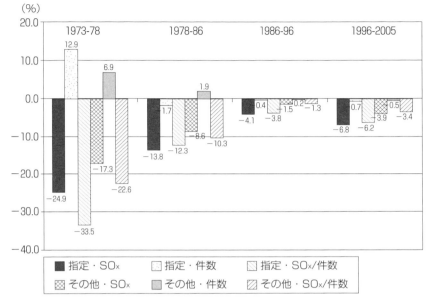

（注）指定・SO_x，その他・SO_xは，それぞれ，公健法の指定地域とその他地域について，賦課金徴収額と賦課料率から推計したSO_x排出量であり，（独）環境再生保全機構編（2015）pp.35-41, pp.44-46による。また，指定・件数，その他・件数は，同様にそれぞれの地域の賦課金徴収件数（SO_x排出事業場件数）であり，これらも前掲書（pp.35-41）により，指定・SO_x/件数，その他・SO_x/件数は，それぞれ，対応する地域についてSO_x排出量を賦課金徴収件数で除したものである。ここでのデータ x の年平均変化率とは，$(x_{t+n}/x_t)^{(1/n)} - 1$ のことである（t, nは期を表すものとする）。

　この期間，指定地域のSO_xは69%（年平均13.8%），その他地域は51%（年平均8.6%），減少した。ただし，指定地域においては支払件数（＝排出件数）（支払いは排出暦年の翌年度であり1979-1987年度のそれ。1978年度までは，新規の地域指定による変動があり，ここでの検討に適さない）は13%（年平均1.7%）減少し，その他地域では16%（年平均1.9%）増加しているため，1件当たりの減少は，それぞれ，65%（年平均12.3%），57%（年平均10.3%）とかなり接近する。

　1988年以降，いずれの場合も支払件数が負値となるのは，法改定により賦課金支払義務者が，1987年4月1日にばい煙発生施設を設置していた者，に固定されたためである（件数減少は企業の消滅等による）（図表6-10参照）。1978

第Ⅱ部　日本のグリーン・イノベーション

■図表6-10　公健法賦課金支払件数変化率

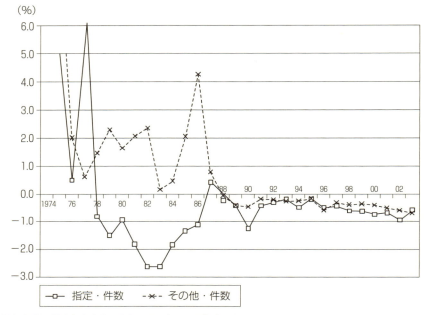

（注）横軸は排出年を表す。支払いそのものは翌年度である。
（出所）データは，図表6-9の，指定・件数，その他・件数，のものを用いた。

年から1986年の間のその他地域の支払件数が正値で，指定地域のそれが負値であるのには公健法賦課金の影響があった可能性もあるが，1972年制定の工場再配置促進法，1973年制定の工場立地法（工場等制限法（1959，1964）と共に工場三法とされる）等による都市部での工場の新規立地の抑制が効いていた可能性もあり，公健法賦課金の産業立地への影響は肯定も否定もできない。ただし，影響が存在したとしても，それぞれの地域におけるSO_x削減への（正または負の）寄与については，図表より明らかなように，件数のそれは1件当たりのSO_x削減のそれに比べかなり小さい。

　1件当たり排出量の減少について，指定地域のほうが大きいのは，やはり賦課料率が平均して9倍も高いことに起因していると考えられる。ただし，その他地域においても57％もの減少を示していることは重要である。

　再度，C重油硫黄分別の価格差とその他地域の賦課金の賦課料率を見てみる

（図表 6 - 8）。すると，1985年までは賦課料率が相対的に低すぎるが1986年には硫黄分1.5%までの低下を賦課料率が正当化する。3%程度の硫黄分の重油を使いつつ（200メートルを超える有効煙突高の煙突を建て）最も緩いK値規制（k＝17.5）をクリアしていた発生源であったとしたなら，50%程度の削減を強いることになる。ただし，これは86年の排出に適用される翌年度の賦課料率を正確に予想した場合であって，より高く予想したなら，より大幅な削減を強いることになる。

一方，日本産業機械工業会（1992）『ばい煙低減技術マニュアル（行政官用）（平成3年度環境庁委託）』（pp.72-73）の排煙脱硫装置費用比較をもとに石灰石膏法について試算したところ2,000ppm（S分2.9%重油に相当）のSOx濃度のガスを200ppm（0.29%）まで脱硫する平均費用は，86～90円/S分kg（金利3～5%）となった。これは1982暦年の排出に課される1983年度のその他地域の賦課料率105円/S分kgよりも低い。石灰石膏法よりも，水酸化マグネシウム法のほうが割安であった，との証言や資料が多いから，実際はより安価な方法があったと考えられる。ここでの算出値は，限界費用でなく平均費用であるが，少なくともそのような削減の純便益が正であるということができる。

一方，指定地域では，賦課料率はその他地域よりも平均で9倍（6～18倍）であって，1970年代の後半にはS分0.3%の低硫黄C重油の利用も上記の排煙脱硫装置の利用も正当化されていた。しかし，指定地域は法規制も厳しく，K値規制で86，100ppm，C重油S分に換算すると0.13，0.15%（K値＝3，3.5，100MW，有効煙突高100mを想定），総量規制では24～263ppm，S分0.035～0.38%（（a値，b値）＝(0.57, 0.8)～(5.49, 0.84)，100MWを想定）を，そもそも要求されている。

重油に関してS分0.3%より低硫黄のものについては電力向けC重油のデータがあるのでこれを参考にすると，0.2%と0.3%の間はそれより高硫黄の場合と同程度の価格差であるが，0.2%と0.1%の価格差は1980年（10月）から1986年（10月）にかけて5,215から430（円/S分kg）というように，当初極めて大きかったものが急速に縮小した（図表6-11：この急激な変化は技術的なものとしては説明できず，何らかの理由による石油企業の価格戦略と考えられる）。このため1983年には最も賦課料率の高い大阪地域で，1986年にはすべての指定地域

第Ⅱ部 日本のグリーン・イノベーション

■図表6-11　重油硫黄分0.1-0.2%価格差と公健法賦課金賦課料率

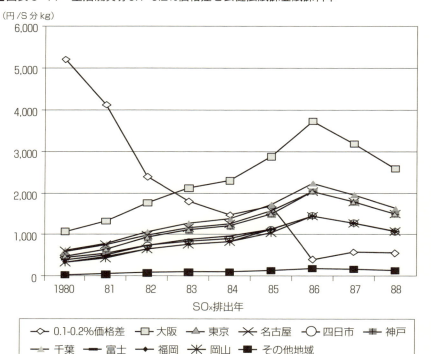

(注) 硫黄分が0.1%の0.2%のC重油の価格差は、株式会社セキツウ編集部編（1989）pp.136-145の各年10-12月の値（円／kℓ）を用いた。賦課料率は、(独)環境再生保全機構編（2015）pp.44-46による。千葉と神戸はこの期間、すべて同じ値をとっている。富士は、1980-84年は四日市に近い値をとり、1985-88年は四日市、福岡と同一の値をとっている。円／S分kgの値への換算はいずれも図表6-8と同様の方法による。

で硫黄分0.1%のC重油の使用が正当化された。

また、硫黄分を全く含まないLNGについて、自ら輸出先と長期契約している電力会社では1970年代末には硫黄分0.1%の超低硫黄C重油よりも安い、という逆転現象が起きている（**図表6-12**：実際の電力会社の購入価格は会社により異なるが、いずれもここで示すCIF価格に近い値であると考えられる。例えば、関西電力（1985）、p.49を参照されたい）。この場合、より低硫黄なLNGを選択することは、賦課金なしにも行われるが、賦課金はLNG利用の拡大に拍車をかけたものと考えられる。ガス会社から購入する一般企業も大規模な工場

■図表6-12　LNGと超低硫黄重油の価格推移

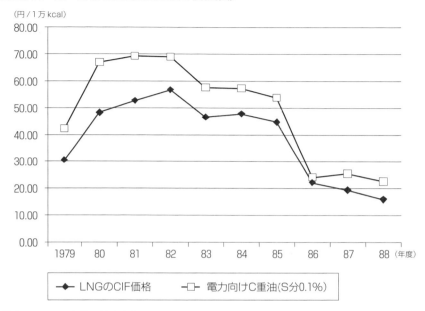

(注) LNGのCIF価格は株式会社セキツウ編集部編（2008）のデータを用い，LNGの発熱量を13,000（kcal/kg）として換算した。電力向けC重油（S分0.1％）は株式会社セキツウ編集部編（1989），pp.136-145のデータを年度ごとに算術平均し，C重油の発熱量を9,800（kcal/ℓ）として換算した。

等ではLNGは競争力のある価格となりSO_x排出の減少に寄与していた可能性がある。

　一般に企業は，複数のSO_x削減の選択肢を持ち，規制当局や研究者よりも，より安価な手段を見つけることができる，と考えられるから，以上のようなSO_x削減費用に関するデータは，この時期に，公健法賦課金が指定，その他の両地域で，SO_x削減を法規制以上に進めることが可能であったことを示している，といえよう。

　ただし，地域指定が解除される直前の1986年には，過去分の排出に負担を求める方針を決めた中公審の答申が出され，また，そうしたことは前年あたりにも予想がついた可能性がある。すると，1978-86年度という期間の最後の2年程度の大幅な削減は，以後何十年にわたり賦課金を課されることになる排出を減らそうという意図の削減であった可能性もある。過去分の時期を確定する改

正法案が成立する1987年にも大幅な削減を記録していることもこれと関係がある可能性もある。

いずれにせよ，この時期進められたSO$_x$削減の技術の普及，は主に公健法賦課金によるものと考えられる。ただし，環境装置メーカーへのインタビューや特許データを見ると，この時期は，一定の進歩はありつつもSO$_x$削減技術が盛んに開発された時期ではない。この時期は，賦課金により，主に過去に開発された技術が普及した時期，と見ることができる。

地域指定解除後はSO$_x$排出の全国総量の減少速度は著しく減少した（図表6-3参照）。この急激で明確な変化を説明しうるのは，その変化の境界期に行われた公健法地域指定解除と考えられる。他の要因は見当たらない。ただし，賦課金による削減効果は残存しているようである。

1986-96年度，1996-2005年度，において，環境省調査SO$_x$は，それぞれ，年平均0.4%，1.7%，の速度で減少したが，これはそれ以前の期間に比べてとても遅い速度である。しかし，賦課金推計SO$_x$は，指定，その他のどちらでもより速

■図表6-13　賦課金推計SO$_x$／環境省調査SO$_x$

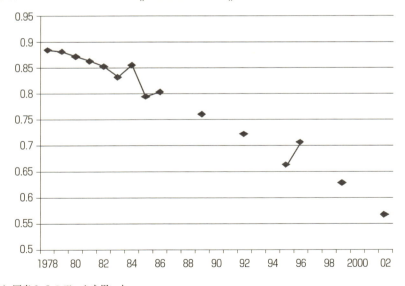

（注）図表6-3のデータを用いた。

い速度で減少しており（年平均の減少率は1986-96暦年は指定地域4.1％，その他地域1.5％，1996-2003暦年はそれぞれ6.8％，3.9％である（図表6-13参照）），環境省調査SO_xと賦課金推計SO_xの乖離は拡大してきている。

これは1つには，賦課金を支払う発生源の数が制度的に減少していくことになったこともあるが，その寄与は小さく，1件当たりの排出の減少が効いている。

これらの期間の，賦課金推計SO_xにおける1件当たりのSO_x排出の減少の理由としては，2つの可能性がある。1つは，企業は，賦課金納付義務のある事業所での生産そのものを縮小し，新規に立地した納付義務のない事業所での生産を増やしているということである。製造業の海外流出の影響もあり得る。法改定以後に事業所が廃止されても企業が存続する限り過去分の賦課金の納付は続けられ件数としてカウントされている。もう1つは，賦課金納付義務のある事業所での生産を維持しつつ，必ずしも十分には下がらない賦課料率に対応し，従来通りSO_x削減努力を続けているということである。両者の寄与の程度の解明は別の機会に委ねたい。

地域指定解除以前も乖離は大きくなり始めており，ばい煙発生施設の規模を賦課金支払義務の要件規模以下に抑えることで賦課金支払を避ける行動があったことも考えられる。

結局，これらの時期（1986-96，1996-2005年度）は，公健法賦課金は，1987年の法改定により新規立地工場等からは徴収しなくなったということによりそうした工場からの排出の増加のインセンティブを与え，また，同様に法改定により料率がある程度下がったということで支払義務のある工場等からの排出の削減のインセンティブを減じ，全体としてSO_x排出量の減少を鈍化させたと考えられる。

5　聴き取り調査

日本の脱硫技術の歴史を明らかにするため，主として排煙脱硫装置メーカー3社からの聴き取り調査に基づき，排煙脱硫装置の開発について述べる。また，石油精製会社OBの技術コンサルタントからの聴き取りに基づき，重油脱硫技

術についても若干の説明を行う。

(1) 排煙脱硫
① 各社の概要
　排煙脱硫装置の最大手で石灰石膏法のパイオニアでもあり，電力会社を中心に大規模な装置で世界的に見ても大きなシェアを持つA社，大手から中小まで幅広いユーザーを持ち，多様な技術を持ち，アジア諸国にも展開するB社，繊維メーカーのエンジニアリング部門であり，中小を中心に受注数では最大の実績を持つC社，いずれも特徴を持ち，それぞれの分野を代表する企業から聴き取りを行うことができた。

　A社は排煙脱硫装置の最大手で，総合プラントメーカーであり，昭和30年代から排煙脱硫技術の開発を始めている。1960年代の国家プロジェクトによる乾式の排煙脱硫装置開発プロジェクトにも，電力会社と共同で参加している。1973年に世界で最初の石膏回収を伴う石灰石膏法排煙脱硫装置を，電力会社の大型重油火力発電所に導入している。

　B社は，中堅規模の環境エンジニアリング会社で機器の自社での製造はほとんど行っていない。脱硫装置の製造会社というよりもエンジニアリング，設計を中心とする会社である。B社は排水処理から事業が始まっており，大気汚染防止技術は排水処理技術開発の過程で派生的に生まれたものであった。排煙脱硫装置も，排水処理設備を納入した製鉄所からの要望で，付随する設備からの集塵装置を設置した際に開発した技術を応用して実用化したものであった。B社は技術開発とユーザーへのエンジニアリングを中心に活動して排煙脱硫でも成功し，大手から中小まで，多様なユーザーを持ち，さらに台湾を中心に海外への展開も成功させている。

　C社は，歴史の長い繊維製造会社である。1960年代半ばに排水規制が自社の紡績工場に適用されることになり，排水処理のため自社のボイラー排ガスを利用する技術を自社開発した。地方自治体の勧めもあり，1970年にエンジニアリング事業部を設立し，その技術を排ガス処理装置として商品化し，外販を始めた。

② 各社による排煙脱硫装置開発，販売の歴史
　大手総合プラントメーカーであるA社は，1970年代前半から，他社に先駆け

て石灰石膏法による大規模な重油火力発電所に排煙脱硫装置を納入してきた。石灰石膏法の石膏回収の部分は，東北大学工学部の村上恵一教授が開発した石膏生産技術に基づき，A社が実用化したものである。A社は，1960年代初めに電力会社と共同で湿式の排煙脱硫装置の開発を目指したが，実験段階で一度中断する。その後，1960年代後半に通産省の「国家プロジェクト」に参加し，乾式技術の開発を試みるが，実用化にはいたらなかった。A社は，国家プロジェクト終了後，再び湿式の石灰石膏法の開発に取り組み，最初に実用化した。以上のように重油焚きのボイラーで石灰石膏法の技術を確立した後は，1980年代に火力発電所の燃料の重油から石炭への転換が進んだことに対応して，石炭火力発電用の排煙脱硫装置を開発した。1979年から80年，国内で最初の石炭焚き火力発電所へ排煙脱硫装置を納入した。1990年代にも，微粒煤塵の規制が強化され，重油焚きボイラー，石炭への転換に続く，需要の第3のピークがあった。湿式排煙脱硫装置でも煤塵の除去ができるためである。

　B社は1957年に排水処理の製造会社として出発した。排煙脱硫装置への進出は，1971年に大手製鉄会社に納入した大型酸洗廃水処理設備について，引き続き脱水汚泥の乾燥キルンから排出されるダストの処理を依頼されたことから始まった。このとき開発した湿式除塵装置の性能が良好で，この装置をもとに大型ボイラー用の石灰法排煙脱硫装置を開発した。B社によれば，排煙脱硫装置の開発の歴史は納入先が官需か民需化によって全く異なるという。これは排煙脱硫装置に限らず，環境装置全般について言える。官需（電気事業者も含まれる）は，コストを度外視しても社会のために実施するという感覚があるが，民需では生産設備ではないのでユーザーはコストに非常に敏感になる。B社でも当初は自社で開発した独自技術により大口ユーザー向けに石灰石膏法の排煙脱硫装置を納入した実績があるが，1970年代半ばに需要が一巡してからはマーケットが急速に縮小し，中小規模のユーザーが石灰石膏法よりも低いコストで設置できる水酸化マグネシウム法の排煙脱硫装置の納入が増えて，そのための研究開発を進めていった。B社によれば，A重油とC重油の価格差が拡大してC重油が相対的に安くなった1970年代末から80年代初めの時期に，SO_x規制をクリアしながらC重油を使うために導入された排煙脱硫装置の導入が進んだ。B社はこの時期を，「第二のステージ」と呼んでいる。この時期のB社のユーザー

はほとんどが民間企業であり、大規模な火力発電所用に開発された石灰石膏法では導入コストが高すぎたので、B社からの水酸化マグネシウム法の排煙脱硫設備の納入が進んだ。

C社は、1968年3月、自社の繊維加工工場が廃水を排出していた河川への排水に規制が導入され、水素イオン濃度が規制されることが決まり、大量に排出していたpH10のアルカリ廃水を処理する必要に迫られた。C社は、このアルカリ廃水を、SO_xを含む同工場のボイラーからの廃ガス中和剤として利用する技術の開発に成功した。当初は自社での利用しか考えていなかったが、地方自治体の公害指導課からの勧めにより、社内にエンジニアリング事業部を発足させ、排煙脱硫装置の外販を行うことになった。その後、同業の繊維製造業者だけでなく、さまざまな業種の製造業の工場を中心に、ボイラーの排煙脱硫装置を多数受注した。脱硫の方式は、苛性ソーダを吸着用アルカリ溶液に用いるものも、石灰石膏法もあった。しかし、石灰石膏法では副産物の石膏が1970年代後半にはすでに供給過剰になり、石膏回収のメリットがほとんどなくなり、発電所などの大型の脱硫装置以外では石灰石膏法は用いられなくなった。1970年代にSO_xの排出規制が強化され、1970年のエンジニアリング事業部の発足から1970年代半ばまでに事業が大きく拡大した。1975年、76年が排煙脱硫装置の売り上げのピークであった。この時期は、総量規制の導入と、高硫黄のC重油と低硫黄のA重油との価格差が大きかったことが、排煙脱硫装置の受注を後押しした。硫黄分が高いC重油の価格が安かったので、排煙脱硫装置を導入してC重油を使うほうが、排煙脱硫装置を導入せずに低硫黄のA重油を使うよりも費用が低かった。その後、A重油とC重油の価格差が縮小し、ユーザーが排煙脱硫装置を導入するメリットが縮小し、1970年代後半から受注が激減した。以後は、脱硫効率の向上、アルカリ剤の変更、廃熱回収装置の併用によるランニングコストの引き下げなどにより受注を回復させた。近年では、ボイラー用の排煙脱硫装置の受注は減り、ニッケル製錬、ガラス溶解炉、産業廃棄物焼却炉などからの排ガス洗浄装置の受注が増えている。

以上の3社からの調査から明らかになった排煙脱硫装置生産の全体の傾向は、国内の産業用機械メーカーによる排煙脱硫装置の販売データから作成した、図表6-14からも確認できる。また、C重油の硫黄分の違いによる価格差の推移

■図表6-14　排煙脱硫装置の需要先別の生産額

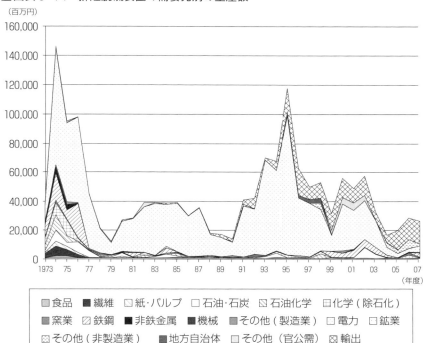

(出所) 産業機械工業会資料より。

を, 図表6-8に示した (C重油の硫黄分の違いによる「値差」そのものは, 折れ線グラフの下の面積で示される)。上述したA重油とC重油の全般的な価格差も, 同様に推移したと考えられる。第2次石油ショック後の1980年に価格差が拡大し, 1980年代半ばには低下している。

③　公健法賦課金と排煙脱硫技術開発の関係

A社によれば, 顧客にとっては賦課料率の上昇は排出削減への圧力になったかもしれないが, メーカーにとっては競争入札で顧客のニーズに合わせるというだけであった。

B社によれば, 公健法賦課金制度も排煙脱硫装置のユーザーにとって, 装置の導入のメリットを計算する際の重要なファクターの1つだという。

C社によれば，C社が1972年と1982年に排煙脱硫装置を納入した製紙工場は，公健法賦課金の料率が最も高い地域に立地しており，賦課金の支払い額の上昇が見込まれていた時期に，C社の技術開発により導入費用もランニングコストも低くなっていて，その製紙工場での排煙脱硫装置の導入のメリットが出やすくなっていた。

(2) 重油脱硫

　排煙脱硫装置メーカーからの聞き取り調査から，排煙脱硫装置の需要が一巡した1970年代半ば以降，新たな市場を開拓していく際に，高硫黄重油と低硫黄重油を含む低硫黄燃料との価格差が大きいことが重要な条件だったことが明らかとなった。その後，価格差の縮小に伴い，排煙脱硫装置の市場は再び低迷し，その後回復していない。この価格差縮小の背景には，重油脱硫装置の普及，さらには設備の過剰による稼働率低下があったと考えられる。

　重油脱硫装置は，石油精製会社によって石油精製設備に設置される。重油脱硫装置は，硫黄酸化物の排出規制によって導入が進む排煙脱硫装置とは異なり，石油精製会社が自らの製品の品質を高めるために導入するものである。排出規制の強化は，低硫黄重油への需要を高めることにより，間接的に重油脱硫装置の導入を進める効果があった。重油脱硫装置の導入に対しては，政府系金融機関による低利融資と，特別償却による法人税の減免が行われ，政策的に奨励された。また，石油業法に基づく石油製品の長期供給計画や，同法を背景にした行政指導により，総合エネルギー調査会がまとめた「低いおう化計画」などにより，その導入が推進されていた（寺尾，1994，pp.314-315）。

　重油脱硫には，間接脱硫と直接脱硫の2つの方式の技術がある。間接脱硫は，常圧残油を減圧蒸留して減圧軽油と減圧残油に分け，減圧軽油を脱硫して減圧残油などと混合して低硫黄の重油を製造する方式で，既存の石油精製技術の若干の変更にすぎない。油の中の硫黄分は，重質油中ほど複雑な有機化合物として存在している。そのため軽油の脱硫は重油の脱硫よりもはるかに容易で，古くから行われてきた技術である（間接脱硫で行われていることは，実質的には軽油の脱硫である）。高硫黄の常圧残油，減圧残油に水素を添加して脱硫する直接脱硫は新しい技術であり，高温・高圧により複雑な硫黄化合物を分解する

ために大規模な設備を設置する必要もあった。直接脱硫はコストが高かったが，間接脱硫よりもより低硫黄の重油を製造できた。重油脱硫における技術革新は，主に直接脱硫装置の実用化であった。重油直接脱硫の技術は，欧米の石油メジャーがすでに開発し特許を持っていたが，1960年代半ばには実用化されていなかった。日本の出光興産が，1967年12月に世界初の重油直接脱硫設備を千葉県の石油精製所内に設置，稼働した。その後，1970年代半ばまでに，直接脱硫，間接脱硫のいずれの方式も設置が進み，石油ショックの後は設備過剰の状態が続いた。その後の直接脱硫装置の技術革新としては，反応に用いる触媒の改良が続けられた。この触媒の改良は日本の石油精製各社による独自の技術革新であった。

6 特許データを用いた排煙脱硫技術開発状況の分析

(1) 利用したデータおよび検索方法

本節では特許関連データを用いて，排煙中に含まれるSO_xの処理技術（以下，排煙脱硫技術）に関する技術開発の状況を概観する。技術開発を行った主体が研究・技術開発活動の成果をすべて特許出願するとは限らないが，排煙脱硫に関する技術開発の大まかな傾向を把握することは可能であろう。

日本の排煙脱硫関連技術に関する特許データを利用した先行研究としては，Popp（2006）があげられる。Poppは，公害防止関連技術の国際的なスピルオーバーを分析する一環として，日本のSO_xおよびNO_x除去・低減技術の特許出願数を抽出した。そこでは，特許庁データベースを利用して，日本国特許庁に出願された排煙脱硫関連の特許を主に日本独自の"Fターム"による分類を利用して検索を行い，国際特許分類IPCで補完している。Fタームは，IPC分類よりも詳細に技術を特定することが可能である。しかし，Poppの方法では，排煙中のSO_x処理に直接はかかわらないが重要な技術，例えば副生品の処理に関する特許の中で含まれないものが多数発生する可能性がある。そこで，本節では特許データベースPATOLISを利用することで，より適切に排煙脱硫関連技術に関する特許を抽出できるように試みた[2]。

PATOLISとは，日本国特許庁に出願された全特許の基本情報（出願人や出

願日等）に加え，独自にパトリス社が特許広報に記載された技術内容に関する要点を抽出した抄録文から，さまざまなキーワードによる検索を可能にしたデータベースである。われわれが行った排煙脱硫関連技術の検索の手順は，以下のとおりである。まず，日本では1971年に特許制度が大きく変更されたので，データの継続性の観点から，検索時期を1971年から2000年までとした。その上で，以下の要領で排煙脱硫関連技術を抽出した。

(1) 以下の2つの論理式によるキーワード検索
①（排煙OR排気ガス）　AND　脱硫
②（硫黄酸化物OR二酸化硫黄OR亜硫酸ガス）AND（除去OR吸収OR吸着OR処理）

(2) (1)の方法により抽出された特許に対し，Popp（2006）と同様に，以下のFタームおよびIPC分類による検索
4 D002AA02，3 K091AA02，3 K091FB09，3 K065TA02，3 K065QA06，3 K065QA07，
3 K064AA02，3 K065AA11
F32C 11/02，F32C 11/02 303，F32C 11/00 307

(3) 上記FタームおよびIPC分類に含まれない（(1)に含まれるが(2)に含まれない）ものの中で，抄録の中に"脱硫"という用語を含むものを追加。

(4) (2)および(3)により抽出された特許の中から，自動車排ガス処理に関する特許を削除

上記の作業の結果，抽出された特許数は5,647であった。より包括的に分析しようとしたので，このデータセットには無関係な特許も含まれているかもしれない。しかし，無関係な特許がランダムに含まれていると思われるので，このデータセットを用いても致命的な偏りなく傾向を捉えることができると考える。以下は，この5,647個の特許に関する分析である。

(2) 概　要

図表6-15は，排煙脱硫技術に関連した特許出願数，そのうち日本国内から出願が行われた数，審査請求を行った数，および登録に至った特許数の推移を示したものである。排出規制が大幅に強化された1970年代半ばに最も出願が多

第6章　日本における硫黄酸化物排出削減技術の開発と普及への各種政策手段の影響

■図表6-15　特許出願数等の推移

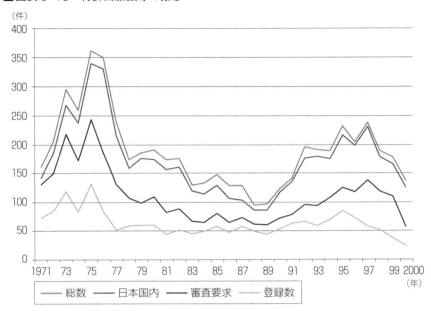

■図表6-16　排煙脱硫装置売上高と特許申請数推移

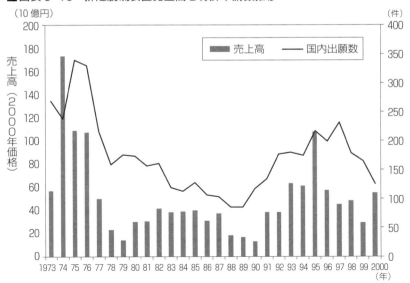

■図表6-17 外国からの出願比率

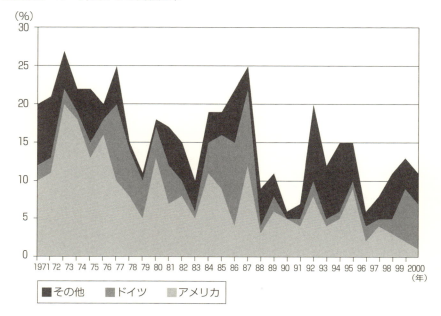

い。その後減少傾向にあったが，1990年代前半以降，再び増加している。図表6-16が示すように，この傾向は排煙脱硫装置生産額の推移とほぼ同じであり，またピーク年等に関して若干の違いはあるものの，Popp（2006）で示された出願状況ともほぼ同じである（Popp（2006），Fig.3）。出願の多くは日本国内からで，外国からの出願は全期間で平均10％程度であり，図表6-17が示すように，その多くはアメリカとドイツからの出願である。Popp（2006）は，アメリカ，ドイツの特許データを用いて，両国における排煙脱硫技術に関する特許出願のほとんどが自国企業であることを示したが，日本でも同様の傾向があることが明らかになった。

ところで，脱硫技術に関連する特許出願数は，単に脱硫技術の開発状況だけでなく，特許制度や知的財産権に対する社会的風潮にも左右される。これらの影響を是正するために，脱硫関連の特許出願数の全特許出願数に対する比率の推移を示したのが，図表6-18である。これを見ると，1970年代半ばにピークを迎えた後は1980年代後半までほぼ一貫して比率は低下し続け，それから1990

■図表6-18　排煙脱硫関連特許の全出願に対する比率

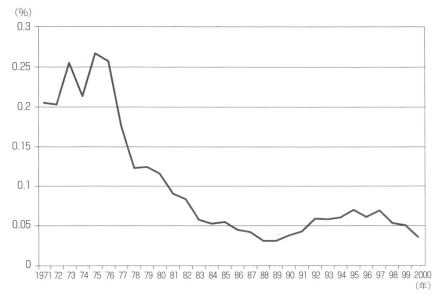

年代後半にかけて若干比率は上昇するが，出願数が示した傾向と比べればはるかに穏やかな上昇に過ぎない。したがって，1990年代半ばから後半にかけての脱硫関連技術の特許出願第2のピークは，制度や何らかの社会的風潮の変化によって引き起こされた特許出願全般に対する積極姿勢がもたらした面が大きいと考えられる。

特許出願者の多くは，プラントエンジニアリング・メーカー，すなわち自社ではほとんどSO_xを排出しない外部供給者である。例えば図表6-19が示すように，排煙脱硫処理能力からみて上位の10社で，期間中の個人を除いた日本国内からの全特許出願の半分以上の約54％を占めている。

SO_xを排出する企業や，国公立の試験研究機関の特許出願はそれほど多くない。例えば電力会社は，最大の排出源であり，1960年代後半から70年代前半にかけての排煙脱硫技術の開発期に，自社にパイロットプラントを設置しプラントメーカーと共同研究に積極的に取り組んだが，特許に関しては単独での出願どころか，共同出願もあまり行っていない（図表6-20）。一方，SO_xを大量に

第Ⅱ部　日本のグリーン・イノベーション

■図表6-19　プラントメーカー上位10社の出願数

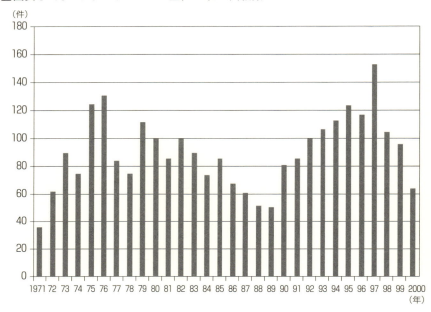

■図表6-20　電力会社による排煙脱硫関連特許出願数の推移

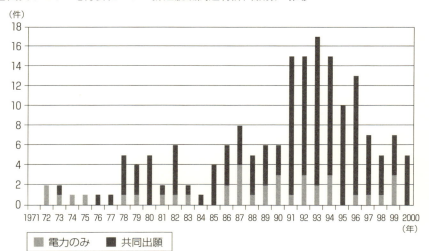

■図表6-21　鉄鋼上位10社の出願数

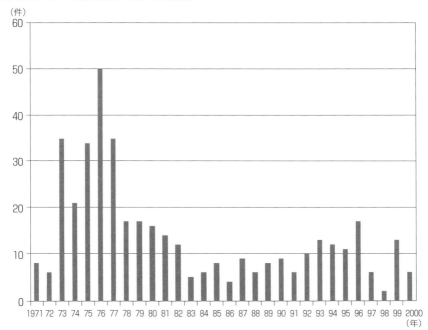

排出する産業の中で，鉄鋼業は相対的に特許出願に積極的であった。図表6-21は，鉄鋼業界の中で関連特許出願の多い上位5社の出願数を示したものである（共同出願を含む）。これをみると1970年代半ばの出願数は多く，少数の企業は開発した技術を他社に供給するようになったと考えられる。ただし，出願の多くはプラントメーカーとの共同出願であり，鉄鋼業に属する企業の排煙脱硫装置の売上高は大きくない。

したがって，排煙脱硫技術の開発そのものについてはプラントメーカーが主体となって行われていたものと考えられる。

(3) 賦課金の影響

再び図表6-15を見ると，公健法賦課金の賦課料率が急激に上昇した1980年代前半から半ばは，排煙脱硫に関連した特許出願数が非常に少ない時期であり，逆に新規患者認定を打ち切り賦課率が大幅に下がった90年代に入ってから再び

出願は増え，90年代後半に出願数は第2のピークを迎えている。全特許出願に対する比率の推移で見ても，1980年代の比率が最も低いという事実に変わりはない（図表6-18）。したがって，少なくとも特許データからは，公健法賦課金が排煙脱硫に関する技術開発活動に対して強いインセンティブを与えた証拠を見出すことは難しい。

7　結　論

　第3節において，我が国SO_x排出は1986年頃まで急激に減少した後，微増から横ばいに転じたこと，これらは主に，狭義のSO_x削減努力によるものであること，そのかなりの部分が排煙脱硫と重油脱硫によるものであることを示した。

　第4節では，1973-78年の期間は法的規制や公害防止協定がSO_x削減をもたらしたが，1978-86年の期間はSO_x削減は公健法賦課金によること，1986-96年，1996-2005年の期間でも，公健法賦課金はSO_x削減をもたらしているが，その料率の低下と新規立地事業所の賦課金の免除が，全体としての削減幅の大幅な縮小をもたらしていることを示した。

　第5節において，我が国でSO_x削減のために独自に開発された技術は排煙脱硫技術であり，重油脱硫技術は外国から導入された技術であるが関連して必要となる触媒技術は我が国独自のものであることを示した。

　第5・6節において，排煙脱硫技術の実用化のための開発は，1960年代後半から70年代前半に行われたことを示した。

　ここで，技術開発と政策手段の関係について，ある技術の開発を誘発・促進するのに有効であった政策手段は，その開発時期に有効であった政策手段である，という考え方を採用する。

　すると，排煙脱硫技術の開発，重油脱硫技術の導入と関連する触媒技術の開発，に有効であったSO_x削減のための政策手段は法的規制（またはその先駆となった自治体の条例による規制）や公害防止協定であると結論できる。重油脱硫については，それら政策手段を前提に行われた，石油企業に対する行政指導や投資に対する税制上の優遇措置が重要である。

　公健法賦課金は，1970年代後半から1980年代後半にかけてその料率が高水準

に達し，すでに開発または導入された技術の普及に主に寄与した。排煙脱硫装置の効率向上などの技術改善やLNG・天然ガス利用の普及にも影響を与えた可能性がある。公健法賦課金の企業立地への影響は可能性はあるものの，それを肯定または否定する根拠を得るには至らなかった。ただし，影響があったとしても，そのSO_x排出削減への（正または負の）寄与は各事業所ごとの排出削減努力の寄与に比べてとても小さいと考えられる。

1987年の公健法の法改定により，公健法賦課金は，SO_x排出者に対し，一方で，工場の新規立地のインセンティブを与え，他方で，従来の工場等のSO_x排出削減インセンティブを与え続けている。賦課金支払い義務のない工場等からのSO_x排出の増加は，両方のインセンティブの影響を受けている。産業用ガスの活用の増加などには後者の影響を見ることもできる。

8　考　察

(1) 公健法賦課金の技術革新への寄与の小ささ

公健法賦課金が技術革新をあまり引き起こさなかったのには主に2つの理由があると考えられる。

1つは，賦課金が制度が補償しようとする健康被害の真の原因に賦課されなかったことである。補償額が賦課金支払い者の活動とは無関係に決定される場合，原因者の合理的行動は連帯してSO_xを全く減らさないことである。それにより，支払うべき補償額と削減費用の和を最小化することができる。もし，賦課金支払い者のSO_x以外の排出物質が健康被害の真の原因物質であるならば，連帯した原因者の合理的行動は真の汚染物質の削減費用と補償額の和を最小化するように，真の汚染物質を削減することである。この場合，賦課金がSO_xに課されても，真の原因物質削減のための技術革新を引き起こし得る。しかし，実際に企業が行ったのはSO_xの削減であった。これは，企業が上記のような連帯行動をとらなかったことを意味している。そのかわり，企業は連帯して公健制度の廃止をしようとし，一方，個別には補償支払いのシェアの削減に取り組んだのである。

1970年代後半まで，企業は法的規制や協定のためにSO_x排出を削減しなけれ

ばいけなかった。料率の不確実性は企業に法や協定に従うための投資を行うことを妨げなかった。その結果，企業はSO_x排出を十分なレベルまで削減した。それゆえ，その後企業が患者の新規認定中止を求め始めたのには一定の正当性がある。彼らは，制度を変えるのに成功し，費用負担総額の増大のおそれを除去した。

2つ目には，厳しい法的規制と協定ゆえに高度に集中した産業地域において1970年代に発展した技術は1980年代にその他の地域で排出削減をするのにほぼ十分なものであったことである。公健法賦課金はSO_x削減技術の開発よりも普及により貢献したと考えられる。

(2) 効率性

公健法は，多数の公害健康被害者を早期に救済することに大いに成果をあげた。しかし，SO_xのみに負担を押しつけた結果，過度のSO_x削減を引き起こした。1970年代末にSO_2の環境基準が達成された以降に行われたSO_x削減のための費用を，他原因対策に向けていたなら，健康被害補償給付費用の抑制，という政策目的をより費用効果的に達成できていた可能性がある。

一方，SO_2環境基準達成までの直接規制と協定を組み合わせたSO_x削減は，環境基準達成という政策目標を所与とした時，自治体が地域的な計画をたて，また，総量規制や協定では，企業側に一定の裁量を与えつつ，行ったものであり，費用対効果の点で大きな問題があったとは思われない。

■ [注]

1) まず，1978年度から83年度について，環境省SO_xを被説明変数（y）とし，定数項と賦課金推計SO_x（x）を説明変数とする回帰計算を行った。結果は次のとおりであった。

$$y = 49838.19136 + 1.005914821x$$

補正R^2は0.998778161であり，係数のp値は，定数項，賦課金推計SO_x，ともに10^{-3}未満であり，当てはまりが良い。それゆえ，この式を1973-77年度にも適用し，これらの年度のSOxの値とした。この時期のSO_x排出量は，公健法賦課金納付義務が課される相対的に大規模な発生源からのそれが全体に占める比率が圧倒的に大きく，各変数の変化もそれら発生源からの変化でほぼ説明されると考えられ，この外挿はその意味でも妥当と考えられる。

2) しかし，2014年2月にパトリス社はサービスの提供を中止した。

（松野　裕・寺尾忠能・伊藤　康・植田和弘）

サプライチェーンを通じた環境規制・自主的環境取り組みの影響[1]
―企業における環境関連研究開発活動に関する実証研究

1　はじめに

　グリーン・イノベーションが，日本経済の成長戦略のキーワードの1つになっている。これを効率的に促進するためには，企業の研究開発活動がどのように行われているのかを明らかにしなければならない。

　企業の研究開発はさまざまな分野にわたるが，グリーン・イノベーションの観点から，環境関連の研究開発（環境R&D）に関心が寄せられている。そしてその契機の1つとして，環境規制の役割が注目されている。特に，ポーター仮説に関する検証がこれまで行われてきた。この仮説によると，環境規制は，企業がそれまで気づかなかった新たなイノベーションに結びつき，結果的に国際競争力を獲得する。例えば，浜本（1998）は，1970年代，1980年代の環境規制の強化が，同時期の日本経済の競争力強化につながっているという実証結果を得ている。一方で，Arimura and Sugino（2007）は，1990年代の日本経済については，同様の結果が成立しないことを示している。国際的にもJaffe and Palmer（1997）以降，環境規制が研究開発や競争力へ与える影響については，その見解が分かれている。

　このようにポーター仮説について異なる実証結果が存在する背景には，既往研究におけるある仮定の影響があると考えられる。その仮定とは，環境規制を受ける主体が研究開発を行うというものである。しかし，実際には，環境規制

を受ける主体と，その環境規制に対応するために研究開発を実施する主体が異なる可能性が考えられる。例えば，自動車メーカーが燃費に関するトップランナー規制を受けたとき，その部品のサプライヤーである鉄鋼業界が，薄型ボディ用の鉄鋼製品の研究開発を行うような場合である。このような場合において，環境規制とイノベーションの関係をより明確に捉えるためには，サプライチェーンに着目し，環境規制を受ける主体とイノベーションを行う主体とを区別する必要がある。しかし，こういった規制対象と環境R&D実施主体の乖離について取り上げた包括的な研究は，これまで行われてきておらず，その実態は明らかになってこなかった。

　また近年，サプライチェーンを通じた環境規制の影響が注目されている（Arimura, Darnall and Katayama, 2011）。サプライチェーンに着目すると，イノベーションに関してもう1つの見方ができる。近年，ステークホルダーが企業の環境取り組み，ひいては，イノベーションに影響を与える可能性が指摘されている。特に，企業がサプライチェーンのどの位置に属するかという点が重要となる可能性がある。例えば，消費者の環境意識の高まりにより，環境に優しい製品を好むようになったのではないかという指摘がある。つまり，消費者向けの最終製品を製造する企業は，消費者から大きな影響を受け，環境R&Dに積極的に取り組む可能性もあるのである。また一方で，中間製品を製造する企業のほうが，顧客企業からの具体的な環境取り組み要求を受け，より積極的に環境R&Dに取り組むかもしれない。

　また，サプライチェーンに関しては，欧州の製品環境規制の1つであるREACH規制にも関心が集まっている。従来の環境規制では，大気汚染の規制のように，製造過程に力点が置かれてきた。しかし，REACH規制は，製造過程ではなく，製品に関する化学物質規制である。温室効果ガス（Green House Gasses: GHG）についても，製造過程からの排出削減より，製品の使用段階での排出削減を重視する考え方もある。こういった点を踏まえると，環境R&Dについても，それが製造過程を対象としたものなのか，製品自体を対象としたものなのかによって，その実態が大きく異なることが予想される。

　本章では，以上の点を踏まえ，環境関連の研究開発の実施状況を明らかにする。まず，環境規制を受ける主体と研究開発を行う主体が異なるかどうかを検

証する。同時に，環境規制がサプライチェーンを通じて，企業の研究開発活動，特に環境R&Dに与える影響を実証的に検討する。

次節では，上場企業による環境R&Dの実施の状況を紹介する。次に，サプライチェーンを通じた環境取り組み要求の影響が，温暖化，化学物質など，どの環境分野で大きいのかを明らかにする。そして，環境取り組み要求と，環境関連の研究開発の関係について定量的に明らかにした上で，最後にまとめとする。

2　環境関連の研究開発と環境規制の実態
　　—上場企業調査より

(1) データ

本章では，2010年10月に，国内上場企業2,676社を対象として行った『温暖化対策を中心とした企業の環境取り組みに関する調査』から得られたデータをもとに，国内上場企業における環境関連R&Dの実施状況について考察する。この調査は，上智大学・環境と貿易センター，早稲田大学，摂南大学が共同で行ったものである。

同調査は，全上場企業を対象に行ったもので，非製造業も分析対象に含んでいる。また，環境に焦点を当てた研究開発活動についても質問しているユニークなデータであり，今回の分析に非常に有用である。

なお，同調査の回答率は21.6％（579社）であった。調査手法や回答企業の概要についての詳細は，Arimura et al.（2012）を参照されたい。

(2) 国内上場企業における環境関連の研究開発予算の有無

はじめに，環境R&Dの実施状況についてみてみる。まず，環境関連の研究開発予算を持っている企業は，36.3％（208社）であった。

次に，製造業・非製造業という観点から見ると，環境R&D予算を持つ企業は製造業で44.2％，非製造業では25.6％であった（図表7-1）。このことから，製造業を中心に環境R&Dが進められている一方で，非製造業でも環境R&Dが実施されていることがわかる。

この環境R&Dの実施割合は，以前に比べるとどのように推移してきたのであろうか。2004年に東京工業大学・日引聡研究室と上智大学・有村俊秀研究室がOECDとの共同で行った調査では，上場している製造業151社中51社（33.8％）が環境関連の研究開発を実施していた。製造業における環境R&Dの実施割合が，10％ポイント近く増加していることになる。これは，より多くの企業が環境R&Dに従事するようになってきたことを示している。

　また，従業員数で見た企業規模別で比較すると，規模が大きくなればなるほど，環境関連の研究開発予算を持つ傾向にあることがわかる（図表7-1）。これは，有村・杉野（2008）が，総務省の「科学技術研究調査」を用いて，資本金の規模別に分析した場合と同様の結果となっている。

　次に，環境R&Dの実施割合が製造業における業種間でどのように異なっているかを見よう（図表7-2）。情報通信機械器具や業務用機械器具製造業では，70％以上の企業が実施している。一方で，木材・木製品では20％未満となっており，業種間のばらつきが大きいことがわかる。

　さらに，製造業に該当するサンプルだけを取り出し，各企業の主要製品のタイプと環境関連の研究開発予算の有無との関係を見る。調査では，主要製品のタイプが一般消費者向け最終製品，企業・官公庁向け最終製品，中間製品のうちどれに当てはまるかを尋ねている。そこから得られた各企業の主要製品のタ

■図表7-1　環境関連研究開発予算を持つ企業の割合（製造業・非製造業・従業員数・規模別）

製造業（n=332）	44.2%
非製造業（n=242）	25.6%
～49（n=23）	8.7%
～299（n=79）	15.2%
～999（n=198）	23.2%
～4999（n=214）	45.8%
5000～（n=65）	76.9%

第7章 サプライチェーンを通じた環境規制・自主的環境取り組みの影響

■図表7-2 環境関連研究開発予算を持つ割合（製造業種別）

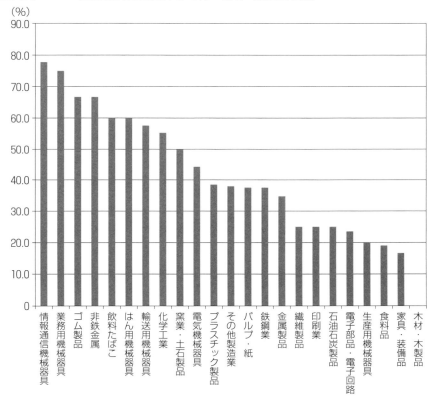

■図表7-3 環境関連研究開発予算を持つ企業の割合（主要製品のタイプ別）

一般消費者向け最終製品 (n=74)	45.9%
企業・官公庁向け最終製品 (n=83)	47.0%
中間製品 (n=156)	40.4%

イプと，先述した環境関連の研究開発予算の有無との関係を示したものが図表7-3である。一般消費者向け，企業・官公庁向け最終製品を製造している企業の環境R&D実施割合は，それぞれ45.9%，47.0%であるのに対し，中間製品

製造企業では実施割合は40.4％となっている。したがって、若干、最終製品を製造している企業において環境R&Dの実施割合が高いことが示唆されている。

(3) 国内上場企業における環境関連の研究開発予算の対象

それでは、環境R&Dの内容はどうなっているのであろうか。同調査では、2つの視点で環境R&Dを分類している。1つは、研究開発が「製造過程」に関わるものか、「製品自体」に関わるものかという点である。例えば鉄鋼メーカーが高炉の効率性をあげようとするのは、製造過程に関する研究開発である。そして、電機メーカーが省エネ型のエアコンを開発しようとするのは、製品に関する研究開発である。先述したように、従来の環境規制が製造過程に焦点を当てることが多かったのに対し、最近では製品に関する規制が増える傾向にあるため、研究開発の対象が「製造過程」か、「製品自体」にかかわるものかは重要な視点である。

もう1つの視点は、どのような環境分野が研究開発の対象となっているかということである。同調査では、環境分野として、「化学物質」・「廃棄物」・「GHG」・「その他」の4つを挙げている。化学物質を取り上げるのは、欧州でREACH規制に代表される、製品に含有される化学物質に対する規制が強化されつつあるからである。廃棄物は、1960年代に高度経済成長を迎えて以来、日本において最も重要な環境問題であった。さらに、温暖化が、現在、国内的にも国際的にも重要な環境問題となっていることはいうまでもない。

この2つの視点から、日本の上場企業における環境R&Dの現状を、製造業に関して示したものが図表7-4である。環境R&Dを実施している企業のうち、製造過程に関するGHG関連の研究開発を実施しているのは、51.1％である。これに対し、製品自体にかかわるGHG関連の研究開発を実施している企業は67.9％になる。比較すると、製品にかかわる研究開発の実施企業のほうが多いことが明らかになった。また、化学物質・廃棄物・その他においても、製品にかかわる研究開発に対して予算を割り当てていると回答した企業のほうが多い結果となる。日本企業において製品自体に含まれる環境負荷の削減に関心が集まっていることがわかる。国内排出量取引制度にまつわる議論のように、これまで環境政策立案の際には、製造過程に焦点を当てた排出規制が議論されてき

たが，企業は，製品の製造過程より，製品の使用段階での排出削減に関心を移していることがわかる。

次に，環境分野別に結果を見よう。まず，製造過程に関する研究開発に焦点を当てると，環境R&Dを実施している企業のうち，GHG関連の研究開発予算を持っているのは，51.1％であるのに対して，化学物質，廃棄物ではその割合は41.6％，34.3％となっている。日本企業においてGHG排出削減が最重要課題になっていることが示唆されている。製品に関する研究開発においても，同様の傾向が示されているが，化学物質関連の研究開発予算を持つ企業の割合が56.2％と比較的高くなっている。この点は，REACH規制をはじめとする欧州の製品に関する化学物質規制の影響であると考えられる。また，廃棄物について研究開発予算を持つと回答している企業の割合が相対的に小さいのは，廃棄物処理法などといった，罰則を持つ法的な枠組みが制定されているからである。つまり，すでにこれに対する取り組みが行われ，研究開発はある程度終了している可能性を示していると考えられる。

さらに，製造業において，各企業の主要な顧客の種類と環境関連の研究開発予算の割当先との関係について見てみる（図表7-5）。はじめにGHGについて見てみよう。環境関連の研究開発予算を持ち，一般消費者向け最終製品を

■図表7-4　環境関連の研究開発予算の割り当て先

	研究開発の対象			
	温室効果ガス	化学物質	廃棄物	その他
製造過程にかかわる研究開発	51.1%	41.6%	34.3%	8.0%
製品にかかわる研究開発	67.9%	56.2%	40.9%	13.1%

■図表7-5　GHG関連の研究開発予算の種類：製造業（主要な製品・サービス別）

	製造過程にかかわる研究開発	製品にかかわる研究開発
一般消費者向け最終製品　(n=34)	61.8%	73.5%
企業・官公庁向け最終製品　(n=39)	25.6%	71.8%
中間製品　(n=63)	61.9%	63.5%

（注）各項目の母集団の値は，環境関連の研究開発予算を持つと回答した企業数である。

■図表7-6　化学物質関連の研究開発予算の種類（主要な製品・サービス別）

	製造過程にかかわる研究開発	製品にかかわる研究開発
一般消費者向け最終製品　(n=34)	47.1%	58.8%
企業・官公庁向け最終製品　(n=39)	23.1%	35.9%
中間製品　(n=63)	50.8%	68.3%

（注）各項目の母集団の値は，環境関連の研究開発予算を持つと回答した企業数である。

■図表7-7　廃棄物関連の研究開発予算の種類（主要な製品・サービス別）

	製造過程にかかわる研究開発	製品にかかわる研究開発
一般消費者向け最終製品　(n=34)	41.2%	58.8%
企業・官公庁向け最終製品　(n=39)	17.9%	17.9%
中間製品　(n=63)	41.3%	46.0%

（注）各項目の母集団の値は，環境関連の研究開発予算を持つと回答した企業数である。

作っている企業のうち，73.5％が製品にかかわる研究開発を実施していることがわかる。中間製品に関しては，実施割合が63.5％と，若干低めになっている。

一方，製造過程にかかわるGHG関連の研究開発は，消費者向け最終製品（61.8％）と中間製品（61.9％）に比べ，企業官公庁向け最終製品で25.6％と極端に低くなっている。

化学物質についても状況を見てみよう（図表7-6）。製造過程に関する研究開発予算を持つ企業の割合は，企業・官公庁向け最終製品で23.1％と極端に低くなっている。製品にかかわる研究開発についても，企業・官公庁向け最終製品で35.9％と低くなっている。廃棄物に関しても，化学物質と同様の傾向があり，企業・官公庁向け最終製品をつくる企業で，環境関連研究開発の実施割合が低くなっている（図表7-7）。

3　サプライチェーンを通じた環境取り組み要求

単一企業，事業所内における財やサービスの生産から直接的に生じる環境負

第7章　サプライチェーンを通じた環境規制・自主的環境取り組みの影響

荷を低減させるような取り組みが一般的になった。その後，グリーン・サプライチェーン・マネジメント（GSCM）と呼ばれるサプライチェーン全体における環境負荷マネジメントに，大きな関心が集まるようになった（Arimura et al., 2011，井口他，2012）。これは，原材料の調達や物流などが間接的に与える環境負荷についても，企業が把握・管理する必要性が生じてきたことによるものである。2000年代半ばに欧州で相次いで施行されたREACH規制やRoHS指令に代表される製品環境規制は，この考え方を化学物質に対して適用したものである。また，スコープ3におけるGHG排出算定基準の作成が進行していることに見られるように，サプライチェーンにおける環境負荷を把握・管理するという考え方は，GHGにまで及んできている。本節では，サプライチェーンからの環境取り組み要求と，前節で捉えた環境関連の研究開発予算の有無との関連について取り上げる。

(1)　サプライチェーンにおける環境取り組み要求の現状―上場企業サーベイより

前節で紹介した企業調査では，過去5年間に，ISO14001の取得やカーボン・フットプリントの計算などといった，法的に規制されていないような環境に関する取り組みを，国内・国外の顧客から要求された経験があるかという点についても質問している。

同調査では，顧客から受ける環境取り組み要求を3種類に分類している。第1は，事業活動における環境への取り組みである。例えば，製造工程での二酸化炭素を削減するような依頼や，使用する化学物質の制限などがこれに当たる。ISO14001の認証取得要求などもこれに当たる。第2は，製品・サービスに関する環境負荷の開示要求である。つまり，製品中に含まれる化学物質の量の情報を伝えることや，製品製造に伴って発生したGHG排出量の情報開示を要求するような場合である。カーボン・フットプリントはこれに当たる。第3は，製品・サービスに関わる環境負荷が低いことを要求する場合である。製品に含有される化学物質の濃度を一定以下に下げるように要求を受ける場合や，特定の化学物質の使用が禁止される場合がこれに当たる。

この調査データに依拠しながら，国内外の顧客からの環境取り組み要求についての実態を見てみよう（図表7-8）。国内からも国外からも，全く環境取り

■図表7-8　顧客からの環境取り組み要求

	国内			国外		
	化学物質	温室効果ガス	廃棄物	化学物質	温室効果ガス	廃棄物
事業活動における環境への取り組み	62.3% (203)	55.8% (182)	44.5% (145)	68.9% (111)	43.5% (70)	29.2% (47)
製品・サービスにかかわる環境負荷の開示	55.5% (181)	41.7% (136)	21.5% (70)	67.7% (109)	34.2% (55)	19.9% (32)
製品・サービスにかかわる環境負荷が低いこと	40.2% (131)	31.9% (104)	20.6% (67)	48.4% (78)	25.5% (41)	18.6% (30)

組みを要求されたことはないと回答した企業は40.8%（236社）である。逆に言えば，半数以上の企業は何らかの法規制以上の自主的な取り組みを要求された経験を持っていた。この結果は，国内上場企業において環境を意識した取引が一般的になっていることを示している。

　国内の顧客から要求を受けた経験があると回答した企業（326社）のうち，化学物質について，どのような要求を受けているのか見てみよう。事業活動において，国内企業から化学物質に関する取り組みを求められた企業は62.3%にもなっている。そして，製品・サービスにかかわる化学物質の情報開示を求められた企業は55.5%，製品・サービスにかかわる環境負荷が低いことを要求された企業は40.2%になっている。

　GHGについての状況もみてみよう。事業活動における取り組みを求められた企業は55.8%と半数以上になっているが，化学物質に比べると，その割合は若干低くなっている。製品・サービスにかかわるGHG排出量の情報開示を求められた企業は41.7%となっており，この点でも化学物質に関する割合より低い値になっている。さらに進んで環境負荷が低いことをもめられているのは31.9%と，他の2つの項目に比べて小さくなっている。

　廃棄物について見ると，GHG，化学物質に比べてさらに低くなっている。このことから，廃棄物質については，他の2つの環境分野に比べ，すでに取り組みが進展しており，改めて要求をする企業が比較的少ないことがうかがえる。なお，事業活動における取り組み，製品・サービスの環境負荷開示，環境負荷の低さの要求についての傾向は，他の環境分野と同様である。

第 7 章　サプライチェーンを通じた環境規制・自主的環境取り組みの影響

　次に，国外の顧客からの要求についてみよう。要求を受けたと回答している企業数が，すべての項目において，国内の顧客から要求を受けたと回答している企業数よりも少なくなっていることがわかる。国外の顧客から要求を受けたことがあると回答した企業（161社）をみると，基本的に，化学物質で要求を受けることが多く，順にGHG，廃棄物となっている。この点は，国内企業の取引と同様である。ただし，化学物質については，情報開示の要求を受けた企業の割合（67.7％）や環境負荷の低さを求められた企業の割合（48.4％）が，温室効果ガス，廃棄物に比べ大きな値を示している。この点は，先述した欧州の化学物質規制の影響を示すものと考えられる。

(2)　業種別の環境取り組み要求の状況
　これまで見てきた顧客からの環境取り組み要求は，業種ごとにどのように異なるのだろうか。国内外の顧客から環境取り組み要求を受けた経験を持つ企業の割合を，製造業内の業種別に表したものが，図表7-9と図表7-10である。まず，GHGに関して，国内企業からの要求を受けた経験を見ると，非鉄金属で70％を超えているのに続き，電子部品・電子回路，情報通信機械器具，輸送用機器などで60％を超えている。この点からは，自動車関連業界等で温暖化への取り組みが進んでいることがうかがえる。
　化学物質に関して見ると，国内企業から何らかの環境取り組み要求を受けた経験があると回答した企業の割合が80％を超えている業種は，木材・木製品，情報通信機械器具，ゴム製品，電子部品・電子回路，電気機械器具・生産用機械器具となっている。木材・木製品業種が高い値を示している背景には，木製品を製造する際に使用する，防腐剤や接着剤などといった化学物質に関する顧客からの要求があることが考えられる。
　廃棄物に関しては，食料品，飲料・たばこ，石油・石炭製品などといった業種において，環境取り組み要求を受けた企業の割合が，他の業種と比べて大きな値を示している。
　次に，国外企業からの環境取り組み要求を，業種ごとに見てみよう（図表7-10）。上記の国内顧客と比べ，国外顧客から環境取り組み要求を受けている企業が少ない。そのため，単純に比較することはできないが，ここでも，電子部

■図表7-9 国内顧客からの環境取り組み要求（業種別）

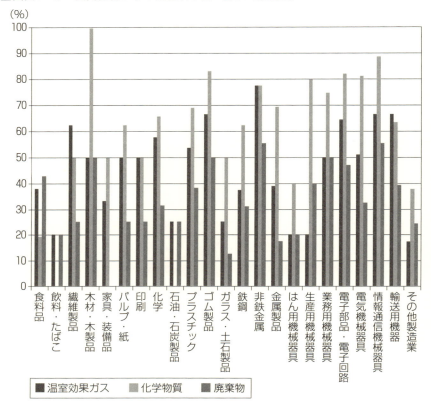

品・電子回路，ゴム製品，情報通信機械器具，電気機械器具，プラスチックなどの業種で，化学物質に関連した要求を受けた企業の割合が高くなっている。

上記のような顧客から環境取り組み要求を受ける背景としては，要求を行う顧客企業自体が環境規制の対象となっている場合が考えられる。例えば，自動車メーカーがGHG排出削減の規制を受け，その規制を遵守するために，部品のサプライヤーである鉄鋼業界が薄型ボディ用の鉄鋼製品の研究開発を行うよう要求する場合である。

この環境規制と環境取り組み要求との関係を捉えるために，本調査でサーベイ対象企業に対して行った「取引先に対して環境取り組み要求を行ったことが

■図表7-10　国外顧客からの環境取り組み要求（業種別）

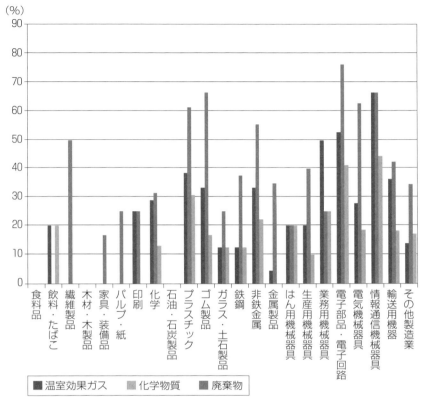

あるか」という質問に対する回答結果と，各回答企業の業種との関係を見る。この関係を表したものが図表7-11と図表7-12である。業種ごとに国内の取引先に対して環境取り組み要求を行った経験の有無について見てみると，化学物質について要求を行ったことがある企業の割合が多い業種は，情報通信機械器具，電子部品・電子回路，ゴム製品，電気機械器具などである（図表7-11）。ゴム製品については，製造工程において，化審法の対象となるさまざまな指定化学物質を使用することもあり，高い割合を示していると考えられる。また，情報通信機械器具，電子部品・電子回路，電気機械器具などの業種については，前述の製品環境規制の影響があると考えられる。

■図表7-11 国内の取引先に対する環境取り組み要求（業種別）

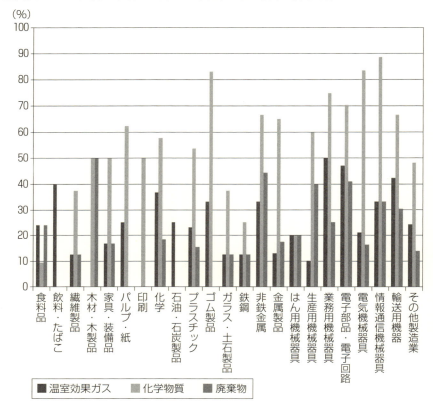

GHGに関して国内の取引先に対して環境取り組み要求を行っている企業の割合は，多くの業種において，化学物質よりも小さな値を示している。その中でも50％近くの企業が，GHGに関して要求を行っているのは，業務用機械器具，電子部品電子回路であった。

国外の取引先に対する環境取り組み要求の経験の有無についても，ほとんどの業種において化学物質に関連する要求を行った企業が最も多い。その点においても，上記の国内取引先への要求と同様の傾向を見てとることができる（図表7-12）。また，GHGについて要求を行ったことがあると回答した企業の割合が大きい業種は，情報通信機械器具，業務用機械器具，電子部品電子回路と

■図表7-12　国外の取引先に対する環境取り組み要求（業種別）

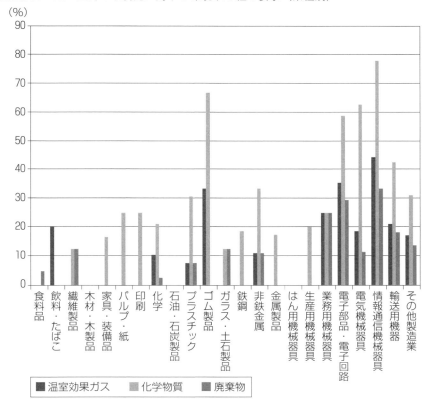

なっており，同様の傾向を示している。

4　サプライチェーンと環境関連の研究開発

(1)　サプライチェーンと環境関連の研究開発

　前節では，環境規制の対象業種と考えられる業種の企業が，取引先（サプライヤー）に対して環境取り組み要求を行う傾向にあることがわかった。それでは，このような環境取り組み要求が，要求の対象となった企業の環境関連の研究開発を促しているのかという点について見てみよう。

ここでは、再び、サーベイの対象企業とその顧客（販売先）との関係に視点を戻し、製造業に属し、主に中間製品を製造していると回答したサンプルについて考えてみる。国内の環境取り組み要求を受けた経験の有無と環境関連の研究開発予算の有無との関係について取り上げる。図表7-13は、化学物質・GHG・廃棄物のそれぞれについて、この2つのデータをクロス集計したものである。

この図表からもわかるように、サプライチェーンの川下にいる顧客から、何らかの環境取り組み要求を受けた経験を持つ企業は、自社内での環境関連の研究開発予算を持つ傾向が認められる。例えば、化学物質に関する環境取り組み要求を国内顧客から受けた経験を持つ企業の57.4%が、化学物質に関連する製造過程に関わる研究開発に対して予算を割り当てていると回答した。これに対して、要求を受けていない企業では、同じ研究開発の予算を持つ企業の割合は11.1%である。つまり、顧客からの環境取り組み要求が環境R&Dを誘発してい

■図表7-13　国内顧客からの環境取り組みの要求と環境関連の研究開発予算の有無

	国内顧客からの環境取り組みの要求	製造過程にかかわる研究開発	製品にかかわる研究開発
化学物質	はい（54社）	57.4% ***	74.0% **
	いいえ（9社）	11.1%	33.3%
温室効果ガス	はい（46社）	69.6% **	76.1% ***
	いいえ（17社）	41.2%	29.4%
廃棄物	はい（18社）	56.3% **	50.0%
	いいえ（8社）	25.8%	41.9%

（注）* $p<0.1$ ** $p<0.05$ *** $p<0.01$。

る可能性がうかがえる。

　化学物質関連の製品にかかわる研究開発についても見てみよう。環境取り組み要求を受けた場合に，環境関連の研究開発予算を割り当てていると回答した企業は74.0%であったのに対し，要求を受けていない場合は33.3%となっている。この場合も，環境取り組み要求を受けた企業のほうが，環境関連の研究開発予算を持つ割合が40%以上高くなっている。

　以上により，環境取り組み要求の差が，化学物質関連のR&Dの実施に大きな影響を与えている可能性がうかがえる。GHGについても同様の傾向が見られる。この結果は，明確な因果関係を示すものではないが，環境取り組み要求が，その対象となる企業の研究開発を促す可能性を示している。さらに前述した，環境規制の対象業種と考えられる業種において，多くの企業が環境取り組み要求を取引先に対して行っているという点と合わせると，環境規制が，規制対象の企業を越えて，そのサプライチェーンに属する企業にまで波及する可能

■図表7-14　国外顧客からの環境取り組みの要求と環境関連の研究開発予算の有無

	国内顧客からの環境取り組みの要求	製造過程にかかわる研究開発	製品にかかわる研究開発
化学物質	はい（39社）	59.0%　*	76.9%　*
	いいえ（24社）	37.5%	54.2%
温室効果ガス	はい（23社）	73.4%	82.6%　**
	いいえ（40社）	55.0%	52.5%
廃棄物	はい（16社）	50.0%	56.3%
	いいえ（47社）	38.3%	42.6%

（注）* $p<0.1$ ** $p<0.05$ *** $p<0.01$。

性があると考えることができる。

　海外顧客からの環境取り組み要求との関係を表した図表7-14においても，国内企業からの要求の場合と同様の傾向を見てとることができる。例えば，化学物質に関する要求を受けた場合に，製品にかかわる環境R&Dを実施する割合は76.9%であるのに対し，要求を受けた経験がない場合は54.2%しか環境関連の研究開発予算を持っておらず，その間には20%以上の差がある。GHGについても，海外企業からの環境取り組み要求の有無によって，研究開発予算を持つ企業の割合に有意な差があることがわかる。

5　まとめ

　2010年に，国内の上場企業を対象として行った調査から，多くの日本企業が環境R&Dに従事していることが明らかになった。特に，温暖化に関する取り組みが盛んであること，次いで化学物質関連の研究開発も盛んであることが示された。これに対して，廃棄物削減への研究開発は2010年時点では，低い傾向にある。また，2004年の調査と比較すると，環境R&D実施企業の割合が6年間で10%近く上昇したことが明らかになった。環境R&Dの社会的な重要性が高まっていることがうかがえる。

　さらに，企業が製造過程よりも，製品に関する研究開発に力を入れていることも明らかになった。これは環境規制が製造過程から製品規制に移行しつつあることの表れであると考えられる。これまで環境経済学・経営学は，製造過程の規制を分析することが多かったように思う。今後，製品規制の理論分析，実証分析が求められていくだろう。

　また，サプライチェーンを通じた環境取り組み要求を受けている企業においては，要求する企業が，国内企業か国外企業かにかかわらず，環境関連の研究開発予算を持つ傾向が高いことが示唆された。つまり，環境規制を受けている主体と，環境R&D実施主体が乖離していることを実証的に示す結果となっている。

　以上の結果は，グリーン・イノベーションの促進において，サプライチェーンが重要な役割を果たすことを示している。ポーター仮説の検証においても，

サプライチェーンの視点を取り入れた分析が求められているといえるだろう。

　本章ではイノベーションの源泉である研究開発に焦点を当てた。しかし，研究開発はイノベーションのインプットである。今後は，環境R&Dがもたらしたアウトプットである特許，あるいは生産性上昇などについての研究が必要であろう。

　[本章は，財団法人清明会および早稲田大学2012年度特定課題研究助成費の助成を受けている。]

■ [注]────────
1) 本章の作成にあたり，早稲田大学・片山東氏，杉野誠氏，環境経済・政策学会2012年大会の参加者より貴重なコメントをいただいた。ここに謝意を表する。

　　　　　　　　　　　　　　　　　　　　　　（井口　衡・有村俊秀）

第8章

中小企業の環境問題に関する研究開発活動

1 はじめに

　中小企業は各企業の規模は小さいながらも，全体としては経済活動において大きな位置を占めている。近年，環境問題への懸念がますます高まるなか，もはや大企業だけの取り組みではうまくいかない場面が多々生じており，中小企業が環境問題に取り組む重要性が，以前よりも高まっている。そのようななかで，中小企業においても研究開発活動によって，より環境負荷の少ない製品や生産方法の実現に貢献していくことが求められている。研究開発活動は大企業が中心だと考えられがちだが，中小企業の中にも高い技術力を持つ企業は多数存在しており[1]，そのような企業の研究開発活動が，重要なイノベーションにつながる可能性は十分にある。また，中小企業の生産した部品が大企業の製品の一部として使用されるケースを考えると，そのイノベーションは大企業の生産にも影響を与える。したがってそのような企業が実力を十分発揮できるような仕組みを整えていく必要がある。そのためにはまず現状を把握することが重要である。中小企業は環境問題に関連してどのように研究開発活動を実施しているのであろうか。後述するように，中小企業は大企業と比べて研究開発活動を実施しない傾向があると言われているが，研究開発活動の妨げとなっているのはどのような要因なのであろうか。

　中小企業は大企業と比べ，データの制約が大きいため，十分な研究が行われ

てきたとは言い難い。特に，環境問題に関する研究開発活動の取り組みを扱った文献は少ない。そこで本章は，中小企業の環境問題に関する研究開発活動の現状および制約要因について考察を行うことを目的とする。

本章の構成は以下のとおりである。第2節では，中小企業の特徴について述べる。第3節では，中小企業と環境問題の関係について述べ，続く第4節では中小企業の研究開発活動における傾向について述べる。第5節では，筆者が実施したアンケート調査を紹介する。第6節はまとめである。

2　中小企業の位置づけ

日本においては，中小企業基本法において，資本金および常時雇用する従業員数に基づき，中小企業が定義されている[2]。中小企業基本法によると，製造業においては，従業員規模が300人以下であるか，あるいは資本金規模が3億円以下であれば，中小企業であるとされる（卸売業であれば従業員100人以下または資本金1億円以下，サービス業であれば従業員数100人以下または資本金5,000万円以下，小売業では従業員数50人以下または資本金5,000万円以下）。

以上のように定義される中小企業の経済における位置づけは，中小企業庁（2016）によると以下のとおりである。企業数に関しては，2014年度には，非1次産業において中小企業は99.7％を占め，大企業は0.3％を占めているにすぎない。また従業者数では中小企業は非1次産業の70.1％を占め（2014年），製造業付加価値額では54％（2013年，ただし従業者規模4〜299人）を占めており，各企業の規模は小さくとも，全体としてみると中小企業が経済活動において果たしている役割は大きい。

また，中小企業といっても，さまざまな形態が存在する[3]。第1の形態は，大企業に対して部品を供給したり，一部の工程を担当して加工を行ったりするタイプである。また，部品の供給にしても，さらにその一部を別の中小企業が担っているケースが多く，何段階にもわたる階層でさまざまな中小企業がかかわっている。こうしたケースの多くは，発注する大企業が何をどう生産するかを指示し，中小企業はそのとおりに生産を行う。経済産業省（2000）によると，

中小企業の47.9％が下請け企業であり，多くの場合において，発注者の指示通りに部品を作成したり，あるいは加工を行ったりしている[4]。このようなケースでは，取引先の提示した図面通りに生産を行うために，製品に関して独自に改良等の研究開発活動を行う余地が小さい可能性がある。その一方でこの種の中小企業の一部には，高度な技術を持っているがゆえに，大企業から発注が来るケースがある。独自の部品を生産できるがゆえに，受注を増やせるケースでは，研究開発活動を行い，より魅力的な部品を生産できることが売り上げにつながる可能性がある。

　第2の形態は第1のタイプとは逆で，大企業が素材を生産し，それを仕入れた中小企業が，より消費者に近い立場で製品を作るというタイプである。これには例えば衣類等が該当する。消費者の幅広い多様な好みに柔軟に対応するための研究開発活動が行われる可能性がある。

　第3の形態は，大企業と先の2つのタイプのような関わり方をするのではなく，規模にかかわらず多様な企業から必要なものを仕入れ，自社製品を独自に販売する企業である。ベンチャー企業も多くはこの分野に属しており，研究開発活動が盛んであると考えられる。このように，中小企業といっても多様であり，実際にはさらにいくつもの分類が可能である。

3　中小企業と環境問題

　中小企業は環境問題においてどのように位置づけられるのであろうか。中小企業庁（2010）では，日本の二酸化炭素排出量に占める中小企業の割合を試算している。これによると，日本の総エネルギー起源二酸化炭素排出量の12.6％が中小企業によるものであり，その内訳は産業部門が4.4％，業務部門が8.2％である。規模で見ると大企業のほうが排出量のシェアは大きいが，日本がさらなる排出量削減を迫られていること，および中小企業の製品・サービスが他部門の排出量削減に貢献する場合もあることから，中小企業においても取り組みが求められている[5]。

　また，廃棄物削減においては，一企業の枠を越えて，ある製品の生産工程全体を見直すことで，廃棄物削減の余地が見出せるケースが指摘されている。こ

の余地を見出すために近年研究が進められているのが、マテリアルフローコスト会計という手法である。仕入れた原材料のうち、どれだけが実際に製品の製造に使用され、どれだけが廃棄物として処分されたのかを調べ、さらに廃棄物として処分されている原材料が金額に換算するといくらになるのかを算定する。これにより、今まで把握できていなかった原材料のロスを削減し、また金銭的な損失も削減していくことを目指すのである。この方法を、複数の企業で導入することの効果が近年指摘されている。一企業の枠内で見ている限りにおいては、もはや廃棄物を削減する余地のない生産システムだと考えられていたものが、仕入れ先企業も含めて考えてみると、まだ廃棄物削減の可能性が残っているケースがある。つまり仕入れ先企業の協力により仕入れる原材料の量や形態を変更することで廃棄物を減らすことができる場合があるのである（マテリアルフローコスト会計とそのサプライチェーンへの拡張については中嶌（2006）を参照）。

　大企業の多くは、中小企業から部品を仕入れたり、加工を依頼したりしているため、サプライチェーン全体を考えて廃棄物の削減を進めていくためには中小企業の協力が不可欠である。

　また、近年多くの企業がISO14001認証を取得している。ISO14001の「8.1 運用の計画及び管理」では、「b）必要に応じて、製品及びサービスの調達に関する環境上の要求事項を決定する。c）請負者を含む外部提供者に対して、関連する環境上の要求事項を伝達する」とされており、外部提供者とは附属書Aにおいて「製品又はサービスを提供する外部供給者の組織（請負者を含む）」とされている（日本規格協会、2016）。このため、ISO14001認証を取得する企業が増加するということは、それだけその取引先にあたる企業が環境対応を迫られる可能性が高まることを意味しており、たとえ自らがISO14001認証を取得していない場合であっても影響を受ける可能性があることを意味している。

　環境省が実施している「環境にやさしい企業行動調査」からも、自社のみならず取引先にも環境対応を求める企業の動向を読み取ることができる。平成22年度における取組に関する調査結果をまとめた環境省（2012）によると、「貴組織では、子会社（出資比率50％超）に対して自社の環境方針と合致するような環境配慮の取組に関する指導又は要請をしていますか（p.53）」という質問

に対して，サンプルとなった上場企業の52.4％が，そして非上場企業の26.5％が「実施している」と回答している。また，「貴組織では，取引先（請負業者，納入業者等）の選定に当たり，どのような環境に関する選定基準を設けていますか（p.58）」と尋ねたところ，上場企業・非上場企業ともに，「環境に関する選定基準は設けていないが考慮はしている」という回答が約40％と最も多かったものの，選定基準として「環境マネジメントシステムとまでは言えないが，選定に際して環境配慮に関する何らかの条件を設けている」「ISO14001の認証取得を条件とした環境に関する選定基準を設けている」が上場企業においてはそれぞれ22.1％と13.6％，非上場企業においてはそれぞれ11.2％と8.0％であった。さらに，サプライチェーンマネジメントに関しては，「サプライチェーンマネジメントにおける環境配慮についてどのように思われますか（p.63）」という質問に対し，「ISO14001を取引先等に推奨している」という回答が，上場企業では17.8％，非上場企業では9.7％存在している。また，グリーン購入に関しては，より積極的であり，「環境に関する購入ガイドライン又は購入リスト等を作成し，選定している」企業が，上場企業では37.7％，非上場企業では20.5％存在している。これらの結果から，取引先にも環境対応を求めようと努めている企業の存在を読み取ることができる。

　この点について在間（2005）は，大企業が取引先の中小企業に与える環境配慮に関する圧力について，中小企業を対象とした調査を行っている。その結果，環境配慮を求める何らかの要求を受けている中小企業は約4割に達しており，なかでも相対的に下請け比率が高く，規模が大きいほど要求を受ける傾向があり，こうした圧力により中小企業の環境活動が促進されていることを明らかにしている。また，在間（2005）はこうした圧力が生じる背景として，ISO14001規格やEUにおける環境政策の強化について言及している。例えばEUのRoHS指令により，2006年以降は，鉛・水銀・カドミウム・六価クロム・ポリ臭化ビフェニル・ポリ臭化ジフェニルエーテルを基準値以上含む電気・電子機器のEU加盟国内での販売が不可となり，日本の企業も対応を迫られた。たとえ，自社が直接EUに輸出をするわけではない部品メーカーであっても，その部品が最終的にはEUに輸出される製品の一部として使われるのならば，こうしたグローバルな環境政策に対応する必要がある。

4　中小企業の研究開発活動

(1) 中小企業の研究開発活動の動向

　研究開発活動は，必ずしもすべての企業によって行われているわけではない。ここでは，まず環境分野に限定せず，研究開発活動全般の動向について述べる。総務省『科学技術研究調査』によると，研究開発活動の実施の有無は企業規模によってかなり異なる。なお，『科学技術研究調査』における「研究を行っている企業」とは「内部（社内）で研究費を使用し，又は外部（社外）に研究費を支出した企業」とされている（科学技術研究調査用語の解説より）。図表8-1は，製造業における従業者数と研究開発活動の実施割合の推移を示したものである。これによると，従業者数が1～299人の規模の場合，研究開発活動を実施している企業は全体のほぼ10％前後であるが，従業者数が300～999人の場

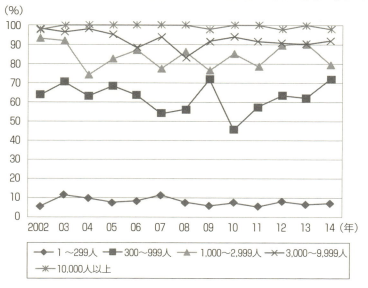

■図表8-1　従業者数別に見た研究開発活動実施企業の割合の推移（製造業）

（出所）総務省統計局『科学技術研究調査』（http://www.stat.go.jp/data/kagaku/kekka/index.htm）平成15年版～27年版をもとに筆者作成。

■図表8-2　資本金規模別に見た研究開発活動実施企業の割合の推移（製造業）

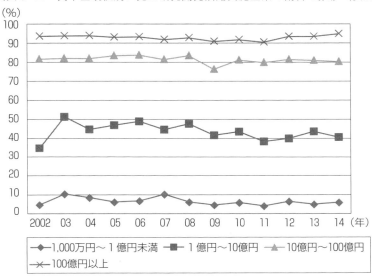

（出所）総務省統計局『科学技術研究調査』（http://www.stat.go.jp/data/kagaku/kekka/index.htm）平成15年版〜27年版をもとに筆者作成。

合は，50〜70％程度が研究開発活動を行っており，従業者数が多くなるにつれて割合は大きくなる。図表8-2は，規模を資本金で捉えたものである。いずれの図表で見ても，小規模なほど，研究開発活動の実施率は小さい。とはいえ，業種別に見るとかなりの差がある。図表8-3は，2014年度における，中小企業の業種別研究開発活動実施割合をまとめたものである。医薬品製造業および化学工業に関しては，研究開発活動実施割合は40％近くにも達している一方で，印刷・同関連業や繊維工業に関しては，割合が小さい。

　企業規模と研究開発活動の関係については，シュンペーター仮説に関する論争がある。シュンペーター仮説とは大企業や市場集中度が高い場合のほうが，イノベーションに有利であるという趣旨の仮説である。その理由として，研究開発活動のための資金・人材が豊富である点や，研究成果をどの分野に応用できるかが事前に特定できない場合には，規模が大きく多角化を行っている企業のほうが，研究成果を使用する機会が豊富である点が挙げられる。一方で中小

■図表8-3　中小企業における2014年度の業種別研究開発活動実施割合（製造業）

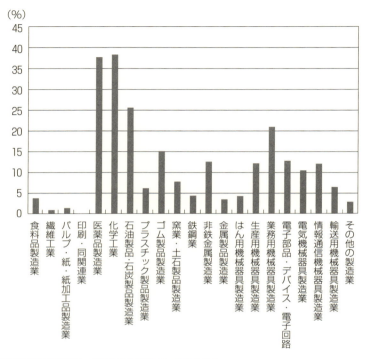

（注）ここでは従業者数が1〜299人の企業についてまとめた。
（出所）総務省統計局『科学技術研究調査』（http://www.stat.go.jp/data/kagaku/kekka/index.htm）平成27年版をもとに筆者作成。

企業は，規模の小ささゆえに柔軟な対応がしやすく，また競争が激しい場合のほうが研究開発活動を積極的に行うのではないかという考え方もある（シュンペーター仮説に関するレビューはCohen（2010）を参照）。

　中小企業の研究開発活動には，必ずしも研究開発部門の設置や，研究開発支出を伴わない「インフォーマル」なものが含まれる。この点については，Kleinknecht（1987）およびKleinknecht and Reijnen（1991）において指摘されており，必ずしも各国の統計で十分にとらえきれていない可能性があるとされている。また日本に関しては，中小企業庁（2009）において，「中小企業にとってのイノベーションは，研究開発活動だけでなく，アイディアのひらめき

第8章 中小企業の環境問題に関する研究開発活動

■図表8-4 資本金1億円以上の企業における2014年度の環境分野研究費（製造業）

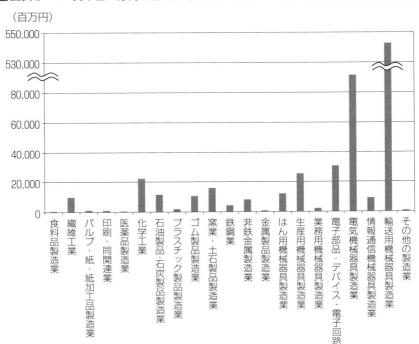

（出所）総務省統計局『科学技術研究調査』（http://www.stat.go.jp/data/kagaku/kekka/index.htm）平成27年版をもとに筆者作成。

をきっかけとした新たな製品・サービスの開発、創意工夫など、自らの事業の進歩を実現することを広く包含するものである（p.43）」とされている。中小企業の研究開発活動について考察するにあたってはこの点を念頭においておく必要がある。

ここまではテーマを限定せずに研究開発活動の全体について見てきたが、特に環境分野における研究開発活動はどれほど実施されているのであろうか。図表8-4は、2014年度における、資本金1億円以上の製造業に属する企業における環境分野の研究費を業種別に見たものである。製造業全体では8,000億円程度の研究費が支出されている。また、業種別に見ると輸送用機械器具製造業が最大で5,000億円程度を支出している。

187

さらに有村・杉野（2008）は，『科学技術研究調査』の企業レベルの個票データを用いて環境問題に関する研究開発活動の推移を企業規模別に調べている。これによると，資本金規模の大きい企業ほど，環境問題に関する研究開発活動を行っており，規模が小さくなるにつれて割合が低くなっている。

(2) 研究開発活動に影響する要因

　中小企業の研究開発活動はどのような要因に影響されているのであろうか。大企業と比べ資金や人材の確保において制約が大きいと考えられるが，こうした点を踏まえて，中小企業の研究開発活動に影響する要因を調べている研究には以下のものがある。

　岡室（2004）は資金調達について，未上場の中小企業における資金調達の主要な方法は，経営者およびその関係者の自己資金を含む内部資金と銀行借り入れであるが，研究開発活動は成功するかどうかが不確実であるため，銀行の融資は厳しい条件になりがちであり，中小企業の研究開発活動は内部資金に依存するとしている。こうした点を踏まえ，岡室（2004）は，2002〜03年度における日本の製造業に属する中小企業9,888社を対象に，研究開発活動の有無に影響する要因について分析を行った結果，中小企業においては研究開発活動に対する資金制約が強いことや，株主・出資者数が多いほど研究開発活動が活発になるという結果が得られている。また，取引銀行の業態も影響を与えるとしている。

　また，中小企業は，企業内部の資源が大企業と比べ限られているため，他社や大学等との技術連携を通して，研究開発活動に取り組むことで資源の制約を補う可能性がある。この点に関して岡室（2006）は，日本における従業員数20人以上の製造業に属する企業を対象にアンケート調査（有効回答1,857社）を実施し，2002〜04年までの期間に行われた共同研究開発および産学連携について調べている。その結果，中小企業では大企業と比べ，取引関係や経営者の人脈，地域団体の紹介を通して連携相手を見つける割合が高いとしている。共同研究開発のメリットについては，自社と他社の技術・ノウハウの相乗効果が最大のメリットと認識されているが，大企業は投資節約，中小企業は外部の技術・ノウハウの学習をより強く意識する傾向があるとしている。また，産学連

携に関しては，中小企業は大企業と比べて，プロジェクトあたりの連携機関の数が少なく，国立大学よりも公立研究機関を主要な連携相手とすることが多いとしている。さらに連携相手の立地については近隣地域の組織と連携することが多く，経営者の人脈や異業種交流・行政機関を通して見つける傾向があるとしている。その一方で中小企業であっても，県外の遠隔地の組織と連携する場合も多いため，自治体や都道府県単位での連携支援は必ずしもニーズに合わない場合があり，全国規模でのマッチング支援が重要であると述べている。また，Okamuro et al.（2011）は，2008年にアンケート調査を実施し（有効回答1,514社），日本の製造業およびソフトウェア産業に属し，かつ2007年1月～2008年8月までに設立されたスタートアップ期の企業における共同研究開発活動の要因について分析を行っている。その結果，設立者が学会に所属しており，以前イノベーションを行った経験がある場合は，大学や公的研究機関と共同研究を行う傾向があり，イノベーションの経験に加え関連分野での就業経験がある場合は，ビジネスパートナーと共同研究を行う傾向があることを指摘している。Okamuro（2007）は，2002年にアンケート調査を実施し（有効回答1,577社），日本の製造業に属する中小企業における共同研究開発活動が成功するための要因について分析した。その結果，特許の申請等技術的な成功につながる要因と，売上の増加といった商業的な成功につながる要因は異なることを指摘している。

　また，伊藤・明石（2005）は，2002年に実施されたアンケート調査（有効回答1,141社）に基づき，1995～99年の5年間に設立された新規開業企業を対象に，外部研究機関との連携および補助金の活用について分析を行っている。その結果，外部研究機関との連携に取り組んでいる企業は多くはないものの，連携は研究開発活動の成果を高める可能性があるとし，大学等の研究機関に関する情報を整備し新規開業企業にとってアクセスしやすい状況を作り出すことの重要性を指摘している。また，補助金については，新規開業企業の研究開発活動を促進している結果が得られたとした上で，助成対象プロジェクトの選定が重要であるとしている。「公的助成措置が存在しなければ開発を行えないようなプロジェクトの中で，最も社会的収益率が高いもの（p.210）」に対し助成をすべきであるものの，そうしたプロジェクトは成功確率が高くないために，助成機関は，助成したプロジェクトが失敗することを恐れて，成功確率が高いプロ

ジェクトを採択する傾向があるかもしれず，その場合には企業が支出する予定であった研究開発費を肩代わりするだけとなり，研究開発活動を促進することにはならない可能性があるとして注意をうながしている。

一方，環境問題に関する研究開発活動はどのような要因に影響されるのであろうか。中小企業に限定しているわけではないが，以下の研究がある。Arimura et al. (2007) は，日本・ドイツ・ハンガリー・ノルウェー・フランス・カナダ・米国の事業所を対象に環境研究開発支出に影響を与える要因を分析した。その結果，環境会計の導入が環境問題に関する研究開発活動を促す効果があることが明らかにされた。また，有村・杉野（2008）は，環境規制の強化は，一般および環境問題に関する研究開発活動を実施する企業数を増加させ，また研究開発費一般に占める環境関連研究開発費の割合を増加させる効果があるとしている。Inoue et al. (2013) は日本の製造業に属する事業所レベルのデータを使用し，ISO14001認証取得後の年数が長いほど，環境研究開発支出が多いことを明らかにしている。

中小企業に焦点を当てた環境問題に関する研究開発活動については，中小企業庁（2009, 2010）において調査が行われている。また，高・中野（2016）は，愛知県において，自らの環境負荷の把握を行っている中小企業は，そうでない中小企業と比べ環境負荷の小さい製品および生産方法を開発することができたことを明らかにしている。しかし十分な研究蓄積があるとは言い難い。このため，次節では，中小企業における環境問題に関する研究開発活動の現状および問題点についてアンケート調査の結果に基づき考察する。

5　中小企業の環境問題に関する研究開発活動
　　　—愛知県の事例

(1)　調査の概要

ここでは2011年2～3月にかけて筆者が実施したアンケート調査の概要を述べる。この調査の対象は，日経リサーチデータベースにおいて愛知県内に本社がある製造業に属する企業であり，かつ従業員数が30人～300人の中小企業である。調査票はランダムサンプリングで抽出した800社に郵送し，114社から回

第8章　中小企業の環境問題に関する研究開発活動

答を得た。回収率は14.3％である。この調査では，各企業の研究開発活動や，環境問題への取り組み等を尋ねている。

愛知県の製造品出荷額等は2010年において38兆2,108億円であり，全国の約13％を占め，都道府県別で見ると，日本で最もシェアが大きい。なかでも輸送用機械については，全国の約35％を占め，シェアが大きい（愛知県のウェブサイトより）[6]。このように，製造業のさかんな愛知県において，製造業事業所数の99.1％が中小企業であり，また従業者数で見ると59.3％が中小企業で働いている（愛知県，2012）[7]。このような特性を持つ愛知県において行った調査結果を以下に述べる。

まず，回答企業114社の業種が図表8-5に示されている。自動車・自動車部品の割合が22％と最も大きく，続いて10％程度の繊維，非鉄金属および金属製品，食品，電気機器と続いている。先に述べたように，愛知県は輸送用機械産業のシェアが高いことが反映されている。

また，図表8-6は，回答企業の属性を，環境問題に関する研究開発活動の実施有無別に整理したものである。まず約44％の企業が2005～09年度の5年間に何らかの環境問題に関する研究開発活動を行っている。なお，この数字を解

■図表8-5　回答企業の業種内訳

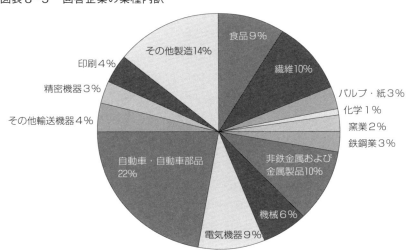

■図表8-6　回答企業の属性

	2005年度～2009年度に環境問題に関する研究開発活動を		差の検定
	実施した（50社）	実施せず（64社）	
従業員数の平均値（人）	121	75	5％有意
売上高平均値（万円）	491,941	255,007	有意でない
広告宣伝費平均値（万円）	387	320	有意でない
会社設立後の年数平均値	51	46	有意でない

（注）従業員数・売上高・広告宣伝費は2005～09年度の1年あたり平均値。会社設立後の年数はアンケート回答時点からさかのぼって数えた年数。

釈するにあたっては，本調査においては5年間のうち一度でも環境問題に関する研究開発活動を実施している場合には「実施した」に分類されていることに留意する必要がある。従業員数については，研究開発活動を実施している企業のほうが，実施していない企業よりも有意に大きいものの，売上高・広告宣伝費・会社設立後の年数に関しては有意な差は見られなかった。

(2)　プロダクト・イノベーション

　イノベーションの分類方法は多様であるが，その主要なものの1つに，製品・サービスの開発を意味するプロダクト・イノベーションと，生産方法の開発を意味するプロセス・イノベーションへの分類がある。この調査では，プロダクト・イノベーションに関連すると考えられる研究開発活動と，プロセス・イノベーションに関連すると考えられる研究開発活動について質問している。まず，プロダクト・イノベーションに関しては，「環境負荷の小さい製品に関してうかがいます」とし，（なお，環境負荷の小さい製品の例として，「製品使用時における二酸化炭素や大気汚染物質などの環境負荷の排出量が小さい，包装が少ない，リサイクルしやすい，より少ない量の原材料で生産している，より環境負荷の少ない原材料を使用するなど」と説明した。）「過去5年間（2005年度～2009年度）に環境負荷の小さい製品を開発するための研究を行いましたか」と尋ねた。5年間という幅を持った期間を設定したのは，環境問題に関する研究開発活動の実施の頻度は中小企業においては小さいと考えられるためである。その結果，この期間中に「毎年行っている」企業は18％，「毎年ではな

■図表8-7　業種別に見た環境負荷の小さい製品に関する研究開発活動の実施動向

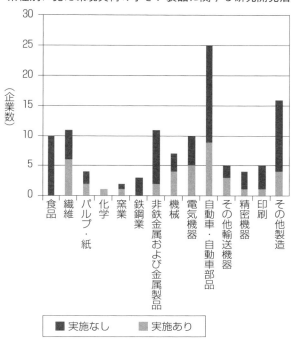

いが行った」企業は17％,「この期間中は行っていない」企業が46％となった。中小企業庁（2009）においては，中小企業における環境に配慮した製品・サービスの開発・販売状況について「現在行っている」は17％,「今後新たに行う予定」は25％とされている。有村・杉野（2008）と比べると，これらの数字は大きい。これは，中小企業においては必ずしも研究開発支出を伴わない研究開発活動が行われる場合があるが，本研究はそのような場合でも「研究開発活動を行った」に含めていることと関係していると考えられる。この回答を業種別に見たものが図表8-7である。

　なお，研究開発活動を実施したからといって，必ずしも製品の開発に成功するとは限らない。先の質問で，環境負荷の小さい製品を開発するための研究を「毎年行った」または「毎年ではないが行った」と回答した企業のうち,「すべての研究において製品の開発につながった」企業は2％,「いくつかの研究に

おいて製品の開発につながった」企業は85％である一方で，「開発にはつながらなかった」企業が10％存在した。つまり開発に成功しなかった企業も存在する一方で，約90％の企業では，何らかの形で開発につながっている。

(3) プロセス・イノベーション

プロセス・イノベーションに関する質問においては，「環境負荷の小さい生産方法（例：生産工程から排出される二酸化炭素・大気汚染物質・水質汚染物質・廃棄物などの環境負荷が少ない）についてうかがいます」としたうえで，過去5年間（2005～09年度）に環境負荷の小さい生産方法を構築するための研究を実施したかどうかを尋ねた。その結果，この期間中に「毎年行っている」企業は14％，「毎年ではないが行っている」企業は23％であり，両者の合計は

■図表8-8　業種別に見た環境負荷の小さい生産方法に関する研究開発活動の実施動向

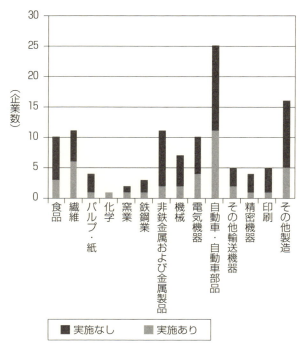

第8章 中小企業の環境問題に関する研究開発活動

37％である（業種別に見たものは図表8-8）。さらに，このうち「すべての研究において生産方法の開発につながった」企業は2％，「いくつかの研究において生産方法の開発につながった」企業は81％となった。

(4) 研究開発活動の制約要因

中小企業は，人材や資金の確保に制約があると言われている[8]。これは本研究において環境問題に関する研究開発活動の制約要因を尋ねた設問への回答にも表れている（図表8-9）。トップが，「スキルを持つ従業員が少ない」であり，「ノウハウが少ない」「情報不足」「研究資金不足」が続いている。こうした制約は，研究開発活動を実施している企業とそうでない企業とでは違いがあるのであろうか。図表8-10は，環境問題に関する研究開発活動の実施の有無別に制約要因を整理したものである。実施している企業ほど，研究開発活動

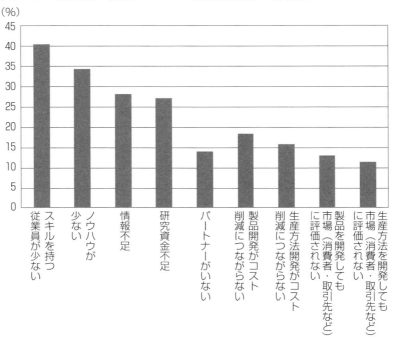

■図表8-9　環境問題に配慮するための研究開発活動の制約要因

■図表8-10　環境問題に関する研究開発活動の制約要因の比較

	2005年度～2009年度に環境問題に関する研究開発活動を		差の検定
	実施した（50社）	実施せず（64社）	
スキルを持つ従業員が少ない	0.54	0.30	1％有意
ノウハウが少ない	0.24	0.42	5％有意
情報不足	0.32	0.25	有意でない
研究資金不足	0.32	0.23	有意でない
パートナーがいない	0.20	0.09	有意でない
コスト削減につながらず	0.28	0.19	有意でない
消費者・取引先などに評価されず	0.30	0.11	5％有意

（注）各数字は，それぞれ「実施した」企業と「実施していない」企業のうち，何割が各項目を制約要因と感じたかを示している。複数回答。

を行うなかでスキルを持つ従業員の必要性を実感していると考えられる結果となった。一方で，ノウハウについては，実施していない企業ほど，制約要因と感じている。これらの企業については，そもそも自社にノウハウがないと感じているがゆえに，研究開発活動を実施していない可能性があると考えられる。また，実施している企業ほど消費者・取引先に評価されないと感じていることが読み取れる。評価されない場合には，継続して研究開発活動を行うインセンティブが損なわれ，いずれ実施しなくなってしまう恐れがある。本研究では，主要な顧客として最も当てはまるものを尋ねたところ，「他の製造業者」が77％と最大であり，「卸売業者」は14％，「消費者」は9％と小さい。この数値からも，各企業が自社のみならずサプライチェーンにおける環境取り組みに関心を持つことの重要性がうかがえる。

次に，取引市場と環境問題に関する研究開発活動の実施有無との関係を見たものが，図表8-11である。海外との取引の有無は，環境問題に関する研究開発活動と関係しており，これはEUにおけるRoHS指令への対応と関係していると考えられる。

スキル・ノウハウ・情報・資金といった制約に関しては，社外との連携によって不足している資源を補える可能性がある。しかし制約要因としての「パートナーがいない」との回答は，制約要因全体の中で7位であるため，社

第8章　中小企業の環境問題に関する研究開発活動

■図表8-11　取引市場と環境問題に関する研究開発活動

	2005年度～2009年度に環境問題に関する研究開発活動を		差の検定
	実施した（50社）	実施せず（64社）	
地域市場	0.30	0.30	有意でない
近隣諸国（韓国・中国・東南アジア）	0.46	0.19	1％有意
北米・欧州諸国	0.30	0.13	5％有意

（注）各数字は，それぞれ「実施した」企業と「実施していない」企業のうち，何割が各市場を取引先として回答したかを示している。複数回答。

外の資源を求めるよりは，自社の資源で研究を行う姿勢を読み取ることができる。岡室（2006）によると2002～04年の3年間に他社と共同研究を行った中小企業，および産学連携を行った中小企業はそれぞれ約3割であることから，多くの企業は自社のみで研究を行っていることになる。筆者が実施した調査においては，共同研究および産学連携といった明確な枠組みがあるものだけでなく，簡単なアドバイスをもらう程度のものも含めて，研究開発活動について社外から助言を受けたことがあるかを尋ねている（なお，この設問に関しては他の設問とは異なり，研究開発活動全般に関するものであり，環境問題に関する研究開発活動に限定していない）[9]。その結果，約40％が「助言を受けたことがない」と回答しており，その理由として最も多かったのは「助言を受ける方法が不明」というものであった。一方で「取引先から助言を受けたことがあり，有益だった」企業は約25％，「研究開発機関からの助言を受けたことがあり，有益だった」企業は約20％存在している。この結果を踏まえると，企業間でのコミュニケーションを円滑にすることと，適切な研究パートナーとのマッチング支援により，有益な助言を受けられる企業が増加する可能性があると考えられる。

また，資金不足に関しては過去5年間に環境に配慮した研究開発活動を行うために，補助金・助成金や税制上の優遇措置を受けたことがあるかを尋ねたところ，申請を行ったことがない企業が9割を占めた。その理由については別途詳細に検証する必要があるが，研究開発活動の制約要因の中で第3位である「情報不足」には，こうした支援策に関する情報の不足も含まれている可能性

が考えられる。あるいは支援策を受けるために行わなければならない手続きが複雑な場合，それがハードルとなって申請を控える可能性も考えられる。

6　おわりに

　本章では，中小企業に関する研究開発活動の状況をレビューするとともに，特に環境問題に関する研究開発活動の現状を明らかにし，制約要因について考察を行った。その結果，調査対象となった愛知県の製造業に属する中小企業に関しては，2005～09年度の5年間において44％程度の企業が環境問題に関する研究開発活動を実施しており，制約要因については，研究開発活動を実施している企業は研究開発活動を行う中でスキルを持つ従業員の必要性を実感している一方，研究開発活動を実施していない企業は自社にノウハウがないと感じているがゆえに，研究開発活動を実施していないものと考えられる結果が得られた。自社内における資金や人材の不足を補い，研究開発活動が円滑に進められるような情報提供が必要であると考えられる。中小企業の企業数は多く，多様性に富んでいる。中には高い技術力を発揮している中小企業が見られ，また潜在的に高い技術力を持つ中小企業も多いと推測されることから，そうした中小企業が実力を発揮できる仕組みを整える必要がある。

　本章第5節で取り上げた調査は対象が愛知県に限定されているが，今後は全国レベルでより多くの中小企業を対象に，中小企業の多様性を考慮したより詳細な調査が必要である。

第8章 中小企業の環境問題に関する研究開発活動

■ [注]────────────

1) 個別企業のケーススタディについては，中小企業総合研究機構（2009）を参照。
2) しかし，統計によっては，この定義に一致しないものがある。また法律や制度によって「中小企業」の範囲が異なる場合がある。詳細は中小企業庁（2016）を参照。
3) 中小企業については，渡辺他（2006）を参照。なお，以下に述べる中小企業の分類においては，同書の第6章（渡辺, 2006）を参考にしている。
4) 経済産業省（2000）においては「親事業者からの下請」とは，「自企業より資本金又は従業者数の多い他の法人又は個人から, 製品, 部品等の製造又は加工を受託する形態（p.96）」と定義されている。
5) 例えば，中小企業庁（2010）では，業務施設の省エネ支援を行う中小企業が紹介されている。
6) 経済産業省（2012）より計算されている。従業者数4人以上の事業所が対象の数字である。
7) 総務省統計局（2011）を再編加工して計算されている。
8) 中小企業庁（2009）が，環境問題に限らない研究開発活動全般の課題を調べたところ，研究開発活動の資金不足，研究開発部門の従事者の質・量の不足を認識している中小企業が多いという結果が得られた。また，イノベーションに向けた取り組みを実施していない中小企業がなぜ実施していないのかを調べたところ，経営戦略，人材確保，資金調達等の問題が障害となっているとしている。
9) この設問は伊藤・明石（2005）を参考に作成した。

（中野牧子）

第9章

グリーンプロセスイノベーションと環境管理会計
―マテリアルフローコスト会計（MFCA）がもたらす緊張と効果

1　はじめに

　産業社会の発展と地球環境問題の解決の両方を実現するための切り札として，グリーン・イノベーションが世界的に注目され，夥しい数の政策が実施されている。その中心は，環境に配慮した技術革新とその技術を応用した製品の普及に向けられており，これまで多くの成果を挙げてきた。ハイブリッドカー，燃料電池，太陽光発電，炭素繊維など，グリーン製品は枚挙にいとまがない。

　このようなグリーン製品の開発や普及の奨励は重要な政策であるが，イノベーションの対象はこのような新技術や新製品だけではなく，日々の製造活動そのものの環境負荷を低減していくようなイノベーションも同時に必要である。グリーンプロダクトのイノベーションは技術が特定されていれば促進しやすいが，グリーンプロセスのイノベーションはそれに比べて対象が広範囲にわたり，1つ1つの技術もプロダクトほど目立つものではない場合が多い。しかし，革新の余地という意味では，日々の製造活動を支えている活動そのものが対象となるため，特定のプロダクトを対象とするよりも，影響を及ぼす範囲は広くなる。

　しかも，グリーンプロセスは日々の製造活動そのものであり，そのイノベーションを実現するためには，グリーンプロダクトの開発とは異なるロジックとそのための支援が必要になる。プロダクトの場合であれば，最初から環境

配慮の内容を特定して製品設計に落とし込むことが想定上は可能であるが，グリーンプロセスの場合は改善すべき問題の特定から始めなければならないからである。しかも，環境の面からのアプローチは通常のマネジメント手法には組み込まれていない場合が多いため，実践が難しい場合もある。

プロセスイノベーションの問題は，環境問題に限らなければ，これまで多くの研究が行われており，それを支援するためのマネジメント手法についても研究が蓄積されている。その1つの主要な手法に管理会計がある。管理会計は，製造プロセスの計数管理手法として長い歴史を持ち，イノベーションとの関係についても研究がなされてきた。本章で対象とするグリーンプロセスイノベーションについては，環境の要素を取り込んだ管理会計である環境管理会計が重要な役割を果たすことになるので，環境管理会計の中心的な手法であるマテリアルフローコスト会計（MFCA）の視点から，この問題を考察することを本章の目的とする。

以下では，まずイノベーションと管理会計の関係について先行研究を整理した後で，管理会計がイノベーションを促進する要因として「緊張」の導入が重要であることを指摘する。次に，環境管理会計の主要手法であるMFCAがグリーン・イノベーションを促進する事例を2つ検討し，MFCAによってどのような緊張がもたらされて，イノベーションが創出されたのかを考察する。続いて，MFCAを通じたグリーン・イノベーションを実現するための要件を検討し，今後の新しい環境経営のあり方を展望する。

2　管理会計とイノベーション

イノベーションに関する問題は，深く会計とコントロールにかかわっているが，伝統的に会計は，イノベーションを阻害するもの，もしくは関係ないものとして捉えられてきた（Davila and Oyon, 2009）。しかしながら，Simons (1995) がインタラクティブコントロールシステムの概念を提示して以来，管理会計を中心とするマネジメントコントロールシステムが，実際にはイノベーションの実現に寄与しているということを支持する研究成果が蓄積されつつある（例えば，Abernethy and Brownell, 1999; Bisbe and Otley, 2004; Bisbe and

Malagueño, 2008)。Simons（1995）が提示するインタラクティブコントロールシステムは，「マネジャーが部下の意思決定行動へ規則的に，また個人的に介入するために利用する公式的な情報システム」（p. 95）であり，例えば，予算などのコントロールシステムを双方向型で活用することを指す。この概念を利用した研究群は，イノベーションと管理会計の関係性を扱う研究を包括的にレビューしたDavila et al.（2009）によってメインストリームと位置づけられ，これまで，インタラクティブコントロールシステムが，戦略変化を経験する際の業績を高めること（Abernethy and Brownell, 1999），プロダクト・イノベーションとイノベーションの成果の間をモデレートすること（Bisbe and Otley, 2004），イノベーションマネジメントの様式に合うように利用されることでプロダクト・イノベーションの成果を高めること（Bisbe and Malagueño, 2008）などの知見を蓄積してきた。

　インタラクティブコントロールシステムは，不確実性が高い状況下において，その有用性が主張されている。ここで不確実性は，「ある課題を遂行するために必要な情報と組織が所有する情報の差」によって定義される。すなわち，インタラクティブコントロールシステムは，部下の探索活動を活性化させることを通じて，マネジャーが所有する情報量を増加させ，不確実性を減少させることに寄与するのである。またそのプロセスを通じて，組織の学習効果も期待される。これらはイノベーションの実現に重要な要素であるため，前述のように，これまでインタラクティブコントロールシステムがイノベーションを促進することが実証されてきたと考えられる。しかし一方で，イノベーションにおける管理会計の役割を捉える際に，情報量に着目することの限界もある。それは，不確実性が高い状況下においては課題の設定そのものが困難であることから，「ある課題を遂行するために必要な情報」は事前にはわからないという限界であり，管理会計とイノベーションの関係性について深く理解するためには，情報量に着目した情報システムとしての管理会計の役割とは異なる役割を捉える必要がある（天王寺谷，2012）。ここで，Mouritsen et al.（2009）が指摘する「緊張（tension）」の概念は，情報量に着目するアプローチとは異なるアプローチの可能性を見出している。

　Mouritsen et al.（2009）は，「管理会計計算は，いかにしてイノベーション

活動を動員するのか」（p.738）をリサーチクエスチョンに据えた研究であり，不確実性が高い状況下で管理会計が情報システムとして動員されるというそれまでの研究動向とは逆に，管理会計計算がイノベーション活動を拡張させたり縮小させたりするプロセス，さらには技術的人工物，イノベーション戦略，組織間関係を問題化するプロセスを3社のケースを通じて描いている。ここで管理会計計算は，イノベーション活動を媒介するものとして捉えられ，その一部で，複数の管理会計計算の間に創られる「緊張」に着目した記述がなされている。Mouritsen et al. (2009) が提示する3社のケースにおいて，既存のものとは別の，新たに動員された管理会計計算は，イノベーションに関する新たな提案を，正当性を伴って構築する役割を担っていた。新たな計算は，差異の可視化を通じて改善すべき問題を特定し，組織に緊張をもたらしたのである。またMouritsen et al. (2009) は，管理会計計算が有する力は，それが巻き込む実体のネットワークが構築されることで獲得されるということも主張している。複数の管理会計計算が生み出す緊張は，まさに「新結合」が創られるときに着目するアプローチであり，新たな管理会計計算が生み出す「緊張」の概念に着目することは，管理会計とイノベーションの関係性についての理解を深める橋頭堡となりうる。

　このように管理会計とイノベーションの関係は，ネガティブな関係からポジティブな関係へと理解が変化してきている。この変化を可能にさせた背景として，Simons (1995) のインタラクティブコントロールシステムの概念の貢献は大きいものがあったが，この概念には，情報量に着目することに由来する問題点も包含されていた。これに代替する研究として，近年ではMouritsen et al. (2009) の研究に見られるように，「新結合」を構築する管理会計の役割に着目した研究が登場してきている。環境管理会計に議論を移せば，環境管理会計は，不確実性を減少させるというよりも，既存の管理会計計算に対して「緊張」を生み出すことによって，イノベーションを促進するという面を捉えることが重要である。これは，経済を中心とする既存の管理思考に，環境の視点を導入することによってもたらされるものである。以下ではこの点に着目しながら，環境管理会計によるイノベーションの事例を検討していくことにしよう。

3 環境管理会計（MFCA）によるイノベーション

　環境管理会計は，環境に配慮した管理会計の総称で，そこには多くの手法が含まれるが，ここではその中でも代表的な手法であるMFCAを通じたイノベーションの例を考察することにしよう。MFCAは，マテリアルのフローとストックを重量と金額で測定し，通常は製造原価に含まれるため独立してコスト評価されることのないマテリアルロスをコスト評価して，その金額を見える化することで，経営者に対して，マテリアルロスの削減を動機づけることを目的とした手法である（中嶌・國部，2008参照）。MFCAは2011年9月にISO14051として国際規格化され，2012年3月にはJIS化されている。

(1) レンズ工場におけるグリーン・イノベーション

　環境管理会計を利用したグリーン・イノベーションの事例としては，ISO14051の附属書Cで引用されている日本のレンズ製造工場の事例がわかりやすい。この事例は，経済産業省の環境管理会計手法開発プロジェクトに参加していたキヤノン㈱の宇都宮工場での事例をもとに作成されたものである。

　キヤノンはレンズの原材料を硝材メーカーから購入しており，レンズの製造プロセスは，荒研削→精研削→研磨→芯取→コーティングとなっている。この過程で，原材料（硝材）は，削られたり，両端をカットされたりして，完成品に近づくことになるが，硝材は壊れやすく，製造プロセスの中で仕損品になりやすいという問題も付随している。このような工程では，当然歩留管理が行われており，同工場でも生産性向上の一環として積極的に取り組んでいた。図表9-1の上方に示すものが，従来の管理手法での歩留計算である。MFCAを導入する前には，製造工程に投入される原材料100個に対して，仕損品は1個の割合にまで減少しており，投入個数で測定した歩留率は99％であったため，ほとんど完璧に近い工程として理解されていた。

　しかしながら，そこでの「歩留率」は個数で測定したものであった。前述のようにレンズの製造工程は，削ったり，切ったりするために，相当量の廃棄物が出る。MFCAはこれを重量で測定しコスト計算することを求める。対象工

第Ⅱ部　日本のグリーン・イノベーション

■図表9-1　キヤノンのレンズ工場での従来の管理とMFCAの相違

従来の管理（個数での管理）

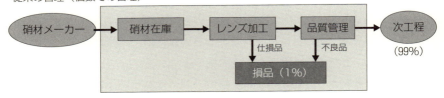

MFCA（重量とコストでの管理）

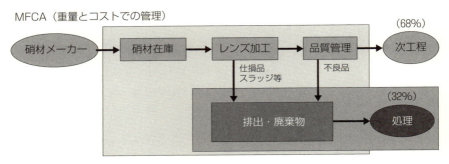

（出所）経済産業省（2008），p.30を一部修正。

程でそのように計算してみると，投入されたコストのうち32%が廃棄されていたことがわかった。これは，工程から出ている削りカスなどのマテリアルロスを，重量ベースでコスト計算した結果である。個数ベースで測定すれば歩留率99%のほぼ完璧な工程が，MFCAによって重量ベースでコスト計算すると歩留率68%となり，大いに改善余地のある工程として再発見されたのである。

この場合，MFCAの計算による情報は，工場現場に新しい緊張をもたらした。それまで99%と思っていた歩留率が，MFCA計算では68%であったわけであるから，大きなインパクトを与えたことになる。しかも，レンズの削りカスは，材料のロスであるだけでなく，廃棄物処理のためのコストもかかる上に，環境にも負荷を与えているのである。つまり，工程における削りカス等のマテリアルロスを削減することができれば，歩留まりが改善して，コスト効果があるだけでなく，環境負荷の削減も実現できるので，環境と経済のwin-win関係が追求できるのである。

実際にキヤノンは，サプライヤーである硝材メーカーと協力して，硝材の強

度は同じだが，研磨する部分を少なくした薄型素材のニアーシェイプの技術を動員し，その結果，マテリアルロスを80%削減することに成功した。これは，MFCAによって導かれた典型的なグリーン・イノベーションのケースとなっており，そのきっかけは，MFCA計算によってもたらされた緊張にあった。

(2) サプライチェーンにおけるグリーン・イノベーション

MFCAは一企業において有効なだけでなく，サプライチェーンにおいても効果を発揮する。経済産業省は，2008年度から2010年度まで「サプライチェーン連携省資源化事業」を実施し，MFCAによるサプライチェーンでの省資源化を推進した結果，多くの事例も蓄積された。ここでは，2008年度の事業で，省資源化モデル化大賞を受賞した，パナソニックエコシステムズ㈱と日本産業資材㈱の事例を紹介しよう。

日本産業資材は，パナソニックエコシステムズのサプライヤーであり，パナソニックエコシステムズが日本産業資材よりポリスチレン（PS）ロールを納入しているという関係にある。本事例でMFCAは，熱交換素子の製造工程に導入された。熱交換素子は，日本産業資材において，配合→シート成形の工程を経ることで製造されたPSシートを，パナソニックエコシステムズにおいて，真空成型→抜き→積層・溶着→組立・検査の工程を経ることで完成される。両社の間には商社が介在しており，MFCA導入以前はその間に交流はなかった。経済産業省のプロジェクトに参加することになって，はじめて，サプライヤーとバイヤーが意見交換を行い，それぞれは自身の工程をMFCAによって分析し，コスト情報は共有せずにマテリアルロスの削減に関する改善方法を協議した。その結果，ミミ（トリミングに伴って発生するロス）の最小化，端尺材の利用，クローズドリサイクル化という改善が実施された。その改善の内容を図表9-2を参考にしながら説明する。

第1の改善は，ミミの最小化である（図表9-2におけるトリムロスの改善）。PSシートは日本産業資材において約750mm幅で成形された後，両端がトリミングされ，幅640mm×長さ800mのロールとしてパナソニックエコシステムズに納入される。そして，パナソニックエコシステムズの抜き工程で製品幅550mmにカットされるが，MFCA導入前は，最初の仕様決定の際のコミュニ

第Ⅱ部　日本のグリーン・イノベーション

■図表9-2　MFCA導入前のマテリアルのフローとロス

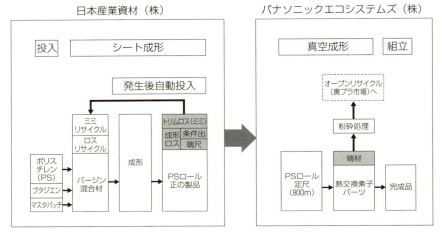

(出所) 田脇 (2009), p.48を一部修正。

ケーション不足で，両社がそれぞれ過剰の余裕を持っていたことが，MFCA導入プロセスの合同会議でわかった。そこで，1年目は金型を変更せずに要求品質を満足できる限界として幅を10mm短くし630mmにすることで，ロスは11%改善された。2年目には金型を改良する投資を行い，幅方向，送り方向をそれぞれ10mm短縮することで，従来比で約18%のロス改善を果たした。

第2の改善は，端尺材の利用である（図表9-2における端尺ロスの改善）。日本産業資材は，パナソニックエコシステムズにPSシートを定尺800mとして納入しているが，MFCA導入前までは，800mに足りない最後の部分は，規格外となるため，日本産業資材が破砕，リサイクルをしていた。しかしながら，MFCA導入後は，この端尺材をパナソニックエコシステムズが長さ相当の金額で買い取ることになり，日本産業資材での破砕，リサイクルは不要となった。

第3の改善は，クローズドリサイクル化である（図表9-2における端材ロスの改善）。パナソニックエコシステムで発生した端材は，従来，抜き工程の後方に直結された専用の破砕機で破砕され，オープンマーケットで売却されていた。しかし，MFCA導入後は，これを日本産業資材が持ち帰ることでクローズドリサイクルが完成し，コスト面でも両社にメリットをもたらした。さらに

第9章　グリーンプロセスイノベーションと環境管理会計

は，ロールの芯に使用される紙管についても同様にリサイクルされることになった。サプライチェーンでMFCAに取り組むときに，MFCAは組織間のマテリアルに関する情報共有をも求める。その結果，MFCAは，パナソニックエコシステムズと日本産業資材それぞれに大きな成果をもたらした。

　このケースは，経済産業省のプロジェクトで，初めて，サプライヤーとバイヤーの間でコミュニケーションが生まれたケースであり，情報共有そのものが緊張を生み出したと考えられる。その結果，両社はこれまで想定していなかったイノベーションの可能性に気づき，その主要なものを実現させたのである。このようなイノベーションのきっかけとなったのは，MFCAによるマテリアルロスの情報であった。

　このようにMFCAはうまく活用すれば，製造プロセスを環境配慮型に改善し，コスト削減と環境負荷削減の同時実現をもたらすことができる。実務では，上記の事例のようにその成果を享受しているケースは多くあるが，その一方で，導入がうまく進まない場合も少なくない。その理由はどこにあるのか，次にこの問題を検討しよう。

4　環境管理会計によるイノベーションを促進するためには何が必要か

　MFCAによるグリーンプロセスイノベーションは上記の例に見るように，非常に効果的である反面，企業経営の中には簡単には浸透しにくい側面も持つ。それは，どこにあるのか。この問題を，まずキヤノンでのMFCA導入を主導した安城泰雄氏の論文（安城，2007）を手掛かりに，検討していこう。

　安城氏は，キヤノンの生産管理畑を専門としてきた方だが，経済産業省の環境管理会計の普及開発事業を受託した産業環境管理協会に出向されていたときに，MFCAに出会うことになる。当初は，MFCAについて懐疑的であったが，そのうちにその本質的な意義に気づき，キヤノンでのMFCAの試行実験を希望し，キヤノンへ復帰されてからは，MFCAの導入促進に尽力された。前節のキヤノンのレンズ工場での成功事例は安城氏の尽力によるところが大きい。安城氏は，当時を述懐されて次のように述べている。

「材料費のロスの認識はしており削減の取り組みは行っているが，単発の活動に留まっており，全体的な体系的な削減活動にはなっていない。この材料ロスも仕損品と同じように全部原価で評価することは大いに意味がある」（安城，2007，p.40）

　この発言には，既存の管理手法と対比した場合のMFCAの本質的な意義が示されている。重要なポイントは，「材料のロスは認識しており削減の取り組みは行っているが，単発の活動に留まっており，全体的な体系的な削減活動にはなっていない」というところである。すなわち，材料の削減は材料コストの削減につながるため，どの企業でも努力しているが，それは製品設計の段階であって，製造段階になると既存の設計図面を所与として活動が行われるため，設計段階の材料コストの削減が引き継がれずに「単発」の活動になっているのである。一方，「全体的な体系的な削減活動になっていない」ということは，材料コストの削減以外で「全体的な体系的な削減活動」があるということを意味している。

　換言すれば，製造現場においては，材料コストの削減以外のコスト削減へ向けた「全体的な体系的な削減活動があり」，そのために「材料費のロス」は見過ごされていたのである。ここで想定されている「全体的な体系的な削減活動」について，安城氏は，キヤノンのコストダウン活動は，QCD（Quality, Cost, Delivery）をターゲットとして，損品削減，PAF法による失敗コスト削減，買い入れ単価のコストダウン，IE手法による労働／生産性向上活動などを列挙し，トヨタ生産方式やセル生産方式を導入して生産性向上に取り組んでいると説明している（安城，2007）。

　ここで重要な概念は生産性の向上であるが，それは単位時間当たりの生産性である。労働生産性であれば，労働1単位投入当たりの生産量をできる限り伸ばすこと，機械生産性であれば機械の稼働時間当たりの生産量をできる限り増大することが求められる。これらはすべて時間生産性の概念であり，単位時間当たりの生産量の増加が指向されている。時間生産性の向上は，労働や機械などの生産手段に投下した資金を最大限に活用するために求められるもので，その前提には，作れば作るだけ売れる右肩上がりの市場環境が想定されている。

第9章　グリーンプロセスイノベーションと環境管理会計

　この時間生産性管理の考え方は，MFCAの考え方と根本的に異なるものである。MFCAからすれば，労働者や機械が遊んでいても，在庫が滞留していても，それは廃棄しない限り環境面ではロスではない。一方，時間生産性管理の観点からすれば，材料のロスはそれが設計図面通りであれば，それを前提に作業効率を向上させることになるので，管理対象の枠外に置かれてしまうのである。MFCAは時間生産性に対して，投入資源当たりの生産量を最大化する考え方であり，資源生産性の向上を追求するものであるが，それは時間生産性向上のフレームには入っていないのである。

　時間生産性管理が支配する製造現場では，MFCAが指向する資源生産性は通常想定されていないので，そこに資源生産性情報を導入すれば，時間生産性と資源生産性の間にギャップが生じることになる。そこに緊張関係が生じて，キヤノンでは新たなイノベーションが起こったわけである。しかし，これを一時的な活動にしないで，継続的な活動にするためには工夫が必要になる。なぜなら，企業現場では時間生産性向上という管理指向があまりにも強い場合，MFCAによって資源生産性指標を導入しても，それが緊張を引き起こさずに，十分に考慮されない場合もあるからである。MFCAによってグリーン・イノベーションを創出するためには，MFCA情報の提供によって既存の管理手法に対して緊張関係を創り出す必要がある。

　一方，サプライチェーンの問題も，既存の組織間関係に対する緊張を創り出すことができるか否かで，MFCA導入の成否が左右される。現在のサプライチェーンマネジメントでは，少しでも安い原材料，部材を調達するために，部材の共通化や集中購買が強化される傾向にあり，サプライヤーとバイヤーの密接な関係が希薄化しつつある。しかも，コスト削減要求が強いあまり，国内サプライヤーから安い海外サプライヤーへの変更事例が急速に増加しており，バイヤーとサプライヤーの関係はより希薄化しつつある。そこで，要求されるバイヤーとサプライヤーの交渉条件は，品質・納期とコストが主であり，そこに環境やMFCAによる資源生産性情報を追加しようとしても，緊張関係を生み出すことなく，既存の管理手法が継続されれば，MFCAによるグリーン・イノベーションは発生しない。すなわち，MFCAはそれを単に導入しただけでは十分ではなく，MFCA情報が緊張を生み出すような方策が必要になるので

ある。次に，この点を検討しよう。

5 資源生産性概念による緊張をどのように既存のマネジメントに埋め込むか

　これまでの考察から，製造プロセスやサプライチェーンにおけるグリーン・イノベーションを向上させるためには，MFCAによって新しい情報を導入し，それが既存の管理体制に対して緊張関係をもたらすことが必要であることが示された。MFCAがもたらす情報は，第一義的には廃棄物（マテリアルロス）に対するコスト情報であるが，その本質は資源生産性情報である。一方で，既存の管理手法は資源生産性ではなく，時間生産性向上を中心に構築されているので，その情報だけでは緊張関係を生み出さず，イノベーション創出の誘因とならない場合もある。そこで，MFCAによる資源生産性情報がどのような場合には，緊張を生み出すのかを究明する必要がある。

　資源生産性情報が既存の管理手法に対して緊張関係をもたらすための要件は，内生的な要因と外生的な要因に分けて考えることができる。内生的な要因としては，時間生産性の向上に限界を感じている企業の場合は，資源生産性情報が緊張を生み出すケースが多いと考えられる。市場が飽和状態になり，作れば作るほど売れる状況でなければ，時間生産性の向上は限界に直面する。そのときには，資源生産性情報が注目される状況になるであろう。また，売上の向上が十分に望めない場合には，企業は，部材の外注ではなく，付加価値を獲得するために内製化率を高める傾向が強まる。内製化率を高めて付加価値を獲得するためには，資源生産性の向上が必要となるので，MFCAの活用の余地は拡大すると考えられる。

　最近の経済状況では，このような傾向が強まっていることは事実である。しかし，そのような場合でも，MFCAや資源生産性向上の考え方は，既存の管理思考に深く根付いているわけではないので，MFCAによる資源生産性向上を目指したマネジメント手法を構築し，導入していくことが必要になる。その場合に，既存の管理活動における管理可能性の範囲は再考する必要がある（國部，2007）。通常の管理可能性は時間生産性向上の観点から規定されており，

資源生産性向上の観点が欠落していることが多いので，この範囲を拡張することが求められる。さらに，MFCAを活用して，PDCAサイクルを回すような，経営モデル化も必要となるであろう（中嶌・木村，2012）。

　一方，右肩上がりの市場環境や，企業が現在の売上に満足している場合には，時間生産性管理が重視され，MFCAによる資源生産性情報が緊張状態をもたらす可能性は低くなる。市場が活況であれば，資源生産性が悪くとも，売上向上による利益獲得が可能となるため，歩留まり向上よりも売上向上が優先されるからである。これは，日本経済の現状からすれば，現在では一般的ではないかもしれないが，新興経済諸国ではこのような活況に沸いている場合もあり，それが環境に悪影響を及ぼしている面がある。

　したがって，企業に対しては，外部から資源生産性を重視させるような施策も必要になる。そのためには，いろいろな方法が考えられるが，基本は資源生産性情報を社会的に有用な情報であることを認識してもらい，その活用を普及させることである。例えば，企業に対して，資源生産性に関する情報開示を奨励し，資源生産性の高い企業には何らかの政策的なメリットを享受できるような仕組みを考案することが有効であろう。すでに現在の環境省の環境報告ガイドラインではマテリアルフローに関する情報開示が求められているので，ここから資源生産性指標へ展開するような方向が考えられる。さらに，企業の資源生産性向上に対する，補助金や減税などの財政支援策も検討されるべきである。また，資源生産性指標を貿易交渉の手段に使用することで，環境先進的な日本企業の競争優位を確立すると同時に，世界的な環境保全に資する道も検討に値すると思われる。

　さらに，このような方向性は企業単位のみならず，サプライチェーンでも検討されるべきであろう。本章で提示した2つの事例のイノベーションはいずれもサプライヤーとの協力によってもたらされたものである。環境負荷の削減も，サプライチェーンで実現して初めて意味がある。しかも，サプライチェーンは組織の壁に阻まれて，その壁は昨今の経済状況に影響されて，さらに厚くなる傾向にあるので何らかの対応が必要になる。カーボンフットプリントやGHGプロトコルスコープ3など，低炭素化を目指す手法ではサプライチェーン指向が強化されているので，このような動向を資源生産性向上の枠組みに拡張する

ことが今後はますます必要になると思われる。

6 むすび

　企業に対して，主にプロセス面でグリーン・イノベーションを促進する手段として，環境管理会計の主要手法であるMFCAを中心にその可能性を考察してきた。イノベーションと管理会計の先行研究やMFCA導入による成功事例から，MFCAによる既存の管理手法に対する緊張関係を創出できれば，資源生産性向上を目指したプロセスイノベーションが駆動する可能性が高いことが示された。しかし，一方では，企業の既存の管理システムは時間生産性向上を中心に構築されているため，資源生産性情報が企業現場で緊張を生み出し，イノベーションを創出するためには，そのような状況を作り出す必要がある。そのためには，内生的にはMFCAを中心とするマネジメントモデルの構築が必要であり，外生的には企業に資源生産性を重視させる施策が必要なことを指摘した。

　本章で提案したようなMFCAを中心とするマネジメントモデルや資源生産性向上のための施策は，まだ十分に実施されてはいないが，MFCAがISO化され基本的な記述が標準化されたことは，同手法の経営モデル化を促進するであろうし，最近のサプライチェーン単位の環境保全を強調する動向は，基本的に資源生産性の向上と同一の方向性を持つものであるため，今後の展開が期待される。

　［付記：本研究は，環境省環境研究総合推進費（S-16）およびJSPS科研費16H03679の研究成果の一部である。］

（國部克彦・天王寺谷達将）

第 III 部

世界に広がる グリーン・イノベーション

再生可能エネルギー技術の
イノベーション
―アリソン・モデルによる太陽光発電プロジェクトの
　分析

1　はじめに

　近年，地球温暖化問題などの環境問題，化石燃料の枯渇などのエネルギー問題はわれわれの社会における重大な課題となっている。特に天然資源に恵まれず加工貿易で国富の拡大を図ってきた我が国においては，エネルギーの安定供給が損なわれることは深刻な事態と直結している。そのため日本は早くも1970年代の石油危機（第１次石油危機）の頃から，新エネルギー（再生可能エネルギー）の開発を政策的に進めてきた[1]。本章は，この新エネルギー技術研究開発の国家プロジェクトを題材にして，環境技術の開発・実用化をめぐる政策と経営のあり方について考えるものである。

　環境政策や環境規制とは，政府や自治体が補助金や税制優遇あるいは行政指導や罰則等により，企業の行動を誘導ないし規制し，環境保全という政策目的をかなえようとする試みである。よりわかりやすい表現を使うならば，それは政府がアメとムチによって企業の行動を一定の方向に導くことであると言える。環境規制に違反する企業の行動を規制し，環境技術を開発する企業に支援を与えるならば，環境汚染を防止したり，環境技術の改善を促進したりすることが可能となるだろう。どの企業も経済合理的であるならば，ムチを避けて，アメを得ようとするに違いない。政府はこれら２つの手段を使い分けて，政策目的に合致した方向に企業経営を誘導する。

その中で本章は，特に企業の動機付けにつながるアメの側面に注目する。規制というネガティブな制約を設けて，違反者を罰したり，目標未達成者を不利な状況に置いたりする方策ではなく，むしろポジティブな方向として，環境技術の開発という政策目標の達成につながるようなイノベーションを促進する方法を考察の対象とする。本章で取り上げる国家プロジェクトも簡単に言えば，アメによる企業の新エネルギー技術開発への誘導である。

　環境経済学における政策評価の主流となるアプローチでは，独立変数として政策，従属変数として成果（あるいは企業行動）を設定した回帰モデルを作ることにより，前者が後者にどの程度の影響を与えるかを推定する。ここでは政府がインセンティブ構造をアメとムチによって自由に設定することができ，企業は経済合理性の観点からそれに従うと考えられている。

　しかしこの仮定が常に現実の意思決定を反映しているとは言いがたい。例えば企業など政策によって制御される側が，別種の戦略的意図を持ち，政府からの働きかけに対して政府側の予測と異なるかたちで反応する場合には，政策は事前の期待通りのパターンを再現する保証はない。一方，政府に目を移せば，政府が常にフリーハンドで政策手法を選択できると考えることも非現実的な仮定である。政府が外部環境の変化に即座に対応できることはむしろ稀であり，過ちに気づいてもなお政策の方向性を変えられないことは多い。政府もまた1つの組織だからである。

　このような視点は，本書の他の多くの章とは異なっているかもしれない。しかし環境経済学のみならず環境経営学の視点を示す本書では，質的な事例研究をベースにして政府や企業の組織的意思決定を分析することによってより有効な政策を探るようなアプローチがあってもよいだろう。そこにこそ企業や政府の内部の意思決定に目を向ける環境経営学の存在意義がある[2]。

　従来の政策論の主流のアプローチでは，企業はインセンティブに反応する機械のような主体と考えられてきた。本章ではこの考え方を，Allison（1971）にならって，第1モデル（合理的行為者モデル）と呼ぶことにしよう。組織における意思決定は，あたかも単一の合理的な個人のそれから類推できるものであり，そうであるがゆえにわれわれは政策に対する企業の行動を予測することができる。

第10章 再生可能エネルギー技術のイノベーション

しかしこれが企業組織に対する仮定の唯一のものというわけではない。例えば組織の意思決定を，組織自身の日常におけるルーティンの産物であると考えるアプローチがある。これによれば組織は，第1モデルにおける機械のように外から自在にコントロールできるものではなく，生物のように自律的なものと把握される。組織は外部環境からの影響から一定程度独立した独自の領域を形成し，その日常のルーティンを守ろうとする。この考え方を本章では第2モデル（組織過程モデル）と呼ぶことにする。

それではこうしたルーティンはどのようにして形成されるのだろうか。ここでもう一段解像度を上げて，組織の内部の人間そのものに目を向けてみれば，また異なる様相が現れる。そこには当事者個人の主観的に思念された意味世界のレベルが存在している。組織的意思決定は，善く言えばビジョンをめぐる討議と合意，悪く言えば権謀術数をめぐらせるポリティクスの所産である。人々は他者の行為を推測し，また自らの過去の行為を反省する。人間が推測や反省する存在ならば，他者の推測を推測したり，自分の反省を反省したりすることもできる。その結果，ここには第2モデルとは違い，他者がどのように反応してくるか不確実な世界が現れる。ここでは個人の意思表明は，他者の同意を得て，資源を動員し，自らの目的をかなえるための企業家的な挑戦となる。このレベルでは，行政官と企業人の間には一方的で非対称な関係を仮定できず，どちらも自らの組織のミッション（公共政策や利潤追求）をかなえようとする主体として現れる。本章ではこの考え方を第3モデル（政治モデル）と称することにする[3]。本章は，これらの違う仮定の置き方によって，国家プロジェクトが3つの異なる様相に見えることを示すものである。

2 第1モデル─政府の合理的計画

本章の対象は，サンシャイン計画である。これは経済産業省（2000年以前は通商産業省，以下，通産省）が中心となった新エネルギー開発の国家プロジェクトであった。この計画は1974年から2000年までに技術研究開発を進め，計画終了時には日本のエネルギー供給の20％を新エネルギーで充当することを目標としていた。この計画の実態と成果は，いかなるものだったのであろうか。結

論を先に言うならば，最終的には2000年時点で，新エネルギー導入目標が達成されることはなく，それどころか計画終了後10年過ぎた2010年代の現在においても，新エネルギーの普及率は20％には全く達していない。統計の取り方によって数値が大きく変化してしまうことが難点ではあるが，資源エネルギー庁の資料によれば日本における一次エネルギー供給に占める再生可能エネルギーの割合（2010年度）は約2％（水力発電を含めても約10％）とされている[4]。

しかしながらその一方で，この計画が技術開発を進めた太陽光発電などでは，研究開発の成果が現れ，事業化が進んでいる。特に2000年代中期までは，日本は太陽光発電において，世界最大の生産量と導入量を誇っていた。日本は累積導入量で1997年から2004年まで，生産量で1999年から2007年まで世界一の地位にあった。その意味ではこの計画は技術開発プロジェクトとしては，日本メーカーの技術力向上に対して一定の貢献があったと言える。なぜこのような現象が生じたのだろうか。以下ではいかに日本政府がこの計画を合理的に遂行しようとしたかを記述する。

(1) なぜ計画が始まったか——エネルギー問題への政府の危機意識

太陽エネルギー研究は1970年代初頭，新しいエネルギー技術の開発を目指した電子技術総合研究所（以下，電総研）の研究者によって開始されたものである。1973年，通産省はエネルギー技術の重要性を考慮し，開発成功への技術的見通しがあることを評価して，太陽エネルギー研究を大型プロジェクト制度の開発テーマに選定した。しかし技術的難易度が高いことから成果が上がるまでには時間がかかることが予想されたため，通産省は従来の大型プロジェクト制度よりより長期化した新たな計画枠組みを考案することにした。通産省は太陽，地熱，石炭液化・ガス化など石油代替となる新しいエネルギーの研究開発テーマを集め，新エネルギー技術研究開発計画（サンシャイン計画）を新たに策定した。同時に通産省は，この計画を推進するための新組織として産官学から有能な人材を集めた新エネルギーの研究所を特殊法人として新設することを計画した。これが後の新エネルギー総合開発機構（NEDO）の原案となる。

1973年8月，当時の中曽根通産大臣は，サンシャイン計画を国民に公表した。これは第1次石油危機よりも数カ月前の出来事だった。このことからもこの計

第10章　再生可能エネルギー技術のイノベーション

画が石油危機発生後にあわてて作られたものではないことがわかる。同年夏に資源エネルギー庁も設置されていることからは，当時の通産省にはエネルギー問題に対する鋭敏な危機意識があったことがうかがえる。この年10月に，第4次中東戦争に端を発する第1次石油危機が発生すると，日本では洗剤やトイレットペーパーなどの買い占めが起こるなど，国民の間にパニックが生じた。その中で審議会に集められた有識者たちは，この計画を原案よりもさらに大型化し，新組織を設置することをと答申した。大蔵省も，石油危機が実際に発生しているなか，計画の重要性を鑑みて計画に予算を与えることを承認した。こうしてサンシャイン計画は国民の期待を一身に集めつつ，74年8月から開始されることとなった。

(2)　なぜ計画が継続されたか──NEDOを中心にした長期的実施体制の整備

　大蔵省は財務的な観点から新組織の設立だけは認めなかったので，通産省はプロジェクト・マネジメントのための組織が必要だと主張し，その後も毎年予算を要求した。そうした状況を大きく変えたのが1979年の第2次石油危機の発生であった。通産省は計画を加速的に推進し，前倒し的に目標を実現すべく関連する法制度や組織体制を整備した。代替エネルギー法によって新エネルギー導入目標を設定し，1980年にはNEDOが設置された。NEDOのトップには民間企業での経験を生かすことが期待され日立出身者が就任した。

　サンシャイン計画では各テーマの達成目標を数年ごとに段階的に設定して，その実現を目指すことが定められていた。太陽エネルギー研究では，多額の予算が太陽熱研究に投じられており，当初，太陽光発電（太陽電池）は副次的な扱いであった。太陽熱のほうが技術的にシンプルであり，発電の出力が大きく，早期に成果が上がることが期待されたからである。1980年代初頭，日立と三菱重工は政府の資金的支援を受けて2種類の太陽熱発電所の実証プラントを愛媛県仁尾町に建設した。これらの実証プラントは発電には成功したが，実験期間中に天候に恵まれなかったなどの不運もあり，発電量は当初の予想の3分の1にとどまった[5]。発電コストも火力，原子力など他の方式に及ばないことがわかった。こうした実験結果が判明したこともプロジェクトの成果であり，これ以後は太陽光発電研究が開発の中心となった。

太陽電池の研究開発も計画発足直後から開始されていた。通産省は半導体技術で評価の高い日立，東芝，日本電気，東洋シリコン（現SUMCO）に重要なプロセスを委託し，さらにシャープ，松下電器にも各社の強みを生かした技術開発テーマを委託した。これらの企業は1980年代初頭，通産省の指導の下，協力して太陽電池の量産プラントを完成させ，そこで量産化に向けての知識を蓄えた。

　しかしながら1980年代前半期には計画の前提を大きく覆す想定外の出来事が発生した。それは石油価格の予期せぬ急落であった。石油価格の低下は新エネルギー開発にとって逆風となった。通産省は世論の動きに配慮して，計画の加速的推進の程度を緩めつつ，NEDOを再編しながら，計画を継続せざるをえなかった。

(3)　なぜ太陽では成果が上がったか──政府による投資誘発の成功

　太陽光発電において，有望な技法として70年代末にアモルファスシリコンが登場し，通産省はこれも計画に取り入れた。1980年代には結晶シリコンとアモルファスシリコンの両方で研究開発は着実に成果を上げ，変換効率の向上，モジュール価格の低下が進んでいった。

　90年代になると環境問題がクローズアップされるようになり，京都議定書などでの地球温暖化ガスの排出の問題に注目が集まり，そうしたなかで新エネルギーは再度注目を集めるようになった。通産省は省エネルギーのムーンライト計画を統合してニューサンシャイン計画とし，2020年度までに1兆5,000万円を使うプロジェクトとして，サンシャイン計画を実質的に延長することを考えた。一方，通産省は一般家庭に太陽光発電システムが普及するように送電インフラを充実させ，購入希望者に補助金を与えた。その結果，家庭用太陽光発電は急速に普及し，日本の太陽電池産業は2005年までに導入量，生産量ともに世界一の座についたのであった。

　サンシャイン計画では1974年から1992年までに5,322億円，ニューサンシャイン計画では1993年から2002年にまで3,547億円の予算が投じられた。サンシャイン計画の合計は8,869億円，これにムーンライト計画を含めると1兆166億円となる。太陽光発電システムに限っても年平均60億円から80億円程度が研究開

発等に与えられてきた[6]。渡辺（2001）は，この計画における政府の研究開発投資が当該技術の発展に寄与したのみならず，同時に民間企業の旺盛な投資を引き出したことを指摘している。特に1980年代以降，国家プロジェクトにおける予算増加と比例するように，民間企業における太陽電池研究開発費も大幅に増加した。1980年代後半は予期せぬ石油価格の低落により，企業の投資は一時的に減るが，その間も政府は一貫してこの計画に予算を継続的に付与し続けた。1990年代になり地球環境問題がクローズアップされるようになると，民間企業の投資は再び右上がりに急速に増加した（図表10-1）。

図表10-1からはサンシャイン計画による太陽電池研究開発への政府による投資が呼び水となり，計画に参加した企業以外においても，民間企業の投資を促進したことがわかる。渡辺（2001）は，結論として以下のような好循環が発生したことを指摘している。通産省のサンシャイン計画による太陽電池研究開発が，産業の研究開発支出を増大させ，そのことが太陽電池研究開発の技術ストックを増大させた結果，太陽電池生産が増大した。そのことにより太陽電池生産価格は低下するため，それがさらなる需要を呼び起こし，太陽電池生産の

■図表10-1　日本の太陽電池研究開発投資の推移（1974-1998：1985年実質価格）

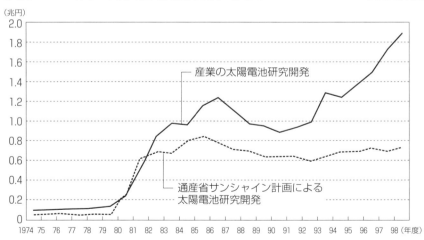

（出所）渡辺千仭編（2001）『技術革新の計量分析』日科技連，140頁。数値は太陽光発電全体ではなく，太陽電池のみのものである。

増大をもたらすことになる。太陽電池生産の拡大は，産業の研究開発支出の増大をもたらすので，そのことが再度，太陽電池研究開発の技術ストックを増大させる。こうしてサンシャイン計画の最初の予算配分が，企業の自主的投資を促すことになるのである。通産省は太陽電池の研究にイニシャル・キックとなる予算を投入することで，民間の投資を誘発し，太陽電池技術の蓄積によって，生産量を拡大させ，この生産量拡大が再度の投資を呼び起こすという好循環を作り出したのである。

政府は90年代後半には太陽光発電システムの送電線への接続など社会的なインフラストラクチャーを整備した。その頃から太陽光発電の国内導入量は急速に増加し始めた。1kW当たりのシステム価格も量産効果とともに下がり，そのことが国による導入の際の補助金政策とあいまって，太陽光発電の導入・普及が進んでいったのであった。

■図表10-2　太陽光発電の国内導入量とシステム価格の推移

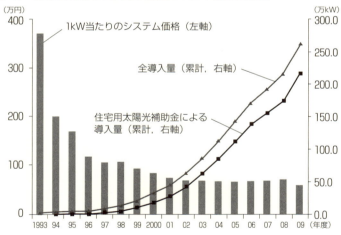

(注) 数値は資源エネルギー庁調べ。
(出所) 資源エネルギー庁『エネルギー白書2011』。

3 第2モデル—日常のルーティンの慣性

　第1モデルでは，政府が適切な技術を選択し，適切な企業や研究機関に研究開発を委託して成果を上げたというストーリーが語られた。しかし実際には組織的意思決定には最終目標の達成という観点からは説明がつきにくい現象もある。そうしたものに対して，組織の意思決定をあたかも合理的な単一の行為主体だと見なして説明しようとする第1モデルには限界がある。そこでこの第2モデルでは，組織における標準的な作業と手順からなる日常のルーティンが，プロジェクトの技術的な目標達成とは別の論理で働いているという観点から第1モデルとは異なる説明がなされる。

(1)　なぜ計画が始まったか—計画の日常的拡大志向と石油危機の僥倖

　1960年代末，エレクトロニクスの時代の前夜，電気試験所は電総研と名前を変え，これまでの電気中心の研究体制を電子にシフトする方針を掲げた。そのなかで旧来の送電部門は存続のために新しい研究を始めなければならず，そこで選んだテーマの1つが太陽熱による発電の研究であった。そもそも太陽エネルギーは最初から政策目的で研究されたのではなく，研究所の1部門の生き残りを目的として選択されたものであった。

　1973年，電総研は太陽エネルギー研究を毎年恒例の大型プロジェクト制度に出願した。通産省の工業技術院（以下，工技院）は所定の審査の手続きに基づいてこのテーマに「A」をつけ，開発候補に選んだ。その際に工技院は，政策を大型化・長期化することで失敗が早々に顕在化しないように，大型プロジェクト制度とは別に新エネルギーの技術開発用の計画を新設することを考えた。またこれと同時に天下り等の形で権限拡大につながる特殊法人の研究所を設置する案を提出した。これが後のNEDOの原案となる。

　通産省がこの年秋に石油危機が発生することを事前に確実に予期できたはずはなく，この年もいつものように日々は流れていた。資源エネルギー庁の初代長官は，後年「ホッとひと息ついたこの九月頃，私は半月後に恐ろしいほどの忙しさに巻き込まれることになろうとは夢想だにせず，この調子で1年ほどの

んびりやればいいと勝手に考えていた」と回想している[7]。工技院は毎年恒例のプロセスとして8月末に予算案を提出し，大蔵省に技術的な説明を行い，計画に多額の予算が必要な理由をアピールしていた。この年も通常通りそのプロセスが進んでおり，大蔵省は当初，各省の予算要求を初年度は原則承認しない慣例に基づいて，サンシャイン計画の予算案も認めない方針であった。しかしながら，まさに折衝の最中の10月に石油危機が発生したため，期せずして通産省にとっては交渉上，非常に有利な展開が生じた。異常事態の中で12月には，審議会は計画の拡大を答申し，大蔵省もこの計画が申請初年度であったにもかかわらず特例的に予算を認めた。こうしてサンシャイン計画は翌74年度から幕を開けたのであった。

(2) なぜ計画が継続されたか―NEDOのミッション希薄化と計画の永続化

通産省はその後，計画開始後，特殊法人案への予算を毎年要求した。しかしながらむやみに特殊法人を増やさない方針を掲げる大蔵省の反対から，この案は認められなかった。そこで通産省は当座の案として，付帯業務という方策で電源開発（現J-POWER）にプロジェクトを管理させつつ，その後も毎年特殊法人の予算案を提出したが，大蔵省も毎年それを退けた。しかし第2次石油危機が発生したことにより，サンシャイン計画の加速的推進策が決定されたため，特殊法人案は期せずしてNEDOの設立につながった。同時に特別会計予算が計画に充当されることになったので，予算規模は急速に拡大した。その結果，特別会計の予算の趣旨にしたがってサンシャイン計画では石炭関係のテーマに大きい予算が投じられるようになった。

サンシャイン計画では当初は太陽熱発電に力が入れられていた。従来，日本の大手メーカーには通産省対応の担当者（通称MITI担）を置き，早期に通産省の情報を知ることに努めていた会社もある。企業にとって国家プロジェクトに参加することは，それが自社の事業に直接つながっていなくても，国の予算で技術力を向上させられるという点でメリットは大きいものであった。政府も大手企業の技術力を信頼していたので，プロジェクトにおける開発も大企業に好んで委託する傾向があった。しかしながら企業自身が当該製品の事業化に興味がない場合には，研究開発への熱意はどうしても薄くなる。しかしいったん

第10章　再生可能エネルギー技術のイノベーション

開始されたプロジェクトについては結果がどうあれやり遂げることを優先するため，顕著な成果が出ることが予想されない場合でもプロジェクトを途中で止めることはできなかった。例えば結果的に，巨額の予算とともに完成した太陽熱発電所2機はどちらも期待された成果を出すことはできなかった。

　この後，太陽エネルギー研究は熱から光に移った。その際には熱の予算は，熱と光の間の技術的なつながりを問うことなく，そのまま同じ「太陽」だということで光にシフトされていった。太陽光の研究でも，通産省は日立，東芝など国内大手メーカーに主要技術の開発を委託した。それが通産省の慣例であった。6社は得意分野を分担して，太陽光発電の実証プラント建設に当たった。その中で特にシャープや松下電器など関西系のメーカーは太陽光発電の実用化を真剣に目指していた。しかしながら通産省の関心は事業化にはないので，早く事業化につなげたいと主張した企業に対して，通産省は短期的な利益のことよりも，もっと長期的な視点で研究開発してほしいと要求している[8]。ここには事業化へのモチベーションは高いが，現時点では技術力が低いと評価された企業に研究費が回りにくい構造がある。

　その後，80年代中期に石油の価格が低下すると，NEDOは逆風にさらされた。そこで通産省は1988年にNEDOの担当業務を改正し，新エネルギー開発だけではなく，エレクトロニクスやバイオテクノロジーなど当時の通産省のハイテク技術政策の対象テーマも担当する組織と位置づけた。名前においても新エネルギー総合開発機構の新エネルギーの後に「産業技術」の語が入れられた。もはやNEDOは新エネルギーの導入普及というミッションを帯びた組織ではなく，通産省の産業技術政策全般を請け負う組織となった。これにより組織としてのNEDOは，廃止されるどころかその後も成長を続けることができた。

(3)　なぜ太陽では成果が上がったか—統制の欠如と並行開発の継続

　70年代末，太陽電池において新たな方式としてアモルファスシリコンが現れ，NEDOとしても期待が高まった。この新しい技術方式の研究もこれまでの結晶シリコンと並んで開始された。当初，NEDOとしては，どちらか一方に絞る方針であったが，どちらが有望であるかについてなかなか確たる結論が出なかったため，これらの2つの方式は同時並行的に開発された。結果的に，複数の方

第Ⅲ部　世界に広がるグリーン・イノベーション

式のプロジェクトが計画に残り，各社がプライドを賭けて開発競争にしのぎを削ったことによって，太陽電池の性能は向上していった。

サンシャイン計画の歴史を見ていると，ときおり不思議な現象がある。例えば図表10-3のような事例を見てみよう。この計画には太陽，地熱，石炭液化・ガス化，水素エネルギーという4つの柱があった。サンシャイン計画という名前から考えればその中でクリーンな太陽エネルギーに一番力が入れられて

■図表10-3　サンシャイン計画（ムーンライト計画，ニューサンシャイン計画含む）の技術開発テーマ

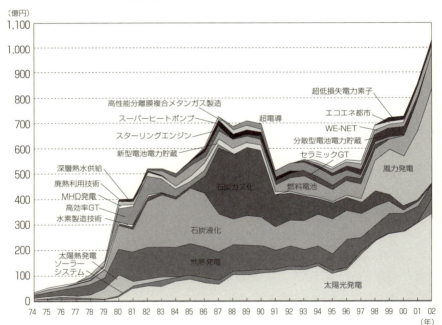

（原注）太陽光発電，ソーラーシステム，地熱発電，燃料電池，風力発電については導入普及補助金を含む。
（注1）金額は，2002年換算。
（注2）同図は，経済産業省産業技術環境局「これまでの国家プロジェクトの変遷」第31回研究開発小委員会資料5，2011年6月，24頁にも所収されている（ニューサンシャイン計画終了後はイノベーションプログラムで研究開発が行われている）。
（出所）木村宰・小澤由行・杉山大志「政府エネルギー技術開発プロジェクトの分析―サンシャイン，ムーンライト，ニューサンシャイン計画に対する費用効果分析と事例分析」電力中央研究所報告Y06019，2007年4月，9頁。

いたという印象が抱かれがちである。しかし実際には，80年代と90年代を通じて最も多額の予算がつけられたのは実は石炭関係技術の開発であった。

この問題を考える際には，サンシャイン計画の予算がどのような財源から確保されていたかを考える必要がある。第2次石油危機後の1980年に制定された石油代替エネルギー法によって，予算が急増する80年代以降，計画財源は一般会計から特別会計に移っていった。特別会計は「石油及びエネルギー需給構造高度化対策特別会計（石特会計）」と「電源開発促進対策特別会計（電特会計）」であった[9]。これらの特別会計予算は，それぞれ石油石炭税収と電源開発促進税をもとにしたものであり，そのため新エネルギー開発に使用される際には，電源多様化や石炭構造調整対策などの主旨に沿うことが期待されていた。その際に石炭を液化・ガス化して用いる技術の研究開発に多額の予算を用いることは，石特会計の予算を使用する正当性を主張できることにつながる。このように実は予算の用途の正当性が，技術開発テーマの選択に大きい影響を与えていたのである。

4　第3モデル―ビジョンと資源動員

第2モデルでは，国家プロジェクトにおける慣例や日常のルーティンが，プロジェクトの目標を実現するための技術的合理性とは別の論理で動いていることが明らかにされた。しかしながら第2モデルでは，こうしたルーティンがいかにして形成されたのか，またどのような際に変化するのかということは外的な環境変化のみによって説明されていた。そこで第3モデルでは，国家プロジェクトに参加した人々が抱いていた意図に光を当てる。そこにはビジョンを核としてルーティンが社会的に構築され，制度化されていく状況があった。国家プロジェクトを当事者の視点から見れば，そこには予言的なビジョンへの合意調達をベースにした資源動員という構造が存在していた。

(1)　なぜ計画が始まったか―研究者と開発官の相互補完的同盟

1970年，存続の危機にあった電総研送電部門は，新たな開発テーマを探すため若手を集めて合宿を行った。その際の記録には荒唐無稽な数多くのアイデア

が記されている[10]。その中の1つに太陽エネルギーによる発電があった。当時，送電部門に所属しており，後にこのテーマの中心人物となる堀米孝は「私と数人の協力者は，従来のハードな発電（火力発電や原子力発電）よりも，よりソフトで環境にやさしいクリーンな新しい発電が，将来必ず必要になるだろうとの信念から，太陽発電の研究を進めることに決めました」と回想している[11]。しかし電総研の内部にはこのテーマが本当に実現可能なのかについて懐疑的な目があり，堀米グループは冷遇されていた。そうした中，堀米は大型プロジェクトに応募することで予算を獲得することを思い立った。

通産省工業技術院の開発官である根橋正人はこのテーマに興味を感じ，部下の鈴木健にその担当を命じた。鈴木は多忙なことからこのテーマに当初は乗り気ではなかったが，根橋が鈴木に大きい裁量を与えたため，鈴木は検討の末，新エネルギー研究を大型プロジェクトから独立させることにした。鈴木は早速堀米に連絡を取り，太陽エネルギーの技術的な説明を依頼した。他方で堀米も鈴木に電総研内の冷ややかな上層部の説得を依頼した。鈴木は国立試験研究所を回って地熱や石炭液化・ガス化を探し，これらを計画に取り入れた。鈴木から石炭関係のテーマを計画に含めることを聞かされた堀米はクリーンなイメージが損なわれると苦言を呈している。鈴木や根橋の上司である木下亨は，計画に愛称をつけることを思い立ち「サンシャイン計画」の名を決めた[12]。しかし，それを聞いた堀米は歌詞のようだと感じ，その部下の澤田慎治はふざけていると怒った。

鈴木は，5億より50億の計画のほうが予算を取りやすいという上司のアドバイスを受けて，堀米に多額の予算の必要な研究を加えてほしいと依頼した。こうして計画には多額の予算が必要な太陽炉や特殊法人の研究所が付け加えられた。この研究所案が後のNEDOにつながることになる。計画は8月に公表され，審議会で答申を受けながら，大蔵省と予算折衝している10月に第1次石油危機が勃発した。その中で太陽研究は世間の注目の的となり，電総研には見学者があふれることとなった。太陽エネルギーのPRは次第に雪だるま式に大きい話となり，電総研の研究者自身ですら次第に困惑するようになった。計画の大型化により，いつしか超巨大規模の太陽熱発電所が設計されることになってしまっていた。こうしてサンシャイン計画は74年に始まった。

第10章 再生可能エネルギー技術のイノベーション

(2) なぜ計画が継続されたか―民間企業の事業化へのモチベーション

　通産省はその後も，計画のプロジェクト・マネジメントを担う新組織の予算請求を続けたが，大蔵省は反対し続けた。こうした状況は1979年の第2次石油危機で大きく変化した。この年からサンシャイン計画に続き，省エネルギーのムーンライト計画も開始された。通産省はさらにバイオマス（生物資源）開発のレインボー計画を発案したが，これは最終的にはサンシャイン計画に組み込まれ実現しなかった。マスコミは，レインボー計画について，「石油不安で工技院ハッスル」と報じた[13]。80年の計画加速化の際に，特殊法人案はNEDOというかたちで実現した。

　太陽熱研究では実際にプラントが建設されたが，思ったような成果を出すことができなかった。根橋は企業の担当者を呼んできちんと動かすよう命じたが，命じて成果が上がるものでもない。その後は太陽光が中心的開発テーマとなった。太陽光では通産省は重要技術を技術力ある大手企業に担当させるよう指導したので，シャープと松下電器は，太陽電池の実用化の鍵となるリボン結晶法の研究を担当することができなかった。そこで両社は国主導の計画に頼らず，京セラを交えて合弁会社を作り，計画とは別に独自開発を進めることを試みた。一方，リボン結晶法を委託された関東系大手企業は，半導体をより重要なテーマだと考えていたので太陽電池は片手間の扱いであった。最終的にリボン結晶法は，サンシャイン計画でも，この合弁会社でも成功しなかった。

　第2次石油危機を契機にして発足したNEDOは創設当時，民間企業出身のトップを迎え，産官学の頭脳集団をキャッチフレーズに新エネルギー導入・普及というミッションを実現しようという気概を示していた。NEDO発足当初は通産省から人材を多く迎え入れるにしても，将来的には自ら雇用した専門職員中心に組織を運営していくという構想もあった。しかしながら80年代前半の石油価格の下落によって，こうした構想は変更を余儀なくされた。新エネルギー導入というミッションをかなえるために存在するNEDOという名目は通用しなくなり，この頃から発言も目立たなくなっていった。そうしたなかで太陽電池など実際に商品化が見えるプロジェクトでは，シャープや三洋電機などの民間企業が計画を活用しつつ，自主的にも開発を進め，太陽光発電システムに先立ち，まずは時計や電卓の事業化を進めていった。

(3) なぜ太陽では成果が上がったか―プロジェクトにおける複数形式の競い合い

1970年代末には、電総研物理部がアモルファスシリコンの可能性を示したことで、サンシャイン計画でもアモルファスのプロジェクトが認められた。三洋電機などがこの方式の太陽電池で成果を上げ、結晶シリコン陣営とアモルファス陣営が対立する状況が現れた。当初NEDOはどちらか1つに集約することを主張していたが、各社の熱意から即座には一本化できず、シャープと京セラの結晶系、三洋電機のアモルファス系両陣営は互いに変換効率を競い合った。

90年代になると、政府による送電網等のインフラ整備により、太陽光発電システムが公共施設や一般家庭に設置されるようになった。インフラ整備の点では普段は競争し合っている企業も通産省に協力した。インフラ整備や補助金政策は、太陽光発電システムの普及を支援することになり、90年代末から2005年まで日本の太陽光発電システムは世界一の生産量・導入量を誇った。企業や国立試験研究機関の研究者は、自らの信念で特定技術の将来像を思い描き、その実現に向けて構想を打ち上げ、周りの人々の同意を得て、資源を調達し、そのことによって自己予言成就的に研究開発を成功させようとした。

例えば、電総研物理部の田中一宜は、アモルファスシリコンが登場した際に、これが後に結晶半導体に並ぶ成果を上げるであろうと主張した。田中のまわりには大学や企業のアモルファス研究者たちが集まり、アモルファスファミリーを形成した。NEDOもこの技術の将来性に期待し、実際に80年代はめざましい変換効率の向上を実現して、電卓等に使用された。アモルファス太陽電池は商品化を通じて、世間に小型の実用的な太陽電池の存在を知らしめることになった。現在の三洋電機のHIT式太陽電池もアモルファス技術の応用の成果である。

国家プロジェクトのような大きい動きがあった際、ほとんどの場合、そこにはビジョンを掲げて周りの者を説得しようとした研究者や経営者がいた。もちろんすべてが成功したわけではないが、それでも成功に向かう最初の一歩としてはこうした未来を担保にした技術的確からしさを掲げ、それに資源が動員されることで事後的に、予言が正統化されるというプロセスが存在している。こうした行為はリスキーであるため、容易に万人が実践できるものではないが、そうしたリスクを負ってまでその技術に賭けようとする研究者や経営者こそが、最終的にはイノベーションを先導していったのである。

第10章　再生可能エネルギー技術のイノベーション

■図表10-4　結晶半導体のアナロジーによるアモルファスシリコンの発展予測

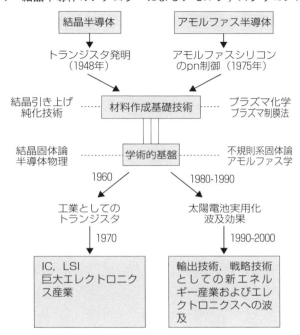

（出所）田中一宜（1983）「アモルファスシリコン―薄膜太陽電池新材料」『電子技術総合研究所彙報』第47巻，第7号，30頁。

5　結論―国家プロジェクトに働く3つの力

　以上のように3つの異なる視点から同一の国家プロジェクトの歴史を記述してみると，それぞれのモデルによって強調されているものが異なり，また背後に想定されている国家プロジェクトの立案・遂行において重要だと想定されているメカニズムが異なっていることがわかるだろう。

　第1モデルではあくまで合理的な政府という立場から，いかに環境認識や技術選択を行うかが重視されていた。賢明な政府が適切にアメを与え，合理的企業はそれに応じて研究開発を成功させた。

　一方，第2モデルでは計画において組織は定型業務を行っており，政府も特

別なことがなければ日常のルーティンを繰り返している。一方，外部環境の急変で計画の存続が危機にさらされるときには，ミッションを希薄にすることによって，目標を骨抜きにしつつルーティン自身は生き延びた。技術的な合理性よりも，制度的な正当性が強調され，計画は顕著な技術的成果が上がらないままでも長期間にわたって継続されることができた。

さらに第3モデルでは，そうしたルーティンのただ中で，それでもプロジェクト全体の合理性を考慮しながら生きている人間の内面の世界が描かれた。そこでは，技術の選択や予算の配分が実は，専門家にとっても科学的な知識のみで完全に決定できるものではなく，そこには可能性に賭けた自己予言成就的行為があることが明らかにされた。

環境政策や環境規制において，政策と成果の間には複雑な相互作用がある。ポーター仮説は規制がイノベーションを生み出すと主張するが，単に第1モデルの視点だけでは，企業をムチ打てばイノベーションが起きるというような粗雑な理解を世に広めることになるだろう。例えば，第2・第3モデルの視点に立つだけでも，どのような政策や規制が，本当にイノベーション創発につながる政府や企業の組織ルーティンを生み出すか（あるいは生み出しにくいのか）について考えることができるはずである。特に第3モデルの視点を用いれば，そこには当事者たちの思念された意味世界が見えてくる。そのレベルでは，観察者は特権的な存在ではなく，被観察者と同一の平面に立つ。もしかするとポーターの権威を持ち出して環境規制を正統化しようとする官僚や学者の言動も，自らの立場に有利なように他者を説得し，資源を動員しようとするビジョンの一種かもしれない。

効果の上がる国家プロジェクトについて考える際に，第1モデルのような現在における合理的な選択の能力を高めること，第2モデルのように過去から蓄積してきた組織ルーティンのメリットを生かし，デメリットを改善すること，第3モデルのように将来に向けて斬新な構想に皆の注意を向け資源を動員することは等しく重要である。しかしすべてのモデルに裏面がある。第1モデルのように現在のチョイスの重要性を強調すれば，外部環境の変化には敏感に対応できるが，眼前の状況が頻繁に変化すれば近視眼的な状況に振り回されることになるだろう。第2モデルのように過去から続くルーティンを強調すれば，外

部環境が変わらない間は効率的に作業が進むが，その適応力の限界以上の外的環境が変化した際にはどうにもならなくなるだろう。第3モデルのように未来のビジョンに目を向ければ，他者の賛成と資源動員によって成功する場合には，それは構想力の勝利が讃えられることになるが，一方，失敗に終わった際には大ほら吹きの烙印を押されることになるだろう。

われらが政策や規制によってイノベーションを促進するためには，現時点でのインセンティブ設計だけではなく，政府や企業の過去からの組織ルーティンや，何かを企てようとする人々の未来を構築するアントレプレナーシップに注目し，多面的な考察を進めることが重要である。

■ [注]

1) 1997年に施行された「新エネルギー利用等の促進に関する特別措置法」によれば，供給サイドの新エネルギー（new energy）とは，太陽光，太陽熱，風力，バイオマス，廃棄物等によるエネルギーを指していた。これは日本独自の定義だったため，2008年にこれに地熱発電と中小水力発電を加え，廃棄物を除くという改正があり，国際的な名称である再生可能エネルギー（reusable energy）との一致が図られることとなった。現在では，新エネルギーはほぼ再生可能エネルギーと同じ意味だと考えてよい。これに対して石油代替エネルギー（petroleum alternative energy）は，さらに広い概念であり，石油の代替となる先述のものすべてに，石炭，天然ガス，原子力が加わる。これらの言葉はよく似ているが，厳密には，再生可能エネルギーには大規模水力発電が，石油代替エネルギーには原子力発電が含まれることに注意が必要である。また従来，新エネルギーには，先に挙げた太陽光発電などの他にも，クリーンエネルギー自動車（エコカー）や天然ガスコジェネレーション，燃料電池といった需要サイドのものも含まれていた。これらも現在では「革新的エネルギー技術」の名の下に，従来の新エネルギーとは別枠で整理され，その支援が進められている。（島本（2009），pp.106-107参照。）

2) 環境経営学を題材とした書物としては例えば2000年以後，鈴木幸毅・浅野宗克・石坂誠一・小泉国茂（2000），山口光恒（2002），高橋由明・鈴木幸毅編著（2005），天野明弘他（2006），國部克彦・伊坪徳宏・水口剛（2007），鈴木幸毅・所伸之（2008），白鳥和彦（2009），足立辰雄・所伸之（2009），岸川善光（2010）が刊行されている。これらのものに必ずしも環境経営学特有の方法論的特徴があるわけではないが，企業経営と環境問題との関係を研究の対象とするという点は共通している。また環境経営学会の学術誌『サステイナブルマネジメント』では，環境マネジメントシステム，環境管理会計，環境経営戦略，環境問題と企業の社会的責任，生物多様性保全，環境配慮型製品等のテーマが好んで研究対象とされている。

3) アリソンは，キューバ危機の事例では「政府内政治（Governmental Politics）モデル」と呼んでいるが，国家プロジェクトの事例では，関係者は政府内部の人間に限らないため，ここでは単に政治モデルと呼んでおくことにする。

第Ⅲ部　世界に広がるグリーン・イノベーション

4）2010年の実績で，太陽光0.3％，風力0.4％，地熱0.2％，バイオマス・廃棄物1％，水力8％であり，水力を含めれば10％，除けば2％程度となる。（資源エネルギー庁「エネルギーミックスにおける再生可能エネルギー及び火力発電に係る課題」2012年4月，4頁。）
5）通商産業政策史編纂委員会『通商産業政策史　第13巻』，256頁。日本経済新聞，地方経済面，1982年8月21日。
6）経済産業省産業技術環境局「これまでの国家プロジェクトの変遷：産業構造審議会産業技術分科会研究開発小委員会（第31回）配付資料」2011年6月。
7）山形栄治「激動の日々」，電気新聞編『証言　第一次石油危機』日本電気協会新聞部所収，1991年，89頁。
8）「太陽光発電システム—実用化への課題」『NEDOニュース』，1983年1月。
9）2007年度に両者は「エネルギー対策特別会計」に統合された。
10）電気試験所・電力部エネルギー問題研究会『エネルギー問題に関するブレーン・ストーミング』，1969年。本節の内容については筆者による鈴木健氏（1998年5月8日），堀米孝氏（1998年6月13日），澤田慎治氏（1998年6月22日）へのインタビューに基づいている。
11）堀米孝「人類究極の電力・エネルギー技術を求めて」，通商産業省工業技術院電子技術総合研究所エネルギー関連親睦会　田友会編『エネルギー研究者へのメッセージ』所収，パワー社，1995年，128頁。括弧内の語は本文内に著者自身が書いたもの。
12）工業技術院研究開発官室『大型プロジェクト20年のあゆみ』，51頁。
13）日経産業新聞，1979年5月30日。

（島本　実）

グリーン・イノベーションへのアプローチ
―環境規制からグリーン・アントレプレナーシップまで

1　はじめに

　世界規模での地球温暖化防止対策とグリーン・イノベーションが講じられているなか，環境技術の開発をいかに促進していくのかについてさまざまな議論がなされてきた。特に2008年以後，太陽光や風力といった再生可能エネルギーの開発によって雇用の創出と地球温暖化防止の両立を図り，景気回復を果たすグランドデザインとして，「グリーン・ニューディール」政策がアメリカで提起されたことを受け，世界各国で「グリーン・イノベーション」に関する議論が過熱化しつつある。

　本章の目的はグリーン・イノベーションに関する既存研究を紹介し，事例を交えながら，この分野における分析視点を整理することである。これまで既存研究の多くは環境規制の「有効性」にフォーカスしているが，近年，戦略論とイノベーション研究の領域からアプローチする研究が多くなってきた。さらに新規産業の創出とビジネスモデルのイノベーションという実践的な意味合いから，「グリーン・アントレプレナーシップ」の役割が強調されている。本章はこうした流れを俯瞰しつつ，具体的な事例を紹介しながら，「グリーン・イノベーション」という社会性の高いテーマに対して多様な観点から理解することを目的としている。

2 グリーン・イノベーションへの政策的アプローチ

「グリーン・イノベーション」の実現に対して，これまで環境政策レベルでは「環境保全と経済発展の両立につながる技術革新はどのような条件の下で実現するのか，また技術革新を促進するための政策はいかなる条件を備える必要があるのか」といった議論が多くなされてきた。こうした議論の多くは政策的措置の「有効性」に焦点を当てている。

政策の強化によって環境技術の開発と関連マーケットが強制的に作られた状態は，技術強制型規制（technology-forcing regulation）と呼ばれている。すなわち，技術的可能性に基づかない規制的措置は，新規技術の開発を強制的に促進するとされている（McGarity,1994; Kemp, 1997）。環境規制が存在しなければ，企業が自ら進んで環境技術の開発に取り組まないであろうという予測から，環境規制の強制的効果が強調されている（Gerard and Lave 2005）。日本で技術的強制型規制の代表例としてしばしば挙げられているのは，自動車排ガス規制の事例である。すなわち，自動車メーカーの開発能力をはるかに超える排ガス規制が先行し，それまでに存在すらしえなかった技術開発を余儀なくされた結果，わずか数年の間に急速に技術進歩が達成された（朱，2009）。

こうした技術強制型規制の技術開発への促進効果については，これまで多くの実証研究が行われてきた。例えば，Taylor et al. (2005) は，インタビュー，文献調査，公的R&D支出データや特許の解析といった多面的な手法を用いて，R&D支出，特許数と規制の成立タイミングとの相関関係を調べた結果，規制成立のタイミングは特許の出願傾向に大きく影響しているとの結果を得ている。また，規制の不成立を受け，脱硫技術の特許出願件数が減少しているとの傾向も見られており，規制の脅威が技術開発を強制的に促進したとの仮説は支持されている。

ところで，環境規制に関して達成すべき目標基準値を設定するという直接手法（Technology-based standard）があるが，これはミニマムな性格を帯びやすく，実施可能性を重視することから，新規技術の開発を阻害すると批判されている（McGarity, 1994; Kemp, 1997）。これに対して，パフォーマンス・ベー

スの規制（Performance-based standard）は，技術達成の可能性が明白に裏付けられていないパフォーマンス基準を要求しているため，技術開発のインセンティブを促進する効果があるとされている（Lee et al., 2011）。

一方では，その有効性が多いに評価されているにもかかわらず，規制実行プロセスから発生する不確実性の問題は提起されている。技術開発は極めて不確実なプロセスであり，特に新規技術の開発に問われるコスト・ベネフィットの分析，技術普及におけるタイムラグの問題を考慮する必要がある。技術とマーケットの不確実性が存在するがゆえに，政策立案者は，規制産業の技術能力を正しく評価する能力が問われるのである（Ashford et al., 1985）。

さらに，環境規制が設定・強化された場合，規制遵守に伴うコストが発生することから，企業は生産性の低下に直面し，国際競争力が損なわれるという通説があった。それに対して，マイケル・ポーターは「適切にデザインされた環境規制は，企業の技術革新活動を誘発し，規制遵守コストが相殺されるのみならず，生産性を向上させ企業の競争力を強化する」という主張を展開している（Porter, 1991; Porter and Van der Linde, 1995）。いわゆる「ポーター仮説」である。ポーター仮説の妥当性と有効性をめぐって，これまで多くの実証研究がなされてきたものの，必ずしも統一した見解は示されていない。これはある意味で環境保全と経済発展の両立が容易なことではないことを物語っている。

3　経営学領域からの広範な議論

環境問題に関する経営学の領域からの分析は，従来少なかったと思われる。上述の「ポーター仮説」についても，経営学のオーソドックスな論文として引用されるより，むしろ環境政策の領域で広く知られているというイメージが強い。環境保全と経済発展の両立，あるいは持続可能な発展の実現という長期的課題に対しては，企業セクターが大きくかかわっており，技術革新を抜きには論じることはできない。そうした背景から，近年「グリーン・イノベーション」に関する経営学のアプローチが増えつつある。

(1) 自主的対応とステークホルダーの議論

　前述の「技術強制型規制」の流れとは異なり，環境問題における企業側の自主的対応は90年代に入ってから頻繁に見られるようになった。「技術強制型」規制のような直接手法が講じられるようになった背景には，1970年代に発する公害問題が深刻化するなか，環境改善が緊急な政策課題の1つとして挙げられるようになり，その解決策としての直接規制に対する期待が大きかったのではないかと思われる。しかしながら，80年代後半から経済的活動ならびに消費者行動が多様化するなか，環境汚染の源泉（ソース）そのものは，個々の企業活動に限定することは難しく，むしろ多種多様な「経済的活動ならびに消費者行動」に存在する場合が多い。そのため，もはや命令―指令型の規制のみでは，こうした広範な問題への解決にはならないと考えられるようになった。特に地球温暖化のようなスケールの大きい問題に直面する場合には，さまざまなステークホルダーがかかわっており，問題解決に伴う不確実性と複雑性に対処しなければならないのである。

　こうしたステークホルダーの影響力について，近年の研究によれば，ステークホルダー・グループが持っている「パワー」と「正当性」，さらに「活動の活発さ」が重要とされており，その度合いが高ければ，企業経営への影響力も大きいと実証されている（Mitchell, Agle and Wood, 1997）。またEesley and Lenox（2006）の研究によれば，この「影響力」とはステークホルダー・グループと対象企業との相互作用の観点から捉える必要があるとしている。例えば，環境保護団体は対象企業に対して汚染物質の削減を求める場合，この要求の影響力は，ステークホルダーとしての環境保護団体の属性に依存するだけではなく，要求する内容の本質や対象企業の属性にも大きく依存している（Eesley and Lenox 2006）。経営資源が豊富な企業であれば，法務関係のスタッフを多く抱えており，環境訴訟の経験も豊富ということから，ステークホルダーからの要求を拒否することもある（Bhagat, Bizjak, and Coles 1998）。この意味において，企業側はステークホルダーからの圧力に対する反応はより多次元であり，単に圧力が強ければ強いほど企業経営への影響力も大きいという結論にはならない場合もある。

　また，企業レベルでの環境対応への取り組みについては，近年持続可能な発

展（sustainable development）というコンセプトが注目されている。WCED（1987）の定義によれば，持続可能な発展とは，現代の世代が将来の世代の利益や要求を充足する能力を損なわない範囲内で，環境を利用し要求を満たしていこうという理念である。この概念は社会的通念として多様な場面で取り上げられているものの，その定義については必ずしも統一したものではないという指摘もある（Gladwin et al. 1995）。特に，企業の持続可能的な発展という概念は，アカデミックな世界でも実践的な世界でもより多く使われているが，その定義についてはかなりばらつきが見られており，しばしば企業の持続可能的な発展を「企業の社会的責任論」として限定する傾向がある（Rondinelli and London, 2003）。これに対して，近年の議論では，組織が持続可能なシステムとして成立するためには，まず企業レベルでの持続可能な発展を可能にならしめるための能力構築が必要であると同時に，システムレベルでのサステイナビリティのための組織間協業を促進しなければならないと指摘されている（Shrivastava, 1995）。さらに企業はこうした持続可能な発展に対して大きく寄与していることから，ビジネス活動にサステイナブルな原則を織り込むようなビジネスモデルの再構築が必要であるとしている（Shrivasrava, 1995）。

(2) イノベーション研究の観点

　グリーン・イノベーションという広範な社会テーマについて，政策の「有効性」だけではなく，イノベーション研究の観点から「技術変化」のメカニズム，さらにそれに必要とされる組織と市場のあり方について理解することが重要である。政策のインプットとアウトプットの関係を事後的に（ex post）測定するのであれば，確かにそこに規制があって，そしてそれを満たすような技術開発が行われたとの効果が見られるが，しかしながら，実際の技術開発は政策以外のさまざまな要因から影響を受けることから，政策の有効性のみに注目することは，グリーン・イノベーションの創出には不十分である（Hargadon, 2010）。さらに，よりプラクティカルに考えると，気候変動問題への対応や次世代テクノロジーを生み出すためには，従来型の研究開発とそれに伴う価値創造活動では不十分であり，組織レベルと社会レベルでは「パラダイムの転換」が必要とされていることから，イノベーションの根底をなす「個人」と「組織」，さら

① グリーン・イノベーションの複雑性

技術開発の論理に着目する議論の中で，いくつかの重要なポイントがある。まず，技術革新は技術と市場の可能性を認識したうえで，具体的コンセプトを創造する。そして，それをテスト可能性のある実物に具現化する，といったいくつかの段階を経て進んでいくという捉え方がある。「技術革新の段階説」とも呼ばれているこの説明では，技術革新が基礎研究から技術開発，生産，販売へといくつかの段階を経て一方向的に展開されるリニアモデル（Liner model）として描かれている。

この考え方の生みの親とも言われているヴァネヴァー・ブッシュは1945年にアメリカ政府に対して提出した報告書の中で，科学への資金投入はそれなりの期間を経てテクノロジー的成果につながると主張し，基礎研究は技術革新の創出には極めて重要であることを強調している。この考え方は，基礎研究への政策支援を正当化する根拠にもなっており，社会レベルでも企業レベルでも当面具体的な目標につながらないとしても，研究開発活動に重点的に資源配分を行うことは重要であるとされてきた（Godin, 2006）。一方，こうした段階説におけるタイムラグがいったい何によって決まるのかという問題になると，なかなか満足のいく説明が見当たらない。

これまでの技術進歩は科学研究とは独立的に行われており，多くの産業における科学的発見は，技術の商用化までに長いタイムラグが存在することが検証されている（Kline and Rosenberg, 1986, Mansfield, 1991）。タイムラグを取り上げた数少ないいくつかの研究によれば，補完部品・技術の進歩が重要であり，特に技術の相互依存性の観点から，サブシステム（補完部品）における技術進歩はタイムラグの解消に重要である（Mowery and Rosenberg, 1998）。また，こうしたコア部品における技術進歩は，新規技術を必要とする場合が多く，既存技術の延長線上では解決できないボトルネックの問題を解決する必要がある。特に技術の非連続性を伴うイノベーションの場合，こうしたタイムラグの問題が顕著である。例えば，コンピューター技術の歴史からわかるように，「低価格」と「高性能」という2つの次元を同時に満たすコンピューターの実現には高性能の電気部品を必要としていた。チャールズ・バベッジ（Charles

Babbage) が発明した最初の機械から，その後の低価格・高性能のコンピューターの出現までには100年以上の歳月が流れていた。そのプロセスの中で真空管とトランジスターの出現は不可欠であった。ここで重要なのは，パラダイム・シフトに伴う，ラディカルなイノベーションにおいては，こうしたコア部品の進歩は周辺産業から起こる場合が多い。例えば，コンピューターの低コストと情報処理速度の倍増に大きく寄与したトランジスター技術は，そもそもラジオ受信機の分野から生まれた技術革新であった。マイクロチップはPCの進歩には決定的に重要であるが，それがそもそも計算機の分野で生まれたイノベーションであった。またLCD技術はラップトップパソコンとPDAにとっては不可欠な補完部品であるが，しかしその技術革新は携帯式計算機とデジタル時計の市場によって牽引されていた。

　基礎研究から技術の実用化までのタイムラグを考えれば，規制産業の技術進歩を促進するには，周辺産業における要素技術の開発，さらに産業間における知識のスピルオーバーは重要である（Orsenigo, Pammolli and Riccaboni, 2001）。規制企業におけるイノベーションの源泉（the source of innovation）とは何かを考える際に，規制産業のみならず，その周辺産業との知的ネットワークは重要である（Ashford et al., 1985）。規制産業における企業間イノベーションの実証研究としては，Lee and Veloso（2008）は縦断的データを用いて，自動車メーカーが排ガス規制（The clean Air Act）の達成から発生するタスクの不確実性に対応するため，自動車部品メーカーとの組織間マネジメントのあり方を取り上げた。この分析結果は，近年「知識」を鍵概念として企業の境界線（The boundary of the firm）を探る研究とも関連しており，環境規制という外的ショックがイノベーションにおける企業間関係に与える影響について，実証データを用いて分析したことから大変示唆に富むものである。

　さらに技術普及の論理からすれば，技術普及におけるマーケットからの認識が重要であり，消費者の行動パターンを理解する必要がある。すなわち，消費者は技術の革新性だけでは購買行動を起こさないのである（Rogers, 2003）。新製品が市場に導入されていくプロセスにおいて，初期ニッチ市場からマスプロ市場へのシフトはスムーズに行われるのではなく，その間にキャズム（深い溝）がある（Moore, 2002）。グリーン・イノベーション普及のキャズムを乗り

越えるため，消費者の行動パターンに対する理解，および技術普及のマーケット・デザインが必要と考えられる（Hargadon, 2004）。

② グリーン・アントレプレナーシップの議論

環境規制の有効性を捉える議論の多くは，いずれも既存企業もしくは産業を前提に議論を進めてきた。前述の「ポーター仮説」も基本的には既存企業は，環境規制を遵守し，これまでの生産活動から生じる非効率性を改善することにより，費用節減・品質向上につながるイノベーションが促進されたという説明である（Porter, 1980）。

技術革新にはさまざまな類型があるが，生産工程の改善改良により環境負荷を削減する「グリーン・イノベーション」は重要であると同時に，一方では再生可能なエネルギーのような非連続的な技術変化が期待される場合，従来の技術体系とは異なるビジネスモデルの構築が重要である。イノベーションの類型に関する議論によれば，漸進的なイノベーションによる，積み重ねられた累積的効果とは異なり，非連続なイノベーションは「パラダイムの転換」を必要としている。漸進的イノベーションは特定の技術パラダイムを前提にして技術が一定の軌道をたどって進歩するのに対して，非連続的イノベーションは新たな軌道にシフトするパターンが見られる（Dosi, 1982）。

非連続的なイノベーションに直面して，既存企業が難しい立場に置かれることが多い。既存企業にとって，蓄積された過去のノウハウや知識が役に立たなくなる可能性があり，新技術に対応するために専門分野の人材を新たに採用しなくてはならなくなり，技術のパラダイム・シフトに対応するため，組織のあり方も見直さなければならない。その結果として，未成熟な新技術に対しリスクの高い投資を行うよりは，より確実性のある既存技術に投資して，新技術を駆逐しようと考えたくなる（Hargadon, 2004）。

以上のように，新規技術の誕生に直面する際に，既存企業が抱えているジレンマにとしては，既存資源への過剰依存による失敗（Christensen and Bower, 1996），組織ルーティングにおける「探求活動」と「探索活動」におけるトレードオフ（Levinthal and March, 1993; March 1991, Leonard-Barton, 1992），さらにトップ・マネジメントの認識モデルの限界（Tripsas and Gavetti 2000; Kaplan et al., 2003）といった側面が強調されている。

第11章　グリーン・イノベーションへのアプローチ

　新規技術の普及に必要なビジネスモデルは，サプライヤー，消費者，さらにマーケット構造における既存の対応関係を破壊することから，新規企業ではなく，アントレプレナーシップ型の企業が最も適応しているとされている（Shane, 2003）。既存企業は既存技術の深耕化に長けているのに対して，アントレプレナーシップ型企業にとっては，新しいビジネスモデルの構築は新規マーケットの開拓に直結するだけではなく，ベンチャー・キャピタリストを説得するための必須材料にもなっている。

　経営資源の経路依存性および組織ルーティンの制約から変化に抵抗しがちな既存企業に対しては，アントレプレナーシップ型の企業が柔軟性に長けている（Stichcombe, 1965）。そもそも「アントレプレナー」は既存マーケットの中で満たされないような技術的機会（Opportunity）を発見し，既存マーケットの中に存在する不均衡と非効率性を是正するための解決策を構想し，必要な資源を集める能力を持つ個人である（Kirzner, 1997）。この前提で考えれば，アントレプレナーによるビジネスモデルの創出は「グリーン・イノベーション」の実現には重要な意味を持っている（Hargadon, 2010）。

　「ビジネスモデル」という言葉は実践の場においてはよく使われているが，それに対する理論的な分析はまだ少ないというのが現状である（Amit and Zott, 2001; Chesbrough and Rosenbloom, 2002; Hargadon and Douglas, 2001; Mendelson, 2000）。この分野における最新の研究によれば，ビジネスモデルとは，「ビジネス機会の探求活用を通じて価値創造を実現するためにデザインされた，取引構造に対するガバナンスである」（Amit and Zott, 2001, p.51）。既存企業とは異なり，経営資源の経路依存性および組織ルーティンからの制約がなく，アントレプレナーシップ型の企業は柔軟に変化を捉えることができ，新規ビジネスモデルの創出には適合している（Stinchcombe, 1965）。

　Bhide（2000）の定義によれば，アントレプレナーシップ型の企業とは，比較的創業して間もない若い企業であり，マーケットの牽引力として潜在的成長の可能性を持っている。またビジネスモデルの創出はアントレプレナーシップ型企業のパフォーマンスとの相関関係が理論的には支持されている（Amit and Zott, 2001）。

　環境問題だけではなく，「ソーシャル・アントレプレナー」，「制度的アント

レプレナー」のように，21世紀の社会問題を解決するアプローチとして近年アントレプレナーの役割が注目されている。アカデミックな分野においては，特に「グリーン・アントレプレナーシップ」にフォーカスする体系的な研究はまだ少ないものの，実際のビジネスの現場において，新しいビジネスモデルを用いた環境技術関連の新規参入が増えている。

4　グリーン・アントレプレナーシップの事例
　　　—電気自動車

　「グリーン・アントレプレナーシップ」の実態を理解するため，以下から電気自動車の分野における新規参入の例を見ていくこととする。なお，ここで紹介した事例は，筆者がスタンフォード大学STVP（Stanford Technology Venture Program）にて収集した各種資料に基づいて作成したものである。

　電気自動車の歴史は長く，その誕生は1873年まで遡ることができる。1886年に登場するガソリンエンジンとのシェア争いでも，当初トランスミッションと始動動力が必要ではないという簡単な構造と取り扱いの容易さから非常に優位に立った。これは自動車の揺籃期に当たる1895年当時のアメリカにおいて，電気自動車が500台程度に普及しているのに対して，ガソリン車はわずか300台にしか過ぎなかった，という事実にも反映されている。さらに1899年には電気自動車がガソリン車より先に時速100キロの壁を突破し，性能面においても勝っていた。しかし，1908年の「フォード・モデルT」（T型フォード）の登場によって状況が一変，T型フォードによって，ガソリン車の大量生産が始まり，ガソリン車の価格は安くなって爆発的に普及した。結果として，ガソリンエンジンに多額の研究開発費が投入されるようになったため，エンジン性能が急速に向上した。そのような状況の下で，ガソリン車と電気自動車との価格差が広がり，ついにディーラーの店舗から電気自動車が消えてしまった。1990年代のカリフォルニア州「ゼロ・エミッション」規制を契機に，電気自動車の二度目の浮上が注目されたが，結局それも高性能のコア部品が実現できないままいつの間にか世間から関心が薄れていた。

　電気自動車が三度目の浮上を果たしたきっかけは，オバマ大統領が「グリー

第11章 グリーン・イノベーションへのアプローチ

ン・ニューディール」の中で電気自動車を2015年を目処に150万台普及させると表明したことが挙げられる。これを受けて，従来の大手自動車メーカーによる研究開発だけではなく，2000年以後テスラモーターズとベタープレイスのような，アントレプレナー型の企業も，続々とアメリカのシリコンバレーを本拠地として誕生するように至った。伝統的な自動車産業に対して，若きアントレプレナーたちが挑戦するようになった背景には，まず，周辺産業の波及効果により，それまで「実現不可能」とされていた基幹部品の性能が急速に向上したことが挙げられる。特に近年エレクトロニクス産業がモバイル機器向けに巨額な研究開発投資を続けてきた副産物として，二次電池（バッテリー）の性能が飛躍的に向上し，量産効果によってコストも大幅にダウンしたことが挙げられる（図表11-1）。

■図表11-1　リチウムイオン電池（18650セル）の性能向上

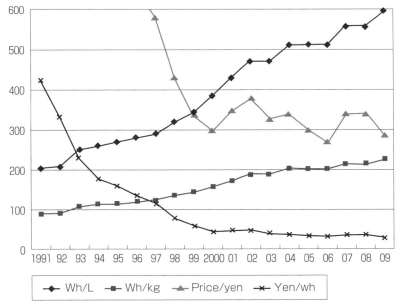

（注）18650セルは直径18mm，高さ65mmの円筒電池。Wh/Lは体積当たりエネルギー容量，Wh/kgは重量当たりエネルギー容量，Price/Yenは価格（日本円），Yen/Whは容量当たり価格（日本円）を表している。なお，テスラ・ロードスターは「18650型」セルを大量に搭載している。
（出所）各種データに基づいて筆者作成。

第Ⅲ部 世界に広がるグリーン・イノベーション

　両社を比較すると，技術的機会への捉え方が異なったものの，いずれも自動車技術に対する既存資源が乏しいなか，新しいビジネスモデルの構想により新規参入を果たしたことにおいては共通している（図表11-2）。

　まず，両社ともグリーン・アントレプレナーシップ型の企業として，創業者は異なったキャリアパスを持っていたところでは興味深い。テスラ創業者のマーティ・エバーハート（Martin Eberhard）氏は，コンピューター工学と電気工学の学位を持っているが，自動車技術については熟知していなかった。現CEOのイーロン・マスク氏はペイパルの創業者として知られており，投資家の顔を持っているが，彼の専門はコンピューター・サイエンスであった。これ

■図表11-2

	テスラモーターズ	ベタープレイス
創業	2003年	2007年
創業者	イーロン・マスク：ペイパルの創業者 マーティン・エバーハード	シャイ・アガシ：元SAP重役
出資者	・イーロン・マスク ・グーグル共同設立者のサーゲイ・ブリン氏とラリー・ペイジ氏 ・ジェフリー・スコール氏（元eBay社長） ・ニコラス・プリッカー氏（ハイアットホテル会長） ・ベンチャー投資ファンド	・イスラエル政府 ・石油企業 ・投資銀行 ・ベンチャー投資ファンド
ビジネスモデル	バッテリーパックの制御技術にフォーカスし，他のパーツは世界のメーカーから調達する。	電気自動車専用の電池パックをリースし，バッテリー交換ステーションのネットワークを提供し，顧客が走行距離を購入する
協力パートナー	Sotira⇒ボディ Lotus⇒シャシー 裕隆汽車⇒電気モーター 致茂電子⇒バッテリーの制御部品 アメリカ国内部品メーカー⇒ギアボックス	ルノー日産：電気自動車 バッテリー：AESC エネルギー：電力事業者
顧客	初期モデルは高価のため，環境セレブに絞る	一般消費者

（出所）各種資料により筆者作成。

に類似して，ベタープレイス創業者のシャイ・アガシー氏はソフトウェア開発の学位を持っており，SAPの技術戦略の役員として優れたマネジメント能力を発揮し，CEOへの昇進が約束されたなか辞任しベタープレイスを創業した。両社とも，展開拠点としてアメリカ・シリコンバレーを選んだのは，人材と資本の調達の面においてはシリコンバレーネットワークの有効性を大いに活用できるからであった。テスラの創業から最初のロードスターが誕生するまで，イーロン・マスク氏は合計1億8,700万米ドルを調達した。出資者の中に従来のベンチャー・キャピタリスト，金融機関だけではなく，イーロン・マスクと親交のあるグーグル共同設立者のサーゲイ・ブリン氏とラリー・ペイジ，元eBay社長のジェフリー・スコール，ハイアットホテル相続人のニコラス・プリッカー氏などのシリコンバレー大物企業家が含まれていた。またベタープレイスはイスラエル政府からの支援をバックアップにして，石油産業からベンチャーファンドまで幅広く資金調達を行っていた。

なお，両社のビジネスモデルは，周辺のパートナー企業との緩やかな連合に基づいていたことにおいて共通している。

テスラモーターズのビジネスコンセプトは，まず「自動車愛好者」に好まれる「ファンシー」なスポーツカーを作ることにより新規参入を果たし，そこで

■図表11-3　電気自動車の性能比較

モデル	アメリカ国内販売価格（千ドル）	一充電の走行距離（km）	連続出力（kW）	販売年
テスラ・ロードスター	109	245	215	2010
モデルS（テスラ）	65	300	220	2012
日産リーフ	32.8	100	80	2010
ルノー（カングー・バン・マキシZ.E)	29.1	105	44	2011
フィスカー（プラグイン・ハイブリッド）	87.9	250	300	2011

(出所）各種資料により筆者作成。

得られた資金をベースに，一般消費者の興味を引く電気自動車を開発する。さらに次のステップとしては，量産効果によるコストダウンを図り，消費者の拡大につなげると描かれている。電気自動車に対する消費者の従来のイメージは，運転愛好者への「罰」的な象徴として位置づけられることが多かった。そのため，それまで開発された電気自動車は，いずれも実用性重視の小型車であり，通勤や買い物など近距離移動を想定したものが大半であった。それに対して，テスラのロードスターは「自動車愛好者」の観点から「馬力」と「速度」に対する欲求を最大限に実現するために開発された。それまでの「控え目」な電気自動車というイメージを払拭するように，最高時速は約210kmを達成し，家庭用コンセントを使った１回の充電（３時間半）で322km以上の走行性能を実現したゴージャスなスポーツカーである（図表11-3）。しかし一方では，販売価格は９万8,000ドルと高価であるため，初期顧客においてはスーパーリッチ層に絞った。

　ベタープレイスのビジネスモデルは，電気自動車の開発と生産に焦点を当てるのではなく，充電スポットのネットワークを通じて電気自動車の充電サービスを提供するために構築されていた。したがって，ビジネスモデルのストラクチャーは，政府，自動車メーカー（ルノー日産），電力事業者などさまざまなパートナーシップを含んでいた。消費者はベタープレイスで利用できるルノー日産製の電気自動車を購入し，ベタープレイスは専用のバッテリーパックをリースしていた。

　このビジネスモデルに基づく収益モデルは，携帯電話サービスと類似している。すなわち，携帯電話プロバイダーは端末機の提供ではなく，コミュニケーション・ネットワークのサービスを提供することにより，収益モデルを維持している。それと類似するように，ベタープレイスは，走行距離に合わせて通常の充電を行うか，長距離運転の場合交換ステーションで「満タン」の充電池に交換するなど，いわゆる走行距離に応じて料金を支払う仕組みになっていた。

5　まとめ

　以上のように，グリーン・イノベーションに関する議論は政策論的な観点か

ら，よりミクロレベルの企業行動，さらには「グリーン・アントレプレナーシップ」まで，さまざまな観点が必要とされてきた。こうした多様な議論が展開されてきた背景には，技術開発の不確実性が挙げられており，従来のデマンド・プル，もしくはテクノロジカル・プッシュのアプローチにより一気に新規技術へのシフトには限界があると指摘されている（Rosenberg, 1969）。グリーン・イノベーションの実現には，R&D投資の拡大によって代替技術の選択肢を広げるだけではなく，もっと重要なのはそうした技術の代替案をいかに実行していくのかに関するビジネスモデルの構築である（Hargadon, 2010）。

　グリーン・イノベーションの創出における「アントレプレナー」の役割を唱えるカリフォルニア大学デイビス校のAndrew Hargadon教授は知識ブローカー（Knowledge broker）の概念を提示し，異なる知識と価値観を再構築し，新たなコンセプトを作り出している個人，もしくは組織の役割が大きいと指摘している。最も社会的インパクトの大きいイノベーションとは，ゼロベースから技術体系を完成させていくのではなく，それまでの知識蓄積から新しいアイディアが組み合わされ再構築されたものである。電気自動車におけるグリーン・アントレプレナーの事例から見られるように，異なる知識と価値観をつなぎ合わせる能力を持つ個人の役割が大きい。グリーン・イノベーションの実現には自由な発想と大胆な構想力が不可欠なため，「アントレプレナー」の役割が期待されている。

　「ビジネスモデル」を研究するウォートン・スクールのR. Amit教授の指摘によれば，ICT技術の進歩から，古い技術パラダイムの中で統合されていた企業活動はこれから分離しやすくなるにしたがって，ビジネスモデルにおけるイノベーションの源泉が拡大することが予想されている（Amit and Zott, 2012）。グリーン・イノベーションにおける既存企業が大きな役割を果たしているなか，ビジネスモデルにより新しい市場機会を発見するグリーン・アントレプレナーシップ型の企業も今後増えるであろう。

（朱　穎）

中国式グリーン・イノベーション
―「倹約イノベーション」を実現する巨大市場と政府の戦略

1 はじめに

　中国でグリーン・イノベーションが急速に進んでおり，今や中国はグリーン・イノベーションの重要な苗床となっている。こう言えば，読者の多くは信じられないという感想を持つかもしれない。各種の環境汚染物質の排出指標を見れば，中国は依然として世界最悪の汚染状態である事実は変わっていない。エネルギー構成を見ても，石炭が依然65.6％（2014年）と圧倒的な比率を占め，再生可能エネルギーの占める比率は極めて低い。そんな中国でグリーン・イノベーション？，そう考える人が多いのではないだろうか。

　しかし第11次五カ年計画期間（2006～2010年）以降，中国では環境対策が急速に進展していることも紛れもない事実である。第11次五カ年計画においては，エネルギー効率，SO_2排出量，CODに関して改善・削減目標が打ち出され，ほぼその目標は達成された。エネルギー消費のGDP原単位については，20％改善の目標値が掲げられ，実際にはわずかながら目標に及ばなかったものの19.1％の改善となった。他方，SO_2排出量は目標値10％削減に対し，14.3％，CODは同じく10％削減の目標に対し，12.5％の削減に成功，つまりいずれも超過達成したのであった。

　5年間で20％，10％という数値はそれほど大きなものではないと感じるかもしれないが，中国のエネルギー消費量，環境汚染物質排出量は世界最大であり，

253

その20％，10％は絶対量としてみれば巨大な量に達することを見誤ってはならない。ここ数年だけでも環境対策の進捗で生み出されてきた中国の環境市場は想像をはるかに超えて巨大なものであったのだ。市場があるところ，イノベーションが生まれる余地がある。本章では，特にこの巨大な国内のグリーン市場が中国のグリーン・イノベーションに与える独特の優位性を考察の柱の1つとする。

　さて，SO_2排出量削減のカギになったのは排煙脱硫装置の導入が急速に進んだことであるが，興味深いのは排煙脱硫装置の生産を担ったのが海外メーカーではなく，国内メーカーであった点である。堀井（2010a）および堀井（2010b）で分析したとおり，中国における排煙脱硫装置の普及に際しては，国内メーカーが海外メーカーから技術を吸収し，そこに大幅な（8割に及ぶ）コストダウンを実現することで競争優位性を確保したのであった。

　中国企業による技術的なキャッチアップはイノベーションと呼ぶよりはむしろ技術移転であるという考えもあるかもしれない。しかし排煙脱硫装置の事例においては，常識破りのコストダウンは競争における中国企業の優位性を確保することに大いに貢献したのであった。また排煙脱硫装置のコストダウンには，脱硫プロセスの市場ニーズに合わせた簡素化や原材料・素材の安価な調達を可能にしたサプライヤーネットワークの構築など，中国企業ならではの創意工夫が存在した。単純に人件費をはじめとする生産要素が安価であることで自然とコストが低下したというものではないことに注目すべきである。本章は，海外メーカーと同じ製品であっても，コストダウンが実現していればイノベーションと考えるという立場である。

　英誌*Economist*は2010年4月15日号の特集で，中国とインドの企業が驚異的なコストダウンをした製品の供給に成功しているさまを「倹約イノベーション」（frugal innovation）と呼んだ。両国の製品の多くは品質面で相当見劣りするかもしれないが，新興国市場では競争力を持つこと，また中国，インド両国にはフォーチュンの世界企業ランキングで上位に位置するトップ企業も技術開発拠点を置くようになっていることより，早晩技術レベルを大幅に引き上げてくる可能性があると同誌は主張している。筆者は，堀井（2010b）でも述べたが，こうした「倹約イノベーション」がエネルギー・環境分野でも実現し，

中国企業が競争力を持って台頭している潮流にあると考えている。

　そこで本章では，なぜ中国企業による「倹約イノベーション」がエネルギー・環境分野で可能になっているのかという点について，すでに他の論文で検討した排煙脱硫装置と異なる事例を取り上げ，より多面的に考察することを目的とする。具体的には風力発電設備を事例に取り上げる。中国は風力発電設備の導入量で2010年にはアメリカを抜いて世界最大となっており，この躍進の背景にも中国メーカーによる大幅なコストダウンがあり，「倹約イノベーション」が海外メーカーを退けた事例として位置づけることができる。

　また再生可能エネルギーである風力発電の場合，石炭火力をはじめとする他電源と比べるとコスト高であるため，政府の導入制度が市場の形成，発展に大きな影響を与える。そこで本章では，「倹約イノベーション」を実現する上で政府の政策，制度設計がどのようになされたかという点に注目する。「倹約イノベーション」＝中国式グリーン・イノベーションを生み出してきた政府と企業の関係を検討する。

　本章の構成は次のとおりである。問題の所在を示したこの第1節に続いて，第2節では，中国の風力発電導入の経緯と国内メーカー台頭の状況について概観する。続く第3節では，中国の風力発電設備メーカーの「倹約イノベーション」を可能にした要因について，再生可能エネルギー導入のための制度設計とそれに対する企業の反応に焦点を当てて考察する。そして第4節では，中国式グリーン・イノベーションである「倹約イノベーション」が偶然生み出されたものではなく，中国独自の強み，具体的には巨大な市場規模，競争を恐れず，自らの生産要素を組み合わせて競争力を最大限発揮しようと創意工夫する多数の企業の存在，戦略的な政府の政策があることを指摘する。また近年の世界的なグリーン市場の縮小という状況の下，中国企業が競争力を高めている背景について考察する。以上を踏まえて最後の第5節において，中国式グリーン・イノベーションからわが国が学ぶべき示唆を指摘し，わが国はどういう戦略で臨むべきかについて考えを述べる。

2　中国における風力発電導入の経緯と国内メーカーの台頭

　図表12-1のとおり，中国の風力発電による発電量は近年急成長している。従来より風力発電への投資に積極的であったドイツやスペインは横ばいで推移したのに対し，アメリカと中国はともに2007年以降目覚ましいスピードで成長している。中国はアメリカに次いで世界第2位の風力発電量となっており（2015年），しかも近年アメリカとの差を縮めてきている。実は導入設備容量について見れば，2010年に中国はアメリカを追い抜き，世界最大である。

　中国の風力発電導入の急激な伸びの背景には国内メーカーの成長がある。図表12-2は中国の風力発電設備容量と導入済設備における国内メーカーのシェア（累計）の推移を示したものであるが，図表のとおり，2004年には3割程度にとどまっていた国内メーカーのシェアが6年後の2010年には累計で8割を超える水準にまで急速に高まり，その後9割近い水準で推移している。その結果，図表12-3のとおり，累計導入量で見てもトップ5社は中国国内メーカーが占

■図表12-1　主要国の風力発電による発電量の推移

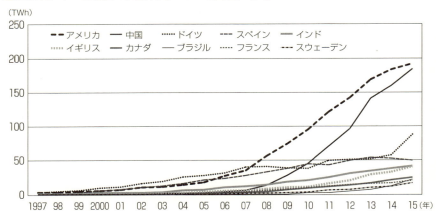

（出所）BP, *BP Statistical Review of World Energy*, June 2016（www.bp.com/statisticalreview，2016年8月10日アクセス。2016年7月一部修正）より筆者作成。

第12章　中国式グリーン・イノベーション

■図表12-2　中国の風力発電設備容量と国内メーカーシェア（累計）の推移

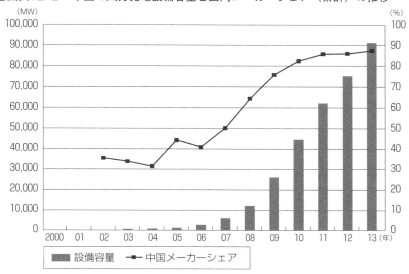

（出所）『風力発電発展研究報告』各年版。

■図表12-3　中国の風力発電設備に占める各メーカーのシェア（導入済設備累計，2009年および2013年）

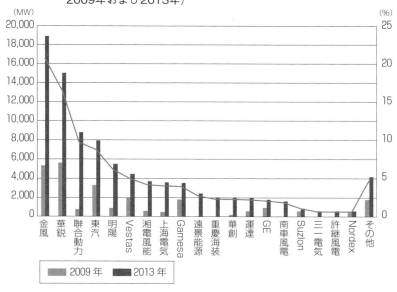

（出所）中国風能協会データより筆者作成。

257

め，世界的に有力な風力発電設備メーカーであるヴェスタス（デンマーク），GE（アメリカ），スズロン（インド），ガメサ（スペイン）のシェアは限定的である。

シェア第1位の金風は，中国で風力発電の普及が爆発的な導入が進む以前の90年代より小型風力を中心に風力発電設備の開発を行ってきた企業であり，従来は国内メーカー内のシェアとしては8割近くを占める圧倒的な地位を保持していた。他方，シェア第2位で2009年時点ではトップシェアを有していた華鋭は2006年に設立された企業であり（前身の企業を入れれば2004年設立），まさしく中国国内の風力発電市場の急拡大に乗じて自らも急激に飛躍したメーカーである。

それにしても創業わずか数年の企業があっという間に生産量を拡大し，トップメーカーに躍り出るというのは驚くべきことである。後述するが，華鋭は2010年には世界ランキングで見ても第2位のメーカーに成長している。急激な成長は華鋭にとどまらず，金風，東汽を始め，数多くの国内メーカーに共通するが，これほど短期間に国内メーカーがシェアを拡大できたのはいかなる要因によるものなのか，次はこの点をまずは政府の再生可能エネルギー導入にかかわる政策，制度の分析から考えてみよう。

3　中国の風力発電設備企業による「倹約イノベーション」の背景

(1) 風力発電導入促進に向けた政策および制度

風力発電をはじめとする再生可能エネルギーは近年急速にコストが低下しているとはいえ，現状においても依然として石炭や天然ガスなどの化石燃料による発電と比較すると割高である。したがってその普及を左右するのは政策による支援であり，従来は将来的なコストダウンをめざす技術開発支援が中心であったが，2000年代以降は地球環境問題への対応の意味もあり，より直接的に導入そのものを支援する方式が主流になりつつある。

中国における風力発電の普及の契機となったのは2006年1月より施行された「可再生能源法（再生可能エネルギー法）」であり，そこでは再生可能エネル

ギーを環境面に加え，国家のエネルギー安全保障上からも普及させる必要が述べられ，普及の方策として全量買取制度（Feed in Tariff：FIT）[1]，送配電業者の買取義務が盛り込まれているのが特徴である。このFITは主にヨーロッパの国々，とりわけドイツとスペインで成功を収めたと評価されている支援方式であり[2]，中国もそうした国々における風力，太陽光を中心とする再生可能エネルギーの普及を目指して導入したものといえる。

しかしながら実際の運用をみる限り，風力発電の普及にFITや買取義務がこれまで機能していたというわけではないようである。例えば風力発電に関連して問題となっているのは風力発電設備の送電系統（電力網）への未接続問題が挙げられる。2010年末時点で導入済みの設備容量は4,231万kWに達した一方，送電系統に接続された容量は2,956万kW，すなわち全体の7割程度にとどまっていたとされている。導入量の伸びが急激過ぎたためという面が大きいが，買取義務の履行については柔軟な運用がされていることを示している。また買取価格についても全量買取ではなく，入札による価格競争が図られている。むしろ再生可能エネルギー利用割合基準（Renewable Portfolio Standard：RPS）[3]に近い方式であったと考えられる。

中国の風力発電設備の急激な導入を可能にしたのは大きく2つのチャンネルが機能した結果である。具体的にいえば，①RPSと同様，電気事業者（発送電分離体制となっている中国の場合，発電企業）に対して発電設備容量の一定割合を再生可能エネルギー電源とすることを義務づける固定枠の設定，そして②国家財政による投資を主とした国家プロジェクトの展開である。

まず①についてであるが，2007年に公表された「可再生能源中長期発展規画（再生可能エネルギー中長期発展計画）」において，電力系統内の発電設備容量に対する水力以外の再生可能エネルギーの比率を2010年および2020年にそれぞれ1％および3％とする目標を設定し，それをふまえて大規模（500万kW以上）発電事業者に対しては水力以外の再生可能エネルギー電源の占める比率をそれぞれ3％および8％にすることを義務づける強制的目標を導入したというものである。世界最大の容量を擁する中国の発電事業者にとって，3％あるいは8％とはいえ，絶対量としてはかなりの規模の再生可能エネルギーへの投資が必要ということになる。電力需要が引き続き堅調に成長するなか，新規の化

石燃料電源を整備することと引き換えに，再生可能エネルギーへの投資が求められる状況を作り出したというわけである。このような状況の下，発電事業者が選択したのは水力以外の再生可能エネルギー電源のなかで最も経済性の高い風力発電であり，それが2007年以降の風力発電の劇的な普及の背景にある要因である。

また②については，中国政府は2003年8月に「風電場特許権招標法案（ウィンドファームコンセッション入札法案）」を初めて実施し，その後毎年一定量のウィンドファーム建設を国家主導の国家プロジェクトを通じて推進してきた。このスキームにおいては，国が建設サイトを指定し，事業者を入札で募るというもので，風況調査や土地購入，住民対策，送電系統への接続などについては国の方で対応するという点がポイントである。こうした事業リスクを国の対策によって軽減する一方，事業者に対してはコスト競争を求めるという対応となっている[4]。2003年から2007年にかけて国家プロジェクトによって導入された設備容量は3,500MWで同期間中の新規導入設備の66％におよぶ（王，2010，141頁）。市場が本格的に立ち上がる2006年以前はまさにこうした国家プロジェクトが風力発電市場の成長をけん引する作用を果たし，風力発電設備企業に投資を促す効果があったと考えられる。また国家プロジェクトの技術仕様は設備企業に技術開発の大きな方向性を示してきた点も評価されるべきであろう。

重要なのは上記2つのいずれにおいても，風力発電設備メーカーに対してはコスト削減の圧力がかかるインセンティブ構造になっているという点である。再生可能エネルギー比率を満たす必要に迫られた発電企業にとっても，できる限りコストを抑えた経済性のあるプロジェクトとして風力発電の導入を図りたいとするインセンティブがあり，国家プロジェクトにおいても価格競争力は選定にあたって非常に重要な要素とされている。政府の決めた価格で全量買取を保証するFITではなく，こうしたコストダウンをより促す仕組みを取り入れたことが近年の風力発電設備の急激な成長に寄与したものと考えられる。

(2) 中国国内メーカーによる技術キャッチアップの背景

もう1点重要なことは，中国の風力発電市場の急拡大に伴って同時に進行した国内メーカーの台頭がいかにして可能であったかという点である。多くの中

国メーカーにとって風力発電技術は新たな技術であり，先進国からの技術移転を含むキャッチアップ過程を経る必要があった。

この点においても中国政府の政策が重要な役割を果たしたと考えられる。とりわけここで注目したいのは風力発電設備に使用される部品メーカーの成長に政策が果たした影響である。風力発電設備は1万点程度の部品を組み立てることで生産されているため，部品の競争力が完成品の設備の競争力に大きな影響を及ぼす5)。

重要な政策として，2005年に公表された「関于風電建設管理有関要求的通知（風力発電建設管理に関連する要求についての通知）」が挙げられる。これによってウィンドファームの建設にあたっては導入する風力発電設備の国産化率が70％以上でなければ建設を認められず，また750kW未満の設備については関税が徴収されることとなった。この政策によって海外メーカーにとっては，巨大な中国市場に参入するためには中国国内に自らの工場を建設するか，あるいは地場の協力会社を選び，その会社の技術指導を行うという選択を迫られることとなった。この措置はアメリカをはじめ欧米諸国の強い反発を招き，WTO違反として提訴することも辞さないとの態度をアメリカは示したこともあり，2010年には撤廃される。しかしながらこの間5年あまりの期間で中国メーカーはキャッチアップにかなりの程度成功したと考えられる。

中国政府の国産化率を規制する政策は，まず海外の風力発電設備メーカーによる輸入製品に対して，中国国内メーカーの製品の競争力をかさ上げする効果をもたらしたといえる。海外メーカーの輸入製品はそのままでは中国国内の風力発電プロジェクトには使用できなくなったことで実質的に市場保護を行ったものというべきであろう。また国内メーカーが従来輸入に頼っていた部品について国内サプライヤーへの切り替えを促したことで，国内サプライヤーの技術力を向上させる効果があったと考えられる。

図表12-4は中国メーカーのトップ4社と海外主要メーカー4社の中国市場に販売している設備（2007年）について，全体制御技術の供与元とそれぞれの部品ごとにサプライヤーを示したものである。中国メーカーは部品を内製化せず，外部から調達していることが注目される。コストに占める比率も20％と高く，効率も左右する重要部品であるブレードについては，世界最大の専業メー

カーであるLM（デンマーク）からの調達とともに、中航恵騰、中複連衆など重工系の国有大企業がサプライヤーとなっている。またギアボックス、発電機については、近年シェアを上昇させつつある明陽を除けば、トップ3社はいずれも国内メーカーから調達している。そしてそれらのサプライヤーは同様に従来より中国の機械産業を担ってきた国有重工企業である。ただし、発電した電力を送電系統に接続するための制御装置については、国内の技術レベルが劣るため、海外のサプライヤーに依存している状況であることも見て取れる。

ブレードについては、2009年時点で中国国内の生産企業数は52社の多数の企業が存在する状態となっている（王・任・高編著, 2011）。中国の特徴として指摘できるのは、アセンブリー（組立）メーカーに加え、独立のブレード専業の生産企業が多数存在する点である。独立系では中航恵騰、中複連衆の国内メーカーに加え、海外メーカーではデンマークのLMが中国進出しており、合わせて年間5,000台程度の生産能力を有している。ヴェスタス、スズロン、ガメサといった海外のアセンブリーメーカーの多くは自家生産で内製化しているのに対し、中国国内メーカーはほとんどが独立のブレード専業メーカーからの調達となっているのが注目される（高・王・任編著, 2009）。

次にギアボックスについては、南高歯と重歯で市場シェアは5割超となっており、集中度の高い市場となっている。特に最大のアセンブリーメーカーである華鋭を子会社に持つ大連重工は、華鋭にほぼ独占供給しており、華鋭の成長に伴って自らの生産量も拡大させている。他方、海外メーカーはギアボックスについては中国企業ではなく、自ら合弁企業を設立し、そこから調達する方式が多い。具体的にはシーメンスによる威能極、スズロンによる漢森風電伝動があり、海外メーカーは主に両企業から調達している。

残る重要な部品である発電機やベアリングについては、風力発電設備以外にも用いられる工業製品であるため企業数も多く、もともと国内企業が生産を行っていた。したがってハード面では上記のブレードとギアボックスが従来の蓄積がなく、新たな技術開発が必要であるとともに、技術的難度も高くキャッチアップが必要な部分であったといえよう。

注目されるのはブレード、ギアボックスともに独立系の企業が台頭し、大きなシェアを確保している点である。国内サプライヤーメーカーの成長の背景に

第12章　中国式グリーン・イノベーション

■図表12-4　中国メーカーおよび海外メーカーの技術供与元および部品サプライヤー（2007年）

企業	定格効率／ブレード直径	全体制御技術供与元	部品サプライヤー
華鋭	1.5MW 70m/77m	ライセンシング（ドイツフーアレンダー）	ブレード：中複，LM ギアボックス：大重，南高歯 発電機：蘭電，大連天元，永済 制御技術：Windtec（オーストリア）
金風	1.5MW 70m/77m	自社製（M&Aによりドイツ Vensys吸収）	ブレード：LM，恵騰 ギアボックス：重歯 発電機：株州，南汽 制御技術：自社製
東汽	1.5MW 70m/77m	ライセンシング（ドイツリパワー）	ブレード：LM，恵騰，中複，東汽 ギアボックス：重歯，南高歯，徳陽二重 発電機：蘭電，永済，東風電機 制御技術：Mita（デンマーク）
明陽	1.5MW 77m/83m	共同設計（ドイツエアロダイン）	ブレード：北玻院 ギアボックス：Jake（ドイツ） 発電機：VEM（ドイツ），蘭電，株州 制御技術：自社製
ヴェスタス	2MW 80m/90m	自社製	ブレード：自社製 ギアボックス：威能極（シーメンス子会社） 発電機：自社製 制御技術：自社製
GE	1.5MW 70m/77m	自社製	ブレード：LM ギアボックス：フーアレンダー 発電機：フーアレンダー 制御技術：上海恵亜電子
ガメサ	0.85MW 52m/58m	自社製	ブレード：自社製 ギアボックス：自社製 発電機：淄博牽引電機 制御技術：自社製
スズロン	1.5MW 82m	自社製	ブレード：自社製 ギアボックス：漢森風電伝動（子会社） 発電機：自社製 制御技術：自社製

（出所）高・王・任（2009），226-232頁，王（2010），197-203頁を整理して筆者作成。

は，先に挙げた国産化率70％を義務づける政策の影響がある。加えて，アセンブリーメーカーが内製化を選ばず，外部調達を選択したのは，中国の風力発電の発展段階からすれば，合理的な経済的理由があるという面もある。というのも，特にブレードはこうした「垂直分裂」（丸川, 2007）を用いた生産の方が，少なくとも市場の立ち上がり期であった2000年代には，規模の経済性を享受し，コストダウンを進めることに寄与したためである。

世界的にも風力発電は依然として技術革新が進行中の技術であり，その成果は主として発電規模の拡大という形で表れている。ブレードは金型を用いて生産されるが，固定費用としてかかる金型の費用を最小化するためには同一の金型で生産するブレードの数を増やせば増やすほど良い（平均費用が逓減する）ということになる。特に中国では，2000年代後半に市場が急拡大する際にも一足飛びに海外メーカーの最先端製品（大規模発電容量）を導入するのではなく，国内メーカーがキャッチアップ可能な水準の，世界的水準からは少し遅れた発電規模の設備を導入してきた。国内メーカーのキャッチアップに伴い，わずか数年で急激に発電規模の拡大が進んできた状況であり，いったん金型を作っても間もなくその金型で生産するブレードは時代遅れとなり，金型1セット当たりの生産量には限界があることになる。こうした状況では，アセンブリーメーカーにとって内製化するよりは共同で同じ金型を使用した方がコストを低減できる。

一方，こうした中国国内メーカーの風力発電設備産業の「垂直分裂」構造と比べると，海外メーカーのほとんどがブレードを内製化していることは対照的である。海外メーカーの思惑は，技術的な面での差別化を意図したものであるとともに，グローバル展開していることで中国一国に限らず，他の国に供給する製品への使用も考えたうえでの戦略であると考えられる。他方で，中国メーカーにとってはグローバル展開していないなか，また中国の国内市場規模も限られていた当初の状況では，内製化というのは規模の経済性というコスト面でも，また技術的にも優位な戦略でなかったと考えられる。その後，中国が世界最大の風力発電市場となったなかで，こうしたブレード生産の「垂直分裂」構造は規模の経済性を極大化し，海外メーカーに対する中国メーカーのコスト競争力を支える重要な要素となったと考えられる。

第12章　中国式グリーン・イノベーション

4　中国式グリーン・イノベーションの条件と競争優位

　第３節では中国政府が風力発電設備産業の振興を目的に進めてきた政策および制度について分析し，それに対する企業の対応の実態について検証した。次に本節では，風力発電という世界的に見ても比較的先進的な技術に対して，中国企業がキャッチアップすることがなにゆえに可能であったのか，海外メーカーの発展過程とも対比しながらその条件について改めて考察する。そして風力発電の事例を踏まえて，中国式グリーン・イノベーションの競争優位について考察する。

(1)　国内市場規模

　図表12-5のとおり，2007年と2010年の世界の風力発電設備メーカーのシェアの変化を見ると，わずか３年で大きく様変わりしていることがわかる。2007年はヴェスタスが31.4％と全体の３分の１近くのシェアを確保するとともに，続くエネルコン，ガメサ，GEのトップ４社のシェア（CR４）は74％，トップ８社（CR８）まで拡大すると92％と集中度の高い市場構造となっていた。ところが2010年はトップメーカーであるヴェスタスのシェアは14.8％に縮小し，CR４も45％，CR８は72％に低下している。依然比較的集中度は高いといえるが，従来の寡占化に進んでいた趨勢は反転，多数の企業が再びシェア拡大を競う状況となった。

　いうまでもなく，こうした状況が生じたのは中国メーカーの台頭である。特に華鋭と金風，東汽の中国国内のトップ３社は2007年時点においては金風が1.5％，華鋭が0.8％，東汽に至っては圏外の微々たるシェアしか有していなかったにもかかわらず，2010年には華鋭が11.1％の世界第２位に躍進，金風も9.5％で第４位，東汽は6.7％の第７位となっている。他にも４社，先の３社と合わせて７社が世界のトップ15社にランクインしていることになる。

　風力発電設備産業において急速に中国メーカーの存在感が増大してきたのはひとえに，海外メーカーが新たに出現した巨大市場である中国市場を確保できなかったことによる。他方で，中国メーカーの設備は現段階ではほとんどが中

■図表12-5 風力発電設備メーカーの世界シェア（2007年，2010年）

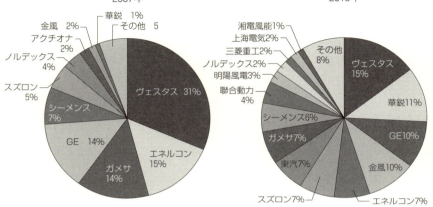

（注）2007年の出所に記載のデータは合計が100を超えるため，その他を修正した。
（出所）2007年：高・王・任（2009）p.219（元データはBTM, *World Market Update* 2007），2010年：李（2011）p.4（BTM, *World Market Update* 2010）。

国の国内市場向けの販売である。第2節で分析したとおり，中国政府の政策，特に国産化率の規制により海外メーカーは少なくとも一時的に中国市場への販売が掣肘される形となり，その間に中国政府は政策的に風力発電市場を大きく拡大する措置を取ったことで国内メーカーの驚異的な成長が可能となった（図表12-6）。中国の場合，国内市場が巨大であることを背景に世界的な企業へと急速に成長することができることを示す一例であるといえよう。

また図表12-6を子細に見れば，現在上位に位置している企業は，金風を除くとほとんどが中国市場が拡大するなかで新たに参入してきた企業であることがわかる。華鋭はそのなかでも際立つ一例であるが，世界ランキングにも顔を出す聯合電力，明陽も2000年代後半になってから参入をしてきた企業である。中国の風力発電市場のCR4を見ると2004年の93.0％から2007年には67.0％，2010年には65.5％と集中度は次第に低下している。これは国内市場における競争状況を強める方向に働いており，後に述べるコストダウンの大きな要因の1つである。

図表12-6 中国市場における主要メーカーの生産量(新規導入分)推移 (単位:MW)

	2002	2003	2004	2005	2006	2007	2008	2009	2010
華鋭	0	0	0	0	19	680	1,415	3,491	4,386
金風	14	26	39	133	444	831	1,142	2,719	3,735
東汽	0	0	0	6	75	222	1,063	2,029	2,624
聯合動力	0	0	0	0	0	0	0	773	1,643
明陽	0	0	0	0	0	2	176	745	1,050
ヴェスタス	10	27	4	73	314	369	605	607	892
ガメサ	0	14	71	179	212	561	513	276	596
GE	0	0	16	43	169	213	147	317	210
スズロン	0	0	0	0	12	206	130	290	200
運達	3	2	2	7	9	65	235	262	129
ノルデックス	15	18	0	9	27	56	146	110	0
NEGミーコン	11	8	57	0	0	0	0	0	0
西安維徳	11	4	10	0	0	0	0	0	0
その他	4	1	0	52	52	0	732	2,180	3,461

(出所) 王 (2010), pp.173-174を整理して筆者作成。

(2) 技術の外部調達

　他方,第2節でも触れた国産化規制のような中国政府による市場保護的な措置だけが中国市場における海外メーカーのシェア低下の原因であるとは必ずしもいえない。その点から注目に値するのはインドの風力発電設備メーカーであるスズロンである。図表12-5を見れば,スズロンは2007年の時点で5.0％のシェアを持つ世界第6位のメーカーであったが,2010年には順位は同じ第6位ながらシェアを若干拡大し,6.9％としている。創業は1995年であるが,当初は社員わずか20名からのスタートであったが,2011年には1万3,000人を超える社員を擁し,32の国々で風力発電設備の製造,販売を行う多国籍企業となっている。スズロンの競争力の源泉も中国メーカー同様,やはり国内市場に立脚している。2010年時点でインド国内市場のシェアは50％を超える水準である。しかしインドでは,国内市場の保護主義的政策はほとんど取られなかった。それにもかかわらず,スズロンがキャッチアップしたのはなぜだろうか。

　スズロンの前身は繊維企業であり,風力発電設備に関してはほとんど技術的

蓄積を持つものではなかった。しかし風力発電設備は1万点以上の部品を組み立てる必要があるとはいえ，他の機械産業からの応用が可能な面が強い。デンマークのメーカーは多くがその前身が農業機械を生産していた企業であり，ドイツは航空機，重工機械，日本の三菱重工は造船や航空の技術を応用している（松岡（2004），220頁）。部品についても重要な部品であるブレードはグラスファイバー技術の応用であり，ギアボックスや発電機，ベアリングなどは風力発電機用でなくても機械産業の蓄積があれば生産可能なものである。

　スズロンは当初，国際本部をデンマークに置き，風力発電技術や設備生産に必要な部品調達ネットワークをデンマークに根差すことで入手したとされる（王（2010），66頁）。その後同社は部品生産に関する技術吸収に成功，またコア技術についてはドイツ第3位で特に大型機で高い技術を持っていたリパワー社を2007年に買収したことで，一気に技術的なキャッチアップを果たしたとされる。

　中国の場合も，国産化率を規制する政策による支援があったとはいえ，実際に5年程度で多くの部品についてはキャッチアップが可能となった点は機械産業の基盤のある中国においてはそれほど意外なことでもないといえる。先に掲げた図表12-1でも，アセンブリーメーカーは創業後数年以内の企業が多い状況であるのとは異なり，部品供給を担っているのは，歴史ある重工系の国有企業が多いことが示されている。

　中国のアセンブリーメーカーの特徴として，ブレードやギアボックスを外部の専業メーカーから調達していることは第2節で指摘した。垂直分裂的な部品サプライヤーネットワークは，部品生産において規模の経済性を発揮することで，風力発電設備のコストダウンに大きな影響を与えていたと考えられる。特にブレードは金型による生産であり，また発電規模の拡大が急激に進んでいた2000年代後半期においては，発電容量の拡大に応じて金型の頻繁な更新が求められるなか，金型投資の平均費用を下げるためには内製化よりも外部調達が経済合理的であったと考えられる。

　他方，海外メーカーについて見れば，ガメサの一部とGEは外部調達しているものの，ヴェスタスとスズロン，そしてガメサの発電機以外はすべて自社で内製化している。しかし実は2000年代前半の段階ではヴェスタスを除くと海外

メーカーの多くも部品については外部調達していたのが実態であり（松岡(2004), 37-40頁)，特にブレードは先に述べたLMに依存するアセンブリーメーカーがほとんどであった。これはその時点では国際メーカーであるとはいえ，ヴェスタス以外の企業が主として国内市場に依拠する生産規模にとどまっていたことが背景にあると考えられよう。それが2000年代後半以降，図表12-1のとおり，世界全体で風力発電設備の導入量が大きく伸びたことで，品質面での差別化の動機もあり，海外メーカーは部品の内製化を始めたものと考えられる。

またピッチ制御[6]を担うソフトウェアを中心とする全体制御技術の供与元を見れば，技術キャッチアップの異なるチャンネルを見出すことができる。金風はドイツのヴェンシスと2005年に1.5MW級の，2006年には2.5MW級の全体制御技術の共同開発を進めていたが，最終的に2007年にヴェンシスを買収することとなった。これによって，全体制御と系統電力接続の制御技術も手中に収め，内製化することができることとなった。実は風力発電設備産業ではこの金風の事例にとどまらず，M&Aが特に2000年代以降，活発に行われている。先に述べたスズロンによるリパワー買収もそのひとつであるが[7]，トップメーカーであるヴェスタスは2003年に当時デンマークの第2位メーカーNEGミーコンを買収している[8]。

また図表12-4のとおり，金風以外の3社はライセンシングと共同設計を行っているが，相手は必ずしもメジャーな企業というわけではない。風力発電設備産業は近年（中国市場が立ち上がる前は）集中度が上昇していたものの，もともとは企業数が非常に多く，中小規模の企業も多数存在し，かつそうした中小企業もかなり高い技術を持っているという状況がある。先に挙げたスズロンの買収，そして中国企業のライセンシングの状況を見ても，資金さえあればM&Aなどの手段を通じて技術を外部から購入することが可能であり，それが中国企業の急速なキャッチアップを支えてきたのである。実際，ヴェスタスなど大手メーカーは中国の国内メーカーが競争相手となることを懸念し，技術のライセンス供与も認めなかったのに対し，二番手企業（Second-tier companies）は中国市場での競合の可能性が少なかったために，競合の懸念よりもライセンス収入の方が重要であるとの判断で供与を進めることとなった(Lewis, 2007；2011)。

これは風力発電設備産業そのものが新興産業であるがゆえに可能であったとみることもできよう。世界市場において寡占化が進みつつあったものの，依然として多数の中小企業が市場に残存していたため，技術の外部調達が可能であったということになる。その場合，中国企業，とりわけ親会社が国有企業で豊富な資金力を活用することができる場合には有利な立場であると言える。他方で，トップメーカー群の大手メーカーから技術供与が得られなかったことは最先端の技術にはアクセスできなかったことを示すという見方も存在する[9]。しかし二番手企業とはいえ，まだトップメーカー群への生産集約が進み始めた段階であり，二番手企業の技術レベルはトップメーカーに比してそれほど劣るものでもなかったのではないか。技術移転チャンネルが機能し，中国メーカーの技術的キャッチアップを大幅に短縮したと評価することは妥当であろう[10]。

(3) コストダウンとソフト面での競争優位の確立

中国の風力発電設備産業はRPSに国家プロジェクトを組み合わせることで競争メカニズムを活用する制度が機能し，市場拡大のなかで目覚ましいコストダウンに成功している。風力発電のkW当たりの設備投資コストで見れば，2008年には6,500元／kWであったが，2010年には4,600〜4,800元／kWと29％のコストダウンとなっている。中国メーカーと海外メーカーのコストの違いについては，2011年時点ではヴェスタスの設備が4,600〜5,000元であったのに対し，金風は4,100〜4,200元，明陽は3,600〜3,800元であったとされ，ヴェスタスに比して金風は9〜18％，明陽は17〜24％割安であることになる。

コストダウンの要因に関する情報は十分に得られていないが，アセンブリーメーカーの生産コスト構成の中で部品コストが8割以上を占めることより，部品を安価に調達できるかどうかが非常に重要である。中国の場合，風力発電設備の部品を生産できる重工系の国有企業が従来より存在しており，そうした国内企業が部品サプライヤーとして成長してきたことのコストダウンにおけるメリットは非常に大きい。例えば中国国内においても，ブレード専業メーカーとして世界的企業であるLMの製品は国内メーカーの製品と比較すると2010年時点でも2割以上価格が高く，その後さらに差が開いているとされる。

またコア技術については，二番手企業からほぼ最先進水準の技術を導入する

第12章　中国式グリーン・イノベーション

チャンネルが機能していた。問題はそのコスト負担ということになるが，中国企業が支払っているロイヤルティは想像以上に低い。例えば明陽風電がエアロダインから技術供与を受けた洋上風力向けの制御技術のロイヤルティは生産台数100台までは売上高の2％（ただし，最低1万6,000ユーロ／MWを保証）に過ぎない。また生産台数が増えればそれだけ割引される契約となっており，101台から500台までは同1.5％（同1万2,000ユーロ／MW），501台から1,000台までは同1％（同8,000ユーロ／MW），1,001台以上は同0.5％（同4,000ユーロ／MW）にまで低下することとなっている（Thomson Reuters, 2012）。最も高いロイヤルティ水準でさえ，わずか2％の負担でキャッチアップに必要な先端技術を入手できるということは，先行する海外メーカーが固定費用として技術開発費用を負担していることと比較すれば，競争上有利な立場であると言えよう。また中国市場の巨大な規模を考えれば，生産台数の拡大によるさらなるロイヤルティ引き下げの可能性も高い。

　また中国企業のみならず，最近まで海外メーカーもM&Aを技術獲得手段として用いていたことはすでに述べたとおりであるが，中国企業の海外メーカーのM&Aについては本章では十分なデータが得られず，コストダウンにどの程度寄与しているかは実証することができない。二番手企業を買収していることを考えると，それほど高値づかみをしていないのではないかと推測されること，そうした技術導入チャンネルが機能していることで少なくとも技術上の参入障壁が大きく低下していることを指摘するだけにここではとどめる。

　他方で，中国の風力発電設備メーカーの多くは市場が立ち上がり始めた2000年代半ば頃に創業，あるいは商業生産を始めたばかりの企業が多く，海外メーカーと比較すると依然として技術面では多くの課題を抱えていることも否定できない。しかしそうした技術的劣勢を補うさまざまな創意工夫を行って競争優位を確保している。

　例えば，技術的劣勢をカバーするためにアフターサービス体制の整備を進めているメーカーも多い。ある中国メーカーでは，200名規模のアフターサービスチームを擁し，中国国内で故障の連絡が入ればすぐにエンジニアを派遣，連絡を受けた翌日にはサイトに到着し，修理を開始するシステムを構築している。修理に要する部品代も含め，3年間はすべての費用を請求せず，無料とするな

271

ど破格の条件で販売している。こうした行き届いたアフターサービス体制によって，海外メーカーに比した技術的な劣勢をカバーすることを企図しているとのことであった。

　これはなかなか巧妙なビジネスモデルだと思われる。中国のユーザーにとって，初期投資費用を抑えられる中国メーカーの製品は魅力的ではあるが，品質面での不安，特にメンテナンスコストがかさむことで運転費用が割高になることへの懸念がある。3年間の無償保証を打ち出すことで中国メーカーの製品に対するこうした懸念を払しょくし，海外メーカーに対しての優位性を確保することに成功している。またアフターサービスへの対応を経て自社の製品の不具合情報などをフィードバックできることは，実践的に自社のエンジニアの技術水準の向上にも寄与すると考えられる[11]。メーカーにとって費用負担はかなり大きいようにも思えるが，競争優位の戦略であり，自らの技術水準引き上げ効果を考えると一定の合理性もあるということになるのではないか[12]。

(4) 中国式グリーン・イノベーションの競争優位

　以上の風力発電設備産業のケーススタディを踏まえて，中国式グリーン・イノベーション＝「倹約イノベーション」の競争優位という観点について考察してみよう。

　まず国際的なグリーン市場の情勢について踏まえておく必要がある。2008年秋のいわゆるリーマンショックに始まり，その後ヨーロッパの債務危機へと経済情勢の悪化が続いたことで，欧米のグリーン市場は急激に縮小する局面にある。とりわけ再生可能エネルギーについては明瞭で，ヨーロッパでFITの買取価格の引き下げへの見直しが相次いで起こったことで，世界の再生可能エネルギー企業は厳しい状況に置かれることとなった。アメリカでは2011年9月にソリンドラ社が倒産したのをはじめ，太陽光パネルの生産メーカーが相次いで破産，ドイツでも2008年には世界最大のシェアを誇ったQセルズが2012年4月に倒産したというニュースが驚愕をもって受け止められた。

　太陽光パネルにとどまらず，風力発電設備メーカーも経済不況の下で市場が急速に縮小したことで苦境にあるのは変わらない。2012年には世界トップシェアのヴェスタスが経営危機に陥り，同社が危機からの脱却を目指し，華鋭，金

第12章　中国式グリーン・イノベーション

風，さらに下位メーカーの明陽と出資，提携を打診したが不調に終わったという報道がなされた。ヴェスタスの経営危機の背景には，市場が縮小する局面でも投資を拡大したこと，あるいは人員を含めたリストラへの着手が遅れたことなど，経営判断の誤りが指摘されている。しかしやはり最大の要因は，市場の縮小スピードが想像を超えたものであり，FITの買取価格引き下げがさらに追い打ちをかけ，キャッシュフローが極端に細ってしまったことに求められよう。

　中国メーカーも厳しい局面にあるのは同様である。第11次五カ年計画期間においては，年平均104％もの驚異的な成長スピードで拡大を続けてきた風力発電市場であったが，第12次五カ年計画では26.6％までスピードダウンしたことで，中国の風力発電設備メーカーもヴェスタス同様，市場の急激な縮小で苦境に陥っている企業も多い。国内トップメーカーである華鋭風電も2012年上半期の業績は前年同期比で90％の減益となったと発表している。太陽光パネルメーカーも同様で，一時は中国最大，世界第3位のシェアを確保していたサンテック（無錫尚徳太陽能）でさえ倒産の危機に瀕し，2012年8月には無錫市政府が財政的支援を行うことと引き換えに創業者会長が退陣することになった。

　しかし中国の国内状況は海外とはかなり異なっている点が注目される。風力については第12次五カ年計画期間においても年平均で結局26.6％の成長が維持された（当初計画では8.4％）。確かにそれ以前の5年間と比較すると大幅な減速と言えるが，通常の観点で見れば堅調な市場拡大として評価されるべき水準であろう。中国の風力発電設備メーカーの苦境は，その多くが年成長率104％という異常な増加ペースが今後も続くことを想定して，冒険主義的な生産能力拡大の投資を行ったことでキャッシュフローが悪化したことによるものである。むしろ海外市場が縮小するなか，安定した高めの成長を中国市場が維持していることこそ注目すべきである。太陽光にしても，従来中国国内の太陽光導入量は極めて低い水準にとどまっていたが，第12次五カ年計画では突然2,100万kWの導入目標が掲げられた。これは2010年比26倍，年平均成長率92％の相当に野心的な目標であったが，実際には2015年末の導入量は4,300万kWに上り，目標の2倍を上回る大幅な躍進となった。

　すなわち中国は国内メーカーに対して，安定した市場を提供できるという強みも持っていると言える。これはグリーン市場，とりわけ再生可能エネルギー

のように政策，より具体的に言えば財政支出の動向に影響を受ける市場において，国内メーカーの競争力を左右する重要な競争優位の源泉であると考えることができる。各国で有力な風力発電設備，太陽光パネルのメーカーの経営が悪化している現状は，実際には成立しなかったが，ヴェスタスの提携，買収交渉がまず中国系メーカーに持ち込まれたことを考えると，中国企業にとってはM&Aや技術者の獲得などの手段を通じて，先進技術の取得を可能にする好機であるとも言えよう。特に国有企業について当てはまるが，他の国の企業と比べると中国企業は資金調達面でさまざまな有利な条件を享受できることもこうした技術獲得チャンネルの機能をさらに高めることにつながるだろう。

また価格競争力が中国メーカーの最大の競争優位の源泉であると言えるが，これは現在の冷え込んだグリーン市場においてはより強みを増すこととなっている。欧米市場においても当初より中国企業は価格競争力を武器に導入量を拡大していったが，FITの買取価格が引き下げられて後は，中国企業が縮んだ市場から欧米メーカーを押しのけ，破たんに追い込む状況となった。加えて，グリーン市場は今後最大の市場は中国であり，他にもASEANやインドなど途上国でも一定の規模の市場拡大が見込まれている。こうした途上国においては中国メーカーの製品は安価な価格によって競争力を確保すると考えられる。

また中国メーカーが価格競争力にとどまらず，品質面での向上も目指した動きも生じている。風力発電設備については，2010年以降，これまで部品を外部から調達していたアセンブリーメーカーの中から部品，ブレードの内製化に踏み切る企業も出てきている。2000年代のコストダウンを支えた垂直分裂構造からの脱却と考えることができるが，ヴェスタスなどの世界的メーカーでも2000年代以降進んだ内製化によるメリット，すなわち製品差別化につながる点を重視したものであると考えられる。基幹部品を内製化し，制御系のソフトウェア技術についてもM&Aを通じた組織への内部化を達成すれば，導入する風力発電サイトごとにきめ細かく調整をした，性能の高い製品を供給することが可能になる。

こうした品質面での向上を目指した動きについても，政策の影響を指摘することができる。第12次五カ年計画においては，これまでの成長速度を減速させるだけではなく，今後の方向性として洋上風力へのシフトを打ち出している。

洋上風力の場合，従来の陸上風力に比べ，運転の安定性がさらに数段高いレベルで要求される。市場の成長規模を絞ると同時に，技術水準の引き上げを迫ることで，中国メーカーのさらなる進化を引き出すことにつながる可能性がある。

　もちろん中国式イノベーションの特質である価格競争力は引き続き，磨き続けられるものと思われる。「垂直分裂」モデルから部品の内製化へのシフトも，2010年に世界最大の市場規模を持つようになったことで，内製化しても規模の経済性を享受できる生産量を確保できるようになったため，むしろコストダウン要因であると推測できる。また完成品市場では厳しい競争が展開されるなかで利益率が低下する一方，部品生産の方は良好な採算性を維持しており，例えばアセンブリーメーカーである金風の粗利率が2006年から2009年にかけて30.4％から26.3％に低下しているのに対して，ブレードを生産する独立系メーカーである中材科技の粗利率は24.6％から31.1％に上昇している（中国節能環保集団公司・中国工業節能与清潔生産協会編，2010，348-351頁）。アセンブリーメーカーは採算性の良い部品生産も自ら手掛けることでさらにコストダウンの余地を確保しようとしたものだと考えられる。

　以上をまとめると，中国式グリーン・イノベーションは巨大な国内市場を競争優位の最大の源泉としたものであり，国内市場を国内企業の育成に戦略的に活用しようとする政府の政策が奏功して成し遂げられてきたと結論づけることができよう。また海外メーカーと対比して中国企業の最大の競争優位である価格競争力は，政府がグリーン市場の創設に際しても市場メカニズムに基づく競争を促す制度の導入を選択したことで確立された。政府の政策に対し，苛烈な競争を恐れない多数の企業による産業への参入が生じ，積極的な生産能力拡大への投資で規模の経済性を確保する一方，海外企業からライセンシングやM&Aを通じた技術導入に中国企業は踏み切ったのであった。また中国の国内市場の安定性が高いこともグリーン市場における中国企業の競争優位を強める方向に寄与している。経済危機によりグリーン市場が冷え込んだ状況もむしろ中国企業にとっての好機ともなった。グリーン・イノベーションの分野において，中国企業は今後さらに競争優位を高める可能性が高い。

5 おわりに

　中国の風力発電の普及過程において非常に重要だと思われることは，FITによるのではなく，RPSに近い普及制度を取った点である。一般に再生可能エネルギーの迅速な普及を目指す上ではFITの方が有利であるとされる。確かに再生可能エネルギーの導入量の多さを成功とみなす観点からであれば，これまでの経験上，FITの方が成功しやすいといえる。しかしそれは単に買取価格が高めに設定されることが多いがゆえの結果であるように思われる。ドイツをはじめ，ヨーロッパの経験では買取価格は政治的なバイアスを受け，高めに設定されることが多く，事業採算性が容易に取れるようになることで予想をはるかに上回る企業が参入し，その結果導入量が膨らむという結果になりがちである。その帰結は，財政に大きな負担を与え，先行したドイツ，スペイン，フランスなど多くの国で数年後には買取価格の見直し，引き下げが頻発した。甚だしい場合にはいったん認められた買取価格さえも破棄，改定してしまうケースも見受けられた（朝野, 2011）。

　割高な再生可能エネルギーの導入を中長期的にも持続的に進めていくためには，着実にコストを低減させていく戦略を明確にもっておくべきではないかというのがヨーロッパ先行国の経験から学ぶべきことであろう。その意味で，中国はFITを再生可能エネルギー法では取り入れながら，実際には設備メーカーに対して発電企業も国もコストダウンを求めるRPSに近い制度を運用してきたことに注目するべきである。RPSの場合は企業同士で入札を目指して競争し合うため，政府は特に何もしなくとも企業にコストダウンのインセンティブを与えることができる。もちろんFITも買取価格の水準次第でこうしたコストダウンを含む技術革新を促す効果があると考えられてはいる。すなわち技術的に不可能ではないにせよ，チャレンジングな水準に買取価格を設定することで企業のコストダウンに向けたインセンティブを与えることができると考えられているわけだ。しかし上述の通り，そうした価格水準に買取価格を設定することは実際には難しい。当然環境改善効果がより重要視されるため，価格は高めに設定されがちである[13]。

コストダウンは財政負担の軽減とそれによる中長期的な再生可能エネルギーの導入に重要なだけではない。今後世界で湧き上がってくると予想される再生可能エネルギー市場のビジネスチャンスを獲得する上で，価格競争力は必須の条件となると考えられるためである。

　中国の制度が非常に巧みであったのは通常のRPSと異なり，国家主導の財政投資による国家プロジェクトを組み合わせることで確実に最低限の導入量を確保し，それによってRPSの弱点とされる目標導入量よりも実際の導入量が過少になってしまう問題を克服している点である。競争を活用するRPSにこうした産業政策的な手法を組み入れた修正版RPSであれば，FITよりも企業の技術革新を誘発しながらより低コストで再生可能エネルギーを導入していく可能性があると考えられる。

　こうした中国の経験は，我が国のグリーン・イノベーションを促すための制度設計にも示唆に富むように思われる。日本ではRPSが必ずしも成功したとはみなされていない。その原因として，主に政府による目標設定が低かったことや市場取引による抜け道などが指摘されている（飯田，2007）。その点では，中国の成功要因として指摘できる，政府による野心的な高い目標設定と市場を立ち上げる際の強いコミットメント（財政支出による国家プロジェクト），同時に企業に競争優位であるコストダウンを達成するよう迫る競争メカニズムの活用，こうした点を組み込んだ修正版RPS導入を日本でも再考する余地も大きいのではないか。こうした制度は中国政府の強い権力基盤があってこそで日本政府にはそもそも難しいと考える向きはあるかもしれない。しかし福島第一原発で風向きが大きく変わった現状であれば，過去のRPSに足りなかった部分を追加することはそれほど困難なことではないはずである。

　また日中協業の余地も大いにあると思われる。中国式グリーン・イノベーションの欠点は品質面で劣る点であり，他方，日本が今後再生可能エネルギーの導入を拡大していく上で課題として指摘されるのが日本製品の価格競争力である。両者の競争優位は相反するものであるがゆえに，お互いを補い，強化する協業の余地があるものと考えるべきではないか。我が国は今後再生可能エネルギーを始め，グリーン市場がさらに大きく拡大することが見込まれており，拡大する市場を武器に中国企業に対して有利な立場で交渉を進めることができ

る好機を捉え，協業態勢を構築すべきである。それが我が国の再生可能エネルギーを始めとするグリーン転換の社会的コストを抑制することにつながるし，将来，日本由来の技術の国際展開を進めるより確実な方法であるように思える。

■ [注]

1) 再生可能電源から発電された電力を一定の価格で長期にわたり買電することを送配電事業者に義務づける制度。
2) ただし，財政的負担が非常に重く，2008年秋以降の世界経済不況の影響を受け，近年続々と見直しが進んでいる（朝野，2012）。
3) 電力会社に一定割合で再生可能エネルギーの導入を義務づける制度であり，再生可能エネルギーの普及促進手法の中では固定枠（クォータ）制に分類される。具体的な方策として，①政府が電力供給事業者に供給量の一定割合を再生可能エネルギーによりまかなうことを義務づけるクォータの設定，②再生可能電力事業者に「グリーン証書」の発行，③義務対象者と再生可能電力事業者による証書売買を行うといった内容が含まれる。
4) 当初の3年間は最安値で入札した業者が選ばれる方式であったが，その後，価格以外の技術的要素なども業者選定にあたって考慮されるようになったとされている。
5) 風力発電設備に関する概略的な説明については松岡（2004），第1章，第2章を参照。
6) 風力の変化に対し，ブレードの回転軸（ハブ）に対する角度（ピッチ角）を変化させて対応する制御方法。もうひとつの方式として，ピッチ角は固定しておき，ブレードの断面形状によって制御するストール制御（風力が強くなるとブレードの表面に空気の渦が生じて翼を動かす浮力が低下し，失速（ストール）状態に陥って回転が抑えられるためこう呼ばれる）がある（松岡（2004），30頁）。
7) スズロンは他にもフィンランドのウィンウィンド，ドイツのマルチバード，オーストリアのウィンテックも買収している。
8) 他にも2004年のシーメンスによるデンマークのボーナス社買収が挙げられる。
9) 例えば地球温暖化防止に関わる国際交渉においても，South CentreやThird World Networkなど南北問題の観点から先進国の技術にかかわる知的財産戦略を批判する団体は，風力発電の事例は実際に先進国企業と中国やインドの企業との間で複数の特許侵害訴訟が起こったことを指摘して，むしろ技術移転が理想的には進まなかった事例と位置付けている。
10) この点は㈶電力中央研究所社会経済研究所の上野貴弘主任研究員から示唆を受けた。
11) なお，こうした顧客とメーカーの間の不具合情報のフィードバックがデンマークの風力発電設備メーカーの技術力向上に重要な役割を果たしていたことが松岡（2004），第3章で指摘されている。
12) ただし，トップメーカーの華鋭はこうしたアフターサービスコストがかさんだことで財務の悪化を招いているとの指摘がある。
13) もっとも，近年は主としてFITの下で導入が進められてきた太陽光が一時期のコストダウンの停滞を抜け，再び大幅なコストダウンに成功した。背景には各国で財政事情から買取価格の引き下げが相次いだことで，結果的に価格が企業にとってチャレンジングな水準にまで低下した状況があったと考えられる。

（堀井伸浩）

開発途上国における
グリーン・イノベーション
――再生可能エネルギーと「グリーン」マイクロファイナンスによる農村電化事業

1 はじめに

(1) 開発途上国の潜在力とイノベーションをめぐる問い
① 開発途上国の潜在力

2012年は，国連の定める，すべての人のための持続可能エネルギーの国際年，"International Year of Sustainable Energy for All" であった。これは，2030年までに，ⅰ）世界のすべての人々にエネルギーへのアクセスを可能とさせる，ⅱ）省エネ効率を倍増させる，ⅲ）エネルギー供給に占める再生可能エネルギーの割合を倍にさせる，ということを目指し，国際レベルでの行動を促進するよう始められたイニシアチブである[1]。現在世界では，開発途上国に暮らす30億人以上が調理と暖房の熱源を伝統的バイオマスに依存しており，15億人が電気を利用できない，あるいは，エネルギーが供給されていても料金を支払えない貧しい人々が数百万人いる，という状況にある[2]。この「エネルギー貧困（Energy Poverty）」と言われる状況の改善こそ，国連が提唱する「持続可能な開発」を達成する基礎であるとの考えが世界に広がりつつある。

他方で，開発途上と呼ばれる国・地域においては，人口の急増と経済規模の急成長の段階にある国々が多く，その過程においてエネルギー利用量の拡大に伴う温室効果ガスの排出量の急増も懸念されている（図表13-1）。そのため，持続可能な開発および貧困削減を目指しつつ環境負荷を抑制する「グリーン経

■図表13-1　世界のCO_2排出長期見通し（億トン）

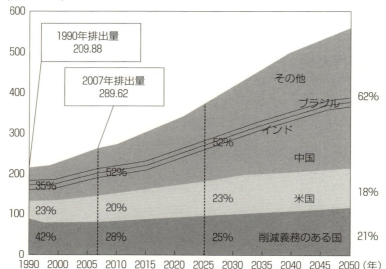

（出所）資源エネルギー庁（2010）。

済」への移行が先進国以上に求められる状況に置かれている[3]。

　貧困状況の改善，Energy Povertyの克服，そしてグリーン経済への移行，と課題山積の開発途上地域ではあるが，一方で，37億人を超えるといわれる「消費者（潜在的な意味を含む）」の存在は市場としての魅力にも溢れ，グローバルな文脈において社会企業・BOPビジネスといった新たな動きにつながってきている（Hart, 2007; Hart, 2011; 菅原・大野・槌屋，2011; 加藤，2011など）。「グリーン分野」においても，例えば，インドでは太陽光発電の市場が2020年までに現在の約20倍，6兆円規模の市場になると予想されており（ロイター，2010），開発途上国においては先進国地域を大きく上回る巨大な市場が現れつつある。そうした開発途上地域においては，「グリーン・イノベーション」が生じる可能性も先進地域以上に高まっているのではないか，との仮説が成り立つだろう。

第13章　開発途上国におけるグリーン・イノベーション

②　開発途上国におけるイノベーションをめぐる問い

　従来は，開発途上国におけるビジネスや研究開発をめぐって，多かれ少なかれ，次の3つのような神話が流布していたとされる（加藤，2011）。すなわち，

　1）「貧乏人が新しい技術を買うことなどできない」，

　2）「貧乏人は新しい技術を使いこなすことなどできない」，

　3）「社会的目的を果たすために，営利企業は役に立たない」。

　しかしながら，上述のとおり社会企業・BOPビジネスといった新たな巨大なビジネス機会が開発途上国に出現してきており，グローバル企業の進出や開発途上の各国・地域における社会企業の起業も盛んになってきている。例えば，GEが提唱している「リバース・イノベーション戦略」のコンセプトや，「倹約型（frugal）イノベーション」という考え方が広まりつつある（Booz & Co., 2008; Boston Consulting Group, 2006; Deloitte, 2009; Economist, 2010）。これは，30万円の自動車，3万円のパソコン，3千円の携帯電話等々の，低価格であるが開発途上地域の実情に即した新製品・新しいビジネス形態がまさに開発途上国において開発され，普及が進み，それがひいては他の開発途上国や先進国にも普及していく，という実情を表している。

　他方で，本書のテーマであるグリーン・イノベーションは，一義的には，製品・技術・ビジネス形態に環境配慮の側面を付加し新しい製品・技術・ビジネス形態が出現することであり，開発途上国で進む倹約型（frugal）イノベーションの中で「グリーン」な価値を盛り込むことが可能であるのか，といった疑問が湧く。そこで本章においては，以下の問いを設定し，事例を踏まえ実証的に考察を進めることとしたい。

【問い】

　「グリーン経済」への期待・要望が高い一方で，その経済発展の度合いから倹約型のビジネスモデルが普及しつつある開発途上国においてグリーン・イノベーションは起こり得るのか。すなわち，貧困層の購買力に合わせ製品の最終価格を下げつつも，環境面での機能・品質を高める製品開発やビジネスモデルの構築は可能なのか。

(2) 本章の構成

本章においては，第2節で「バングラデシュの農村で起きたグリーン・イノベーション」と題して，現地NPOが進めるマイクロファイナンスの提供と併せた各戸別の太陽光発電設備（SHS: Solar Home System）の普及の事例を紹介する。続く第3節ではバングラデシュにおけるSHS普及の動きにおいては何が要因となってグリーン・イノベーションとも呼べる活動となっているのかについてより深く分析・考察し，第4節において，当該活動の展望と課題に言及する。最終的に第5節において「結論」として，上記の「問い」に答える形で，他の開発途上国および先進国への普及の可能性，政策的な課題，今後の研究テーマについて論じることとする。

2　バングラデシュの農村で起きたグリーン・イノベーション

バングラデシュは，他の多くの開発途上国同様，貧困削減に加え，電化（特に農村部における）が課題となっている。その状況下グラミン・シャクティ（GS：Grameen Shakti）というNPOによる活動が実績を挙げてきている。GSの活動における，適正技術（製品），金融（マイクロファイナンス），コミュニティを巻き込んだアフターサービス（研修プログラム等），の3点の提供にグリーン・イノベーションと呼べる社会ビジネスの新たな取り組み，工夫があったものと見てとれる。以下，その概要を紹介したい。

(1) バングラデシュの国概況・エネルギー需給状況
① 国概況

バングラデシュは，2009年現在，世界で7番目に多い約1億6千万人の人口を抱え（人口増加率1.5％／年），1人当たり所得は580USドル／年で最貧国の1つと言えるが，近年のGDP成長率は5～6％台で堅調に推移している（The World Bank, 2012）。全人口の40％が貧困ライン（生活費1日1.25USドル）以下の生活を送っており，また全人口の85％は農村地域に居住し，15～24歳の25％は読み書きができないという状況にある（UNDP, 2007）。さらに，国土に

第13章　開発途上国におけるグリーン・イノベーション

低地が多いため，毎年，洪水，土壌侵食，飲み水への海水の侵入等の被害が多発している（UNDP, 2007; UNESCAP, 2008）。要約すれば，バングラデシュは最貧国ではあるが高度経済成長の最中で，将来にわたっての成長潜在力の高い開発途上国の1つと言えよう。

② エネルギー需給・開発状況

電力供給は経済成長・人口増加による電力需要の増加に追いついておらず，2009年において，ピーク時電力需要6,066MWに対し供給可能設備容量4,162MWと，需要の約7割の供給能力にとどまっている。また，総発電設備容量の8割以上を占めるガス火力発電所はすべて国内で産出される天然ガスに依存しており，エネルギー源の多様化が求められている状況にある（JICA, 2012）。他方で，2008年時点の同国における世帯電化率は41％（全国），無電化人口は約9,500万人と南アジア地域ではインド国（約4億500万人）に次いで多く，地域別電化率は都市部76％に対して農村部28％となっており，とりわけ，農村部における電化ニーズが非常に高くなっている（Sovacool and Drupady, 2011a; JICA, 2012）。

また，現在は，国全体の1次エネルギー消費は，天然ガス（70％），輸入原油（25％），石炭および水力（5％）で賄われているところ，農村世帯に限ると，木材（43％），電気（0.4％），灯油（0.4％），ガス（0.2％），その他のバイオマス（56％）によるエネルギー消費がなされている（UNDP, 2007）。電力網が全土にわたって敷設されるには今後40年を要し，金額的には2020年までにその適切な維持運営のために追加で100億ドルが必要と言われており，農村での早期の送電網の敷設には期待が持ちにくい状況となっている（Sovacool and Drupady, 2011a）。

一方で，再生可能エネルギーの普及についても振興が図られているが，風力発電については全国的に妥当性調査は進んでおらず，また枯渇が見通される天然ガス以外の国産のエネルギー資源はほぼない状況である。国土が低く平らなため，水力発電の想定キャパシティも低いうえ，政治的な理由から，インドやミャンマーといった隣国からの売電は広まらない。また，自然災害が多いことから，中央集中的な電力・エネルギー供給体制も不安定さが指摘されており，小規模・地域分散型の体制のほうが適しているとの見解が多い。そのため，住

宅用太陽光発電設備（SHS: Solar Home Systems）がバングラデシュの抱える課題克服に最も適していると見られている（Sovacool and Drupady, 2011a）。

③ 農村電化の現状

農村居住者（全人口の85％）は，麦わら，ジュート，動物の糞，薪等のバイオマスを用いて，日常生活の燃料源としている（照明用には灯油を利用）。この現状は特に女性や子どもたちにこれら燃料源の収集という時間的・肉体的な負担をかけるほか，室内大気汚染の問題，灯油購入費用による家計の圧迫等が顕在化している（UNDP, 2007）。農村でのコミュニティは分散しているため，送電網の敷設は技術的に難しく，上述のとおり費用もかさむことが指摘されている（Mondal, 2010）。実際のところ，農村電化庁（REB）が農村地域での送電網整備計画を有していて，米国国際開発庁（USAID）等からの融資計画もあるが，近い将来に実現する想定はない。都市部では電力網は敷かれているが電力供給の安定性を欠いているとの報告もあり（Sovacool and Drupady, 2011a），そのため，都市部・農村部ともに，SHSへの期待が高まっている。

他方，SHSの導入は初期費用が高額で農村貧困世帯には払えないという問題に加え，SHS提供企業側に農村でのネットワークが不足していたこと，農村コミュニティ側でSHSなどに対する知識が不足していたこと，技術と知識を有する人材が不足していたこと，再生可能エネルギー事業を審査できる金融機関が不足し金融サービスの提供が限定的であったこと，などからSHSの普及も当初はなかなか進まなかった（UNDP, 2007; Grameen Shakti, 2012）。

(2) グラミン・シャクティによるSHS普及を通じた農村電化の実績

上述の状況下，1996年6月にグラミン・シャクティ（Grameen Shakti: GS）がバングラデシュの農村でのSHS普及を始める。GSは，マイクロファイナンス機関として有名なグラミン銀行グループの機関であり，「グラミン」，「シャクティ」（ベンガル語でそれぞれ，「村」，「エネルギー」または「エンパワーメント」の意味）の名のとおり，マイクロファイナンスの提供と合わせてバングラデシュの農村地域でのSHSや小規模バイオマス発電の普及を飛躍的に進めてきた。

2001年時点ではGSによるSHS普及は国内で6,800台であったが，2012年末時

第13章　開発途上国におけるグリーン・イノベーション

点では累計100万台超にまで飛躍的に進んでいる（図表13-2）[4]。2010年にはバングラデシュ全土のSHS普及のうち、60％がGSを通じてのものとなっている（Sovacool and Drupady, 2011a）。1日当たりの最大発電量93MWhを計200万人以上が享受している計算となり、今も毎月2万人の新規融資申請者が現れている（Sovacool and Drupady, 2011b）。

また、GSがバングラデシュ全土に設立済みの合計46のグラミン技術センター（Grameen Technology Center: GTC）を通じて提供した研修の受講者はこれまでに176,000人に上る。うち6,700人（全員女性）にはより専門的な技術研修を行い、メンテナンス技術士として他の地域でGSが導入するSHSの維持運営にあたる職に就くようになっている[5]。結果として、インバーターの取り付けや携帯充電器の組み立てを1つ当たり5分で、しかも自宅で行えるようになるなどして、月に70USドル（1つ当たり約6USドル）を稼ぐ女性も出てきている（Sovacool and Drupady, 2011b）。

シンガポール大学のSovacoolら（2011a）の調査[6]によれば、SHS（周辺機器含む）の製造・普及とメンテナンス等に関係する雇用が生まれており、これまでに12,000人のフルタイムでの雇用創出があったと報告されている。また、SHS導入者はSHSを用いて、例えば次のような所得向上活動につなげている（Sovacool and Drupady, 2011a）。

■図表13-2　GSによるバングラデシュにおけるSHS導入実績（累積台数）

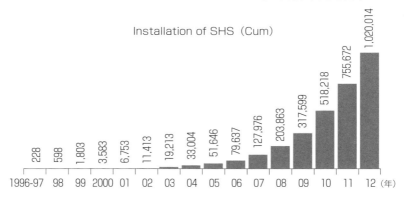

（出所）Grameen Shakti（2012）.

- 導入した4つの照明のうち自家用は1つで，他3つは隣家用として，8USドル／月を稼ぐ。
- 携帯電話充電サービスを提供し，0.14USドル／充電を稼ぐ。
- レストランや商業，ミニシネマを開業し，夜まで営業する。
- 薬の保管のための冷蔵庫を設置する開業医。
- 子供たちのための勉強ルームの開設。
- 灌漑設備での水のくみ上げ。

GSプログラムに限らないが，農村電化によって，バングラデシュにおいては世帯収入は30％以上向上した，という調査結果もある（Shahindur et al., 2009）。

また，地場産業による適正技術の吸収という副次的な効果も見逃せない。従来はSHSの部品は日本（京セラ製品等），インド，中国からの輸入品がほとんどであったが，現在は30を超える国内サプライヤーが出現し，バッテリーや充電コントローラー（80％以上），インバーター等の製造において地元製造業者も出てきている（Sovacool and Drupady, 2011a）。

その他，室内大気汚染の改善効果や子どもたちの教育・学習効果向上という成果も見られるようになってきている（Barua, 2001; Barua, 2009）。

活動が評価され，2009年には「国際マイクロファイナンス賞」，2010年には「Solar World Einstein賞」など，GS組織として数々の国際的な賞を受賞している（Grameen Shakti, 2012）。

(3) グリーン・イノベーションと呼べる特徴的な点

次に，GSの活動のどこにグリーン・イノベーションと呼ばれる特徴的な点があったのか，より細分化しつつ考察してみたい。総論としては，①地域の実情に見合った適正技術を備えた「グリーン製品」の提供，②そうした製品を導入しやすくするための金融サービス（「グリーン」マイクロファイナンス）の提供，③コミュニティを巻き込み「グリーン」な地域活性化を目指したきめ細やかなアフターサービスの提供，といった3つの財・サービスを組み合わせて提供した点に，困難な状況を乗り越えてSHSの普及に成果を上げたグリーン・イノベーションたる手法があったものと思われる。以下では，上記3点に分け

第13章　開発途上国におけるグリーン・イノベーション

てより詳しく見ていきたい。

① **技術・製品**

はじめに技術・製品面について考察する。一般に，開発途上国の農村地域，しかも無電化地域において求められているエネルギー需要は，料理，ラジオ，電球照明，電話等のまずは非常に少ない容量のエネルギーを求めるものであり，必要とされる発電技術・製品は必ずしも高機能・高仕様のものではない。ごく少量のエネルギーの供給が安定的かつ低コストでなされるだけで，貧困状態にある彼女／彼らの生活は劇的に変わる。GSによりバングラデシュの農村に届けられたSHSも基本的には小規模で維持運用も導入地域において行いやすいものとなっていた（Asif and Barua, 2011）。GSが提供するSHS設備は，①太陽光パネル，②インバーター，③充電コントローラー，④バッテリー，⑤蛍光灯の5つの部分から構成されていて（図表13-3），発電出力が10〜130ワットピーク（Wp）までのものが各種取り揃えてあり，導入を希望する世帯が自由に選べるようになっている。なかでも50WpのSHSが最も導入実績が多く，その導入費用は380USドル（2010年現在）で，これ1つで4つの蛍光灯と1つの

■図表13-3　SHSの基本構成

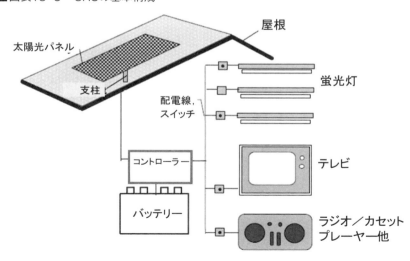

（出所）Mondal（2010）をもとに筆者作成。

■図表13-4　GSにより提供されるSHSの種類と価格

発電出力	利用可能電力量	稼働時間	導入費用（USドル）
10Wp	ランプ2台（5Wずつ）	2-3時間	130
20Wp	ランプ2台（5Wずつ） 携帯電話充電器1台	4-5時間	170
50Wp	ランプ4台（7Wずつ） 白黒テレビ1台 携帯電話充電器1台	4-5時間	380
85Wp	ランプ9台（7Wずつ） 白黒テレビ1台 携帯電話充電器1台	4-5時間	580
130Wp	ランプ11台（7Wずつ） 白黒テレビ1台 携帯電話充電器1台	4-5時間	940

（出所）Sovacool and Drupady（2011b）をもとに筆者作成。

白黒TVと携帯電話充電用の電力を供給できる（Sovacool and Drupady, 2011b）（図表13-4）。

　また，依然としてパネルとモジュール部分は京セラ製品が支配的だが，上述のとおりバッテリーや充電コントローラー（80％以上），インバーター等の製造において地元製造業者も出てきている上，Tata BP, Solar World, Suntech等の進出も進んでいる（Sovacool and Drupady, 2011a）。この事実は当初は輸入技術・製品の利用が大半だったが，普及が進むにつれ，徐々に国産・現地生産の生産比率を高め，導入コミュニティ・世帯内での維持運営が行える体制を構築していった証であり，適正「グリーン」製品・技術の「定着」「普及」の一例と見てとれよう。

　② 金融，ネットワーク

　次に金融面，すなわち「グリーン」マイクロファイナンスの提供という側面に注目してみよう。

　GSは，そもそも短期間のリターンに主眼をおく商業金融とは異なり，貧困削減を理念としてマイクロファイナンス[7]を提供するグラミン銀行のグループ機関として設立されたことから，農村のSHS導入世帯に対し，導入世帯やコミュニティが望む場合，小規模な融資を併せて提供した。具体的には補助金と

合わせた段階的な無償支援，低利融資，導入世帯自身による頭金の支払い等が組み合された点が，刷新的な金融モデルと評価されている（Sovacool and Drupady, 2011b）。

　GSがSHSと合わせてマイクロファイナンスという融資スキームを提供する場合，SHS導入世帯は導入初期に頭金として設備全体の15～20％の費用をGSに支払う。その後，3～4年をかけて残額を利息つきでGSに返済することになる。月々の返済費用はSHS導入以前に毎月灯油等の購入にかけられていた費用とほぼ同等となる世帯もあり，その場合には完済後20年程度（SHSの標準耐用年数）は追加費用なしでエネルギー（電力）を得られることになる（Sovacool and Drupady, 2011b）。また，Komatsu et al., (2011) によれば，SHS導入世帯では灯油やバッテリー充電のための費用がなくなり，それらの削減費用で，導入したSHSの月額使用料の20～30％は賄えるようになっているとの調査結果もある（Komatsu et al., 2011）。

　マイクロファイナンスの返済状況については，その返済率は95～97％を誇っており（Sovacool and Drupady, 2011b），結果として導入を希望する農村世帯のニーズに即した製品を競争力ある価格で提供することが可能となった上（Mondal et al., 2010），社会企業としても，健全経営を実現していると言えよう。

③　アフターサービス，コミュニティの関与，研修

　最後に，コミュニティを巻き込んだアフターサービスの展開について見てみよう。GSによるSHSの普及に際しては，その理念として，所得向上活動を重要視し，各地域での技術者や起業家の育成に主眼が置かれている。GSは導入地域や世帯独自でSHSが維持運用され，さらにはそこから起業家が出現したり，新たな技術が生み出されるよう，地域に専門性が根づくことを主眼に置いている。基本コンセプトは，地域のエネルギーを，シンプルな技術を用い地域で使い，設備のメンテナンスも独自に行い，自立的なコミュニティを形成していくこととしている（Sovacool and Drupady, 2011b）。人々自身が独自に設備を持ち，使い，メンテナンスする，という状況下でこそこのコンセプトとシステムは機能するとの考え方である。

　また，Sovacool et al. (2011a) によれば，アフターサービスも充実しており，導入者が返品を希望した場合には（導入後に行政側による送電網敷設等の理由

があった場合)，若干の減額はあるにしてもGS側で再買い取りを行うこととしている上，導入後融資資金の返済期間中は無料の修理保証も提供されているとのことだ。さらには，メンテナンス方法についての無料研修プログラムの提供もあるなど，設備導入後もきめ細やかなアフターサービスを充実させている (Sovacool and Drupady, 2011a)。

実際のところ，GSは全体で数千の職員（ほとんどが技術者）を擁し，ダッカの本部のほかに，15の管区 (Division) 事務所，167の地域 (Regional) 事務所，そして計1,217の支所 (Branch Office) からのネットワークをバングラデシュ全土に張りめぐらせている。さらには全土に46のグラミン技術センター (Grameen Technology Center: GTC) も創設されている (Grameen Shakti, 2012)。そうしたネットワークが活用され，主として女性がSHSの運用メンテナンスについての研修を受けている。女性を対象としたSHSメンテナンス技術士養成の研修プログラムや，SHS導入家庭の子供向けの奨学金提供プログラムも用意されている (Grameen Shakti, 2012)。

また，GSは原則として導入したSHSによって発電される電力の使途についての制限は設けていない。そのため，当該電力を用いて畜産業，漁業，商業等の展開・拡大を行う世帯もあり，それら世帯が望めば技術的，金銭的な支援にも応じている (Sovacool and Drupady, 2011a)。さらに，返済資金のとりまとめなどをコミュニティに委ねることで，コミュニティ一体としてSHSのオーナーシップを高め，サービスの社会的な持続性の向上が図られた，という副次的な成果も報告されている (Sovacool and Drupady, 2011a)。

現地・受け入れコミュニティでの維持運営技術の習得，技術者の養成（主として女性)，を行うことで，導入したSHSの持続性を高めるとともに，雇用創出，所得向上活動につなげている点がグリーン・イノベーションと言えよう。

3 グラミン・シャクティ
　　―グリーン・イノベーションの要因

GSが導入・実践した社会ビジネスがグリーン・イノベーションと呼べる成果を挙げた要因として，GSの内部および外部それぞれに理由があった。以下

ではそれらを分けて考察を深めてみたい。

(1) 内部要因

内部要因として，①GS自体の「成り立ち」，②GSに関わる「人」，そして③GSの「起業理念」の3つに焦点を当てて，GSの内部からどのようにグリーン・イノベーションと呼べる新たな社会ビジネスのアイディアが形成され普及されるに至ったのかをみる。

① 成り立ち

GSは1996年6月にグラミン銀行のグループ組織であるNPOとして立ち上がった（Barua, 2001）。グラミン銀行本体は，マイクロファイナンスを行う先駆け的存在として世界的に有名であるが，そもそもは1983年にGrameen Bank Ordinanceという法令の下でマイクロファイナンス事業を行う特殊銀行として創設されており，バングラデシュ銀行（中央銀行）の規制下にある「政府系金融機関」としての唯一のマイクロファイナンス機関でもある（鈴木・松田・佐藤，2011）。その特徴的な点は，貧困層の人々に無担保で，かつ返済能力に対する審査を簡略化し小口資金の貸付を行いつつも，高い回収率を誇り，ビジネスとして成功を収めてきている点にあるとされている（岡本・吉田・栗野，1999）。融資形態としては，貸付を1人1人の個人に対して行うのではなく，借り手にグループを組ませ，そのグループ単位に貸付を行い返済義務をグループ全体に対して連帯責任を負わせる方式が採用されていた[8]（鈴木・松田・佐藤，2011）。

1996年のGS創設以前より，創設者のムハマド・ユヌス氏（詳細後述）はSHSを通じた農村電化，貧困削減の必要性を認識し，そのためには，導入世帯の設備投資のための初期費用の削減が必須と考えていた。そのため国内外のSHS製造会社や各種基金などと協議を行い，マイクロファイナンスと合わせより低価格でのSHSの提供という金融ビジネスモデル（「グリーン」マイクロファイナンス）の考案に至った（Grameen Shakti, 2012）。

貧困削減を目的とするグラミン銀行を母体に持ったGSは，「グリーンエネルギーと所得へのアクセスを通じバングラデシュの農村居住者のエンパワーにつなげる」という使命を掲げ創設された（Grameen Shakti, 2012）。

ゆえに，その成り立ちからして農村の貧困世帯に対して金融サービスとともにSHS等を提供するという新しい形態のグリーンビジネスの実践を担うNPO組織であったことが確認できる。

② 人

次に，GSに関わる「人」に焦点を当ててみたい。

まずはグラミン銀行の創設者であるが，これは2006年にノーベル平和賞を受賞したことでも有名なムハマド・ユヌス氏である。ユヌス氏は，グラミン銀行の正式な創設（1983年）以前の1974年から，当時はチッタゴン大学の経済学者という立場でありながら，バングラデシュの農村で貧しい女性たちに少額の融資を始めている（Grameen Shakti, 2012）。

GSの初代CEOであり，かつグラミン銀行のゼネラル・マネジャーであったのはディパル・C・バルア氏である。彼もチッタゴン大学で経済学を学んだ後，農村の貧困削減に資する目的でグラミン銀行の活動の参画し，その後女性のエンパワーメントをマイクロファイナンスとSHSの普及を通じて成し遂げるという社会企業の形態をGSの創設という形で具現化した。バルア氏は2009年にGSを退職し[9]，後任にはアブサー・カマル氏という，やはりもともとはグラミン銀行に勤務していて，2004年よりGSに参画した者が就いている[10]。

ユヌス氏，バルア氏，カマル氏を中心に，GSには，農村の貧困状況を技術と金融，市場メカニズムを通じて改善・解消していきたいとの強い意志を持った職員が集まった。このことも技術，草の根に根差した新たなグリーンビジネスの形態の創出と定着の一助となったことは想像に難くない。さらには，マイクロファイナンスサービスを通じて形成されたマーケティング網や各拠点を通じた地元コミュニティとのつながりも含めたネットワーク（後述）があったことも奏功したものと思われる。現在はGSはバングラデシュ全土に1,000を超える拠点を展開し，総勢約1万人のスタッフ（ほとんどが技術者）を抱えるまでに拡大している（Grameen Shakti, 2012）。

GSは，そもそも，貧困削減，農村住民のエンパワーメントが急務という意識を持ち，草の根のニーズ，グリーン技術，金融，政策などとの懸け橋となることに，使命，商機，イノベーションの必要性を感じた人々が集まって創設され，そういった人々を引き続き惹きつけ続けている。それが刷新的な社会ビジ

③ 起業理念

　上述のとおり，GSは，貧困削減を主目的としたコミュニティ・グループ向けの金融サービスの提供に加え，グリーンエネルギーの普及およびそれによる所得向上を通じた農村世帯住民のエンパワー，をビジョンとして立ち上げられた。それと同時に，GSは，グラミン銀行由来の開発金融機関として市場原理に拠りつつ社会企業として継続的に活動することを起業理念として掲げていた (Grameen Shakti, 2012)。

　Sovacool and Drupady (2011b) によればGSは，ビジネス開始当初は世界銀行からの0.75百万USドルの融資ほか，米国国際開発庁 (USAID) やドイツ技術協力公社 (GTZ) などから計600万USドルの無償資金協力を得ていたが，2003年以降は，自立的なNPO法人として，90％以上の収入はGS自身の活動から賄えるようになってきている。この健全経営の背景には，返済資金のとりまとめなどをコミュニティに委ねたことも挙げられ，それは融資，サービス提供を受けたコミュニティの一体感醸成にも貢献したものと考えられている。

　社会企業としての持続性の観点では，上記第2節 (3) ③で述べているように，アフターサービスや技術研修を徹底して行い，導入したSHSの維持運営技術や所得向上活動が導入世帯やコミュニティに定着することに主眼をおかれていたことが大きいと思われる。そのために，コミュニティレベルでの技術者・サポーターが養成され，そういった人々（多くの場合が女性）を通じてさらに他地域でのニーズの掘り起こしが行われていくというように，ビジネス形態の定着が図られた。

　上述のように，成り立ち，人（関係者），そして起業理念が組み合わさり，内部的に新たな社会ビジネスの可能性，必要性を信じGSが創設され，草の根・コミュニティレベルで着実に成果を出すことで，より一層の関係者（SHS導入者，技術者，サポーター等）を惹きつけ続けてきている。これがまさに，グリーン・イノベーションの発生とその後の定着・普及・拡大につながっている内部的な要因と言えよう。

(2) 外部要因

次にGSがバングラデシュの農村でグリーン・イノベーションに成功した外部要因として，①ニーズと適正技術，②政策，③金融サービスとネットワーク，の3つの観点から考察してみたい。

① ニーズと適正技術

まずニーズであるが，バングラデシュの農村地域には無電化地帯が多く広がり，送電網整備計画があったとはいえ整備コストの高さなどを理由に遅れが目立ち，農村地域においては早期に低価格で電力を求めるニーズが膨大にあった。GSの初代CEOであったバルア氏らは，「全人口の60％は送電網へのアクセスがなく，また全人口の97％は麦わらや動物の糞等のバイオマスを用いて料理等を行っている」という状況を目の当たりにした上で，これらの人々を，現状では貧しい状況にあったとしても，潜在的な顧客として捉えSHSに対するニーズを確信し積極的にマーケティングを進めていった（Barua, 2001; Barua, 2009）。いわば，送電網の整備が進まないという困難な環境にあったからこそ生じた社会ビジネスの商機であり，そのニーズを見事にとらえての起業だったと言えよう。

また，Sovacool and Drupady（2011a）によれば，対象となった農村地域で求められていたエネルギー需要の背景は，他の開発途上国の無電化地域同様，料理，ラジオ，電球照明，携帯電話の充電等，まずは非常に少ない量のエネルギーであった。GSがバングラデシュの農村で収めている成果の背景には，地域，各家庭の経済状況・ニーズに即して各段階の容量（10～130Wp）のSHSを，導入を希望する世帯が自由に選べるようGS自身が努めてきたことが大きい。また，提供された設備自体も，導入世帯やコミュニティ自体で組み立ておよびその後の維持を行いやすくするために，可能な限り地元で調達可能な部材や形態が採用されていた（Asif and Barua, 2011）。

電化を待つ膨大な数の人の需要，そして地域の実情に即した適正技術でそうした需要に応える必要があった状況も，社会ビジネスの導入・普及というイノベーションにつながったと言えよう。

② 政　策

Uddinら（2008）は，開発途上国の農村における再生可能エネルギー技術の普及に際しては，設備の製品価格・維持運用費用の低下のみならず，コミュニ

ティレベル，地方政府レベル，中央政府レベルという３つの階層での調和のとれた農村でのエネルギー開発のためのプログラムがとられることが肝要，と考察している（Uddin and Taplin, 2008）。GSプログラムとバングラデシュ政府の連携については，バングラデシュ政府が「電力セクター改革における政策綱領（2000年）」などにより，ⅰ）2020年までに国内すべての地域において電力へのアクセスを可能とすること，ⅱ）そのため農村地域においてはSHSのような小規模分散型の再生可能エネルギーを普及させることが肝要，ⅲ）SHSの普及のために関連機材の輸入にかかる関税を撤廃すること（2004年に実施済み），といった計画・施策を有していたことに親和性を見てとれる（The World Bank, 2007; Government of Bangladesh, 2000）。バングラデシュ政府が当該政策にインフラ開発公社（IDCOL: Infrastructure Development Company Limited）を中心に据え，補助金制度を用意したこともGSなどのNPOが小規模分散型のSHS設備の普及を始めるに際して強いインセンティブとなったものと推察される（Sovacool and Drupady, 2011a）。バングラデシュ政府はまた2008年に「再生可能エネルギー政策」を策定し，総発電需要に占める再生可能エネルギーによる発電量の比率を現在の約１％から2015年に５％，2020年には10％にすることを目標としている（Government of Bangladesh, 2008）。そのために関連事業を実施する企業の法人税の減免策やマイクロファイナンス網の拡充策が謳われるなど，農村電化計画・再生可能エネルギー振興戦略はより一層強化される状況にあり，今後もGSを含め，再生可能エネルギーの農村地域での普及・拡大を目指す地元NPOなどと政府との連携が進み，当該ビジネスのさらなる普及・定着が予見できる（Government of Bangladesh, 2008）。

③　金融サービスとネットワーク

開発途上国の貧困層，しかも道路などの基礎的なインフラ整備が行き届いていない農村居住者向けの製品やサービスは，都市に住む者向けのものよりも高額になるといういわゆる「BOPペナルティ」の議論がある（加藤，2011）。また，Islamら（2008）は，開発途上国でのグリーン製品等の普及のためには製品価格および維持運用費用の低下が求められ，そのための金融制度等の工夫が必要と述べている（Islam et al., 2008）。加藤（2011）の言葉を借りれば，「農民には農民の，商人には商人の時間軸に合わせた，職業毎に返済スキーム等の

調整が可能なローンの仕組みがあれば，貯蓄のない貧困層であっても融資を受け，技術の恩恵を受けられるのではないだろうか。(中略)『1日に10ルピー(約20円)だったら，払える。だけれど，ひと月に300ルピー(約600円)は払えない』という商人や労働者のために，新たなローンを」工夫する必要があるということだろう。

この点において，GSの場合には，初期投資費用が払えない対象世帯のニーズに応えるため，SHSの導入を望む農村世帯に対して，希望に応じ，グラミン銀行で培ったマイクロファイナンスの手法による柔軟な金融サービス(「グリーン」マイクロファイナンス)を提供するという，新しい社会ビジネスのあり方に結びついた。GSが，農村世帯の需要に過不足なく応えた製品(SHS)ラインナップを揃えつつ，各世帯の従来の光熱水費(月額)を踏まえた無理のない返済プランを選べるよう金融サービス(融資)を合わせて提供した点，について評価の声が多い(Mondal, 2010; Sovacool and Drupady, 2011b; Tsuboi, 2007等)。

一方で，より広大な地域にSHSを普及させていくには組織的なサポートの強化が必要であり，地元の起業家，エンドユーザー，投資家，企業，地方自治体のつながりが重要との指摘がある(Mondal, Kamp and Pachova, 2010)。この点GSはグラミン銀行によるマイクロファイナンスの融資網も合わせ，1,000を超える拠点(支店やグラミン技術センター等)のネットワークを国内の全64県に張りめぐらせている(Grameen Shakti, 2012)。そのネットワークの先には各コミュニティ，各世帯ともつながっており，さらには，中央・地方の行政機関，政治家とのネットワークも有し，トップダウンによる標準化や調和化の一方で，草の根レベルでのSHS普及を進めている(Sovacool and Drupady, 2011a)。

利用しやすい金融サービスの提供と合わせた国内ネットワークの形成。そのネットワークを活かしたきめ細やかなマーケティングとアフターサービスによるコミュニティの信頼獲得。そして，コミュニティ自身の自助・自立意識の醸成と活用。それらが，有機的につながり新規ビジネスモデルの普及・定着という形でイノベーションにつながった，とも考えられよう。

4　展望と課題

　GSによるSHSの普及はバングラデシュの農村で雇用創出や所得向上，技術の吸収，室内大気汚染問題の改善，子どもの学習時間の増加等の成果を出しているものの，他方で，より一層の普及・拡大のため，さらなる充実した金融サービスの提供，適正技術・製品の提供，効果の適切な把握等の課題も把握されている。本節ではGSの活動の展望と課題をまとめておきたい。

(1)　目標と展望

　GSは，2015年までのSHS普及等の目標を以下のとおり定めていた（Grameen Shakti, 2012）。

- 累計5百万台のSHS設置（2012年末時点で100万台を突破）
- 累計20.5万台のバイオガスプラント（世帯およびコミュニティ向け）の設置（同2.2万台の設置）
- 累計5百万台の改良型かまどの普及（同46.4万台の設置）
- 10万人分のグリーンジョブの創出

　SHSについては，2015年までに累計5百万台の設置というやや野心的な目標設定となっていた（2015年末時点の実績ベースでは累計166万台にとどまっている）。他方でこの実績は2012年当時より毎月2万台程度の新規設置という着実な増加を示している。

　また，創設者のユヌス氏は，太陽光パネルのメーカーをもグラミングループ内に創設し，社会企業として展開することで各地でさらに雇用を創出する構成も描いている。ユヌス氏はさらに，「地球温暖化の脅威が日増しに強まる中，バングラデシュのみならず，世界において今後10年以内に化石燃料を基本とした経済構造から再生可能エネルギーに根差した構造に急速に変わるだろう。製品価格の低下を伴う技術進歩により，化石燃料の利用は低減し代わりに再生可能エネルギーがエネルギーの源泉となることを期待する」旨を述べている

(Grameen Shakti, 2012)。

(2) 課 題

　課題としてまず挙げられるのがSHSの製品提供価格，維持運用費用のさらなる低下だろう。Sovacool and Drupady (2011b) は，GSによりマイクロファイナンスという金融サービスが加えられた結果として導入時の頭金と毎月の支払額が通常よりも下がっているとしても，依然としてSHSを導入できるのは農村地域の比較的富裕な層が中心となっていると指摘する。GS創設者のユヌス氏も製品提供価格のさらなる低下が今後の「より貧困な層」へのSHSの普及の鍵だと認識している。彼は，SHSは製品価格が3USドル／ワットであっても着実に普及するが，これが半分の1.5USドル／ワットまで低下すれば極端な貧困状況にある層においても普及が進むものと考えている（Grameen Shakti, 2012）。実際にKomatsu et al. (2011) の調査では，バングラデシュにおけるSHS未導入世帯の61％はSHSの製品や維持運用価格がさらに10％低下すれば導入を検討するとの意向が明らかになっている。政府からの補助金や国際援助機関からの支援が継続するなか，GS自身がより経済的な自立性・持続性を高めつつ，製品・維持運用費用の低下を進めていくことは大きな課題であろう。

　次に課題となっているのは，GSによるSHSの普及と政府による送電網敷設計画との調整である。一部SHSの普及が進んだ地域では，送電網の敷設計画が後回しになるという事態が指摘されており，そのため，SHSの導入を躊躇する世帯もあり，結果として無電化が継続する地域・世帯が残ってしまう（Sovacool and Drupady, 2011b）。SHSを導入できないより貧困な世帯・地域がある状況や，いずれにしてもSHSによる発電量だけでは将来的に必要となる電力エネルギーの全需要に対応することは難しい見通しであるなか，政府による送電網敷設計画は着実に進められる必要があろう。この点は，GSと政府側との間でより緊密に情報を共有し，双方のプログラムの調整を図ることが求められよう。

　また，一般的なSHS同様，使用済み太陽光パネルおよびバッテリーの回収，リサイクル制度の確立・強化も，経済面，環境面から課題として挙げられよう。

　さらには，伝統的に火（たとえ灯油を用いたものであっても）を使うことに関連する多くの習慣を有する農村の生活においてそれを電気に変えることの文

化的な障壁，太陽光パネルが発電することに対して人々が有する懐疑心に起因する意識的な隔たり等があることから，SHSの普及に際しては，さらに各地域コミュニティと連携した意識啓発活動が必要との指摘もなされている（Sovacool and Drupady, 2011b）。また，GS自体の規模が拡大するにつれてGSが創設以来掲げていたきめ細やかなサービス提供が難しくなるのではないかという点を危惧する職員が増えているという実態も報告されており（Sovacool and Drupady, 2011b），社会企業としての使命と営業活動とのバランスがより一層求められる状況に直面していると言えよう。

また，Mondal et al.（2010）はGSのような刷新的でグリーンな活動・事業が他の開発途上国で持続的に展開されるためには，次に挙げる点が成否の重要なポイントとなると指摘している。

①地元のニーズが明らかになっていること，
②地元の関係者（エンドユーザー，起業家，サービス提供者，運用保守業者等）が初期より関与すること（ネットワーク），
③地元の知恵や専門性が活用されること，
④地元で調達可能な技術・材料が使われること（適正技術），
⑤研修コンポーネントでそれらが向上されること，
⑥所得向上活動視点があり，金融的にも適正な支援があること（マイクロファイナンスサービスの提供等）。

5　結　論

開発途上国の現場においては貧困層の需要に過不足なく応えた「グリーン」な商品やサービスの提供がすでに進んでいる。それを可能としているものに「グリーン」マイクロファイナンスやマーケティングネットワークの存在がある。これこそがバングラデシュの農村で起きた倹約型（frugal）のグリーン・イノベーションであり，同様の活動・事業は他の開発途上国でも生じてきている。その要因と課題をまとめ，今後の研究課題について言及し本章のまとめとしたい。

(1) GSの活動のまとめ

これまで見てきたように、バングラデシュの農村においてはGSがマイクロファイナンスの提供と組み合わせたマーケティング方法によりSHSの導入を飛躍的に進め、新たな「グリーン」社会ビジネスとして成果を出してきている。その要因として、グラミン銀行をルーツとするそもそものGSの成り立ち、起業理念、中心的な役割を果たした人々の考え、といった内部的なものに加え、地元のニーズや技術に即した製品・設備の提供、政府の振興政策の存在、そして金融網を活用したマーケティングネットワークの存在、という外部的な要因が挙げられる。送電網計画が遅々として進まず、その他の基本インフラの整備も遅れているバングラデシュの農村。そのような過酷な環境下であっても、あるいは、過酷な環境下であったからこそ、グリーン・イノベーションは確実に起きていた。

(2) 緑の飛躍──他の開発途上国・先進国への適用可能性

本章の冒頭（第1節 (1) (2)）において、開発途上国においてグリーン・イノベーションは起こり得るのか、すなわち貧困層の購買力に合わせ製品の最終価格を下げつつも、環境面での機能・品質を高める製品開発やビジネスモデルの構築は可能なのか、という問いを挙げた。これに対し、本章ではバングラデシュの農村で実践し成果を出してきているSHSと「グリーン」マイクロファイナンス提供の事例を紹介してきた。

開発途上国は過酷な環境下にありながらも（例：僻地かつ送電網等基盤インフラの未整備が続く状況）、その点をむしろ好機ととらえて新しい形態のビジネスが生まれやすい状況にあるとも言える。加藤（2011）は言う。「途上国では旧世代の技術と競合することなく、『次世代の技術』を適用することができるのだ」。これは、例えば、通信網がないゆえの携帯電話の普及、送電網がないゆえの小規模分散型再生可能エネルギー設備の普及などが該当するだろう。よって、「すでに、『途上国』と呼ばれる国々は、『先進国』と呼ばれる国々がたどった発展の軌跡とは違う進化のパターンをたどりつつある。単に市場が急速に膨れ上がろうとしているだけではな」く、「イノベーションはまさに途上国から生まれようとしている」、という状況にあると言える（加藤, 2011）。

また，BOPビジネスの持続可能性の向上のため，Hart（2011）は緑の飛躍（Green Leap）というアプローチを提唱している。グリーン（環境的に持続可能）な技術と産業を新たに生み出し育てていくことが世界的に求められるなか，既存のビジネス市場においては既得権益を有する企業，機関，人等の抵抗・障壁があって新たな試みを行いにくい。その意味で，BOPにあっては「既存の勢力に真っ向から立ち向かうのではなく，主戦場から離れたところ，主としてピラミッドの底辺に安全な避難地を求め，新生ビジネスを育成しようとする」（Hart, 2011）ため，所得ピラミッドの底辺において新しいグリーンなビジネスに果敢に挑戦することが，「緑の新芽（Green Sprout）」となって，飛躍的に下から上へ普及していく（トリクルアップ）大きな可能性を秘めている，との主張がなされている。

　加藤やHartらの考えに基づけば，開発途上国のBOPという潜在的に大きな可能性を秘めた市場において新たに考案されたグリーンな製品・ビジネス形態が，他の開発途上国および先進国にも普及するという「リバース・イノベーション」の流れが今後も加速していくものと思われる。

(3) 研究課題

　最後に，残る主要な研究課題をいくつか挙げてみる。

　まずは開発途上地域で起きているグリーン・イノベーションの事例に関する実証研究が求められよう。本章ではバングラデシュの農村で実践されているSHSの普及事例を扱ったが，他国，他地域での同様の事例についてもより詳細に検証し，グリーン・イノベーション発生の背景，要因などについて考察し，一般化していくことが肝要である。また，開発途上地域においては自動車や家電製品などに倹約型（frugal）イノベーションが生じているとの報告が挙げられているが（Economist, 2010），そうした一般消費財において低価格化と同時に環境配慮面の機能も付加されたよりグリーンな製品開発，ビジネスモデルの導入がどのようなメカニズムで達成され得るか，やはり多くの事例検証を積み上げていくことが重要であろう。

　次に求められる研究分野としては，開発途上地域でのそれらグリーン・イノベーションと呼ばれる活動の効果の把握である。例えば，Mondal（2010）は

バングラデシュのGSの活動について，「小規模な商業を起こすなど所得向上活動につなげた場合や，テレビ視聴用なども効用として含めるとSHSは経済的に妥当と評価されるが，単に家の照明用という目的だけでは，経済効果は必ずしも高くない」という評価している（Mondal, 2010）。そのため，例えば，コミュニティ内でのエネルギー，労働力，そして資金の循環などが当該地域の活性化という観点からどのような効果を出しているのか，また持続性の観点から社会・環境面での効果も含めた包括的な検証（定量的・定性的）が求められよう。

最後に政策形成の面からの研究も重要であることを指摘しておく。グリーン商品・生産形態の低価格化，低費用化の政策支援のあり方や，外国との間での技術移転の有効な振興策などについても，開発途上地域でのグリーン・イノベーションの拡充を考える上で研究課題として今後も重要性が高まるものと想定される。

■ [注]

1) 国際連合広報センター[http://unic.or.jp/unic/press_release/2516] およびSustainable Energy for All [http://www.sustainableenergyforall.org/]（いずれも2012年5月アクセス）
2) 同上。
3) 2012年6月に開催された国連持続可能な開発会議「リオ+20」のテーマは，（ア）「持続可能な開発および貧困根絶の文脈におけるグリーン経済」および（イ）「持続可能な開発のための制度的枠組み」であった。
4) GSはSHSの他にも，バイオガスを用いた小規模発電設備，改良式かまど，の提供プログラムもそれぞれ2005年，2006年から開始している。
5) さらに高度な技術習得を望む女性には国立大学での学位取得のための奨学金の提供も行われている。
6) バングラデシュ政府が主導するインフラ開発公社（IDCOL: Infrastructure Development Company Limited）によるSHS普及プログラムに対する調査であり，GSは主要な立場で同プログラムに参画している。
7) マイクロファイナンスとは，「貧困層や低所得層を対象に貧困緩和を目的として行われる小規模金融のこと」（岡本・吉田・栗野, 1999）。グラミン銀行およびGSの創設背景については，次節(1)に紹介。
8) 鈴木ら（2011）によれば，現在は，貸付と同時に両建て預金を義務付けており，事実上の預金担保を取り，かつ，個人向け融資も広がるなど，その貸付形態は変更を遂げてきているとのこと。
9) バルア氏は現在はBright Green Energy FoundationというNPOに移り，やはり農村世帯でのSHSの普及という活動を継続している。また，The World Future Councilという団体の代表委員も務めている。[http://www.worldfuturecouncil.org/3608.html]（2012年5月

にアクセス）
10) Household Energy Network（HEDON）http://www.hedon.info/View+Article?itemId=10227（2012年5月にアクセス）

（上村康裕・鎗目　雅）

参考文献

[第1章]

[第2章]

Ambec, S. and Barla, P. (2002) "A Theoretical Foundation of the Porter Hypothesis," *Economics Letters*, Vol.75, No.3, pp.355-360.

Ambec, S. and Barla, P. (2006) "Can Environmental Regulations Be Good for Business? An Assessment of the Porter Hypothesis," *Energy Studies Reviews*, Vol.14, No.2, pp.42-62.

Andersen, M.S. and Sprenger, R.U. (Eds.) (2000) *Market-based instruments for environmental management-politics and institutions*, Edward Elgar publishing, Cheltenham, UK.

Arimura, T.H., Hibiki, A. and Johnstone, N. (2007) "An Empirical Study of Environmental R&D : What Encourages Facilities to be environmentally-Innovative?" in Johnstone, N. (Eds.) *Environmental Policy and Corporate Behaviour*, Edward Elgar Publishing, Paris, pp.142-173.

Bauman, Y., Lee, M. and Seeley, K. (2008) "Does technological innovation really reduce marginal abatement costs? Some theory, algebraic evidence, and policy implications," *Environmental and Resource Economics*, Vol.40, pp.507-527.

Brännlund, R., and Lundgren, T. (2009) "Environmental Policy Without Costs? A Review of the Porter Hypothesis," *International Review of Environmental and Resource Economics*, Vol.3, No.2, pp.75-117.

Brunnermeier, S.B. and Cohen, M.A. (2003) "Determinants of environmental innovation in US manufacturing industries," *Journal of Environmental Economics and Management*, Vol.45, No.2, pp.278-293.

Demirel, P. & Kesidou, E. (2011) "Stimulating different types of eco-innovation in the UK: Government policies and firm motivations," *Ecological Economics*, Vol.70, No.8, pp.1546-1557.

Downing, P.B. & White, L.J. (1986) "Innovation in pollution control," *Journal of Environmental Economics and Management*, Vol.13, No.1, pp.18-29.

Filbeck, G. and Gorman, R. (2004) "The Relationship between Environmental and Financial Performance of Public Utilities: The Role of Regulatory Climate," *Environmental and Resource Economics*, Vol.29, No.2, pp.137-157.

Fischer, C., Parry, I. W. H. and Pizer, W. A. (2003) "Instrument choice for environmental protection when technological innovation is endogenous," *Journal of Environmental Economics and Management*, Vol.45, No.3, pp.523-545.

Frondel, M., Horbach, J. and Rennings, K. (2007) "End-of-pipe or cleaner production? An empirical comparison of environmental innovation decisions across OECD countries," *Business Strategy and the Environment*, Vol.16, pp.571-584.

Gabel, H.L. and Sinclair-Desgagne, B. (1998) "The Firm, its Routines and the Environment," in: Tietenberg, T. and Folmer, H. (Eds.), *The International Yearbook of Environmental and Resource Economics 1998/1999: A Survey of Current Issues*, Cheltenham:

Edward Elgar, pp.89-118

Hamamoto, M. (2006) "Environmental regulation and the productivity of Japanese manufacturing industries," *Resource and Energy Economics*, Vol.28, pp.299-312.

Jaffe, A.B. and Stavins, R.N. (1995) "Dynamic Incentives of Environmental Regulations: The Effects of Alternative Policy Instruments on Technology Diffusion," *Journal of Environmental Economics and Management*, Vol.29, pp.43-63.

Jaffe, A.B. and Palmer, K. (1997) "Environmental Regulation and Innovation: A Panel Data Study," *Review of Economics and Statistics*, Vol.79, No.4, pp.610-619.

Johnstone, N., Hascic, I. and Popp, D. (2010) "Renewable Energy Policies and Technological Innovation: Evidence Based on Patent Counts," *Environmental and Resource Economics*, Vol.45, No.1, pp.133-155.

Jung, C.H., Krutilla, K. and Boyd, R. (1996) "Incentives for advanced pollution abatement technology at the industry level: An evaluation of policy alternatives," *Journal of Environmental Economics and Management*, Vol.30, pp.95-111.

Keohane, N.O. (2007) "Cost savings from allowance trading in the 1990 Clean Air Act," in Kolstad, C. E. and Freeman, J. (Eds.), *Moving to Markets in Environmental Regulation: Lessons from Twenty Years of Experience*, Oxford Univ. Press, New York.

Kerr, S. and Newell, R.G. (2003) "Policy-induced technology adoption: Evidence from the U.S. lead phasedown," *Journal of Industrial Economics*, Vol.51, No.3, pp.317-343.

Lange, I. and Bellas, A. (2005) "Technological Change for Sulfur Dioxide Scrubbers under Market-Based Regulation," *Land Economics*, Vol.81, No.4, pp.546-556.

Lanjouw, J.O. and Mody, A. (1996) "Innovation and the International Diffusion of Environmentally Responsive Technology," *Research Policy*, Vol.25, pp.549-571.

Lanoie, P., Laurent-Lucchetti, J., Johnstone, N. and Ambec, S. (2011) "Environmental Policy, Innovation and Performance: New Insights on the Porter Hypothesis," *Journal of Economics and Management Strategy*, Vol.20, No.3, pp.803-842.

Magat, W. A. (1979) "The effects of environmental regulation on innovation," *Law and Contemporary Problems*, Vol.43, pp.3-25.

McHuge, R. (1985) "The potential for Private Cost - Increasing Technological Innovation under a Tax-based, Economic Incentive Pollution Control Policy," *Land Economics*, Vol.61, pp.58-64.

Milliman, S.R. & Prince, R. (1989) "Firm incentives to promote technological change in pollution control," *Journal of Environmental Economics and Management*, Vol.17, No.3, pp.247-265.

Mohr, R. D. (2002) "Technical Change, External Economies, and the Porter Hypothesis," *Journal of Environmental Economics and Management*, Vol.43, No.1, pp.158-168.

Montero, J.P. (2002) "Market Structure and Environmental Innovation," *Journal of Applied Economics*, Vol.5, No.2, pp.293-325.

Newell, R.G., Jaffe, A.B. and Stavins, R. (1999) "The induced innovation hypothesis and energy-saving technological change," *The Quarterly Journal of Economics*, Vol.114, No.3, pp.941-975.

Palmer, K., Oates, W.E. and Portney, P.R. (1995) "Tightening Environment Standards: The Benefit-Cost or the No-Cost Paradigm?," *Journal of Economic Perspectives*, No.9,

pp.119-132.
Popp, D. (2002) "Induced Innovation and Energy Prices," *American Economic Review*, Vol.92, No.1, pp.160-180.
Popp, D. (2003) "Pollution control innovations and the clean air act of 1990," *Journal of Policy Analysis and Management*, Vol.22, pp.641-660.
Popp, D. (2006) "International innovation and diffusion of air pollution control technologies: the effects of NO_X and SO_2 regulation in the US, Japan, and Germany," *Journal of Environmental Economics and Management*, Vol.51, No.1, pp.46-71.
Popp, D., Newell, R. G., and Jaffe, A. B. (2010) "Energy, the environment, and technological change," in Hall, B. H. and Rosenberg, N. (Eds.) *Handbook of the Economics of Innovation*, Vol.II. North-Holland, Amsterdam, pp.873-937.
Porter, M.E. (1991) "America's Green Strategy," *Scientific American*, Vol.264, No.4, p.96.
Porter, M.E. and C.van der Linde (1995) "Toward a New Conception of the Environment - Competitiveness Relationship," *Journal of Economic Perspectives*, Vol.9, No.4, pp.97-118.
Taylor, M.R. (2008) "Cap-and-Trade Programs and Innovation for Climate Safety," *Working Paper* (UC Berkeley).
Wenders, J. T. (1975) "Methods of Pollution control and the Rate of Change in Pollution Technology," *Water Resources Research*, vol.11, pp.393-396
Xepapadeas, A. and de Zeeuw, A. (1999) "Environmental Policy and Competitiveness: The Porter Hypothesis and the Composition of Capital," *Journal of Environmental Economics and Management*, Vol.37, No.2, pp.165-182.
有村俊秀・杉野誠 (2008)「環境規制の技術革新への影響：企業レベル環境関連研究開発支出データによるポーター仮説の検証 (<特集>イノベーションとサステイナビリティ)」『研究技術計画』第23巻, 第3号, 201-211頁.
伊藤康 (2011)「炭素税は研究開発活動を促進するか？：スウェーデン紙パルプ産業のパネルデータによる分析」『千葉商大論叢』第49巻, 第1号, 15-24頁.
中野牧子 (2003)「環境規制は研究開発を促進するか：70年代の紙パルプ産業を事例として」『環境科学会誌＝Environmental science』第16巻, 第4号, 329-338頁.
浜本光紹 (1997)「ポーター仮説をめぐる論争に関する考察と実証分析」『経済論叢』第160巻, 第5号, 102-120頁.
浜本光紹 (2010)「環境政策と技術革新の経済分析—研究動向と課題」『環境共生研究』第3巻, 16-29頁.

[第3章]
Barrett, S. (2009) "The coming global climate-technology revolution," *Journal of Economic Perspectives* Vol.23, No.2, pp.53-75.
Bellas, A. S. (1998) "Empirical evidence of advances in scrubber technology," *Resource and Energy Economics* Vol.20, pp.327-343.
Brunnermeier, S. B. and Cohen, M. A. (2003) "Determinants of environmental innovation in US manufacturing industries," *Journal of Environmental Economics and Management* Vol.45, pp.278-293.
Cohen, W. M. (2010) "Fifty years of empirical studies of innovative activity and performance," in Hall, B. H. and Rosenberg, N. (Eds.) *Handbook of the Economics of*

Innovation Vol.1, Amsterdam: North-Holland, pp.129-213.

Dechezleprêtre, A., Glachant, M., Haščič, I., Johnstone, N., and Ménière, Y. (2011) "Invention and transfer of climate change-mitigation technologies: A global analysis," *Review of Environmental Economics and Policy* Vol.5, No.1, pp.109-130.

Fischer, C. and Newell, R. G. (2008) "Environmental and technology policies for climate mitigation," *Journal of Environmental Economics and Management* Vol.55, pp.142-162.

Galiana, I. and Green, C. (2010) "Technology-led climate policy," in Lomborg, B. (Ed.) *Smart Solutions to Climate Change: Comparing Costs and Benefits*, Cambridge, UK: Cambridge University Press, pp.292-339.

Geroski, P. (1995) "Markets for technology: Knowledge, innovation and appropriability," in Stoneman, P. (Ed.) *Handbook of the Economics of Innovation and Technological Change*, Oxford: Blackwell, pp.90-131.

Green, C., Baksi, S., and Dilmaghani, M. (2007) "Challenges to a climate stabilizing energy future," *Energy Policy*, Vol.35, pp.616-626.

Hamamoto, M. (2006) "Environmental regulation and the productivity of Japanese manufacturing industries," *Resource and Energy Economics*, Vol.28, pp.299-312.

Hoffert, M. I., Caldeira, K., Jain, A. K., Haites, E. F., Harvey, L. D. D., Potter, S. D., Schlesinger, M. E., Schneider, S. H., Watts, R. G., Wigley, T. M. L., and Wuebbles, D. J. (1998) "Energy implications of future stabilization of atmospheric CO_2 content," *Nature*, Vol.395, pp.881-884.

Jaffe, A. B., Newell, R. G., and Stavins, R. N. (2005) "A tale of two market failures: Technology and environmental policy," *Ecological Economics*, Vol.54, pp.164-174.

Jaffe, A. B. and Palmer, K. (1997) "Environmental regulation and innovation: A panel data study," *Review of Economics and Statistics*, Vol.79, No.4, pp.610-619.

Jaffe, A. B. and Stavins, R. N. (1995) "Dynamic incentives of environmental regulations: The effects of alternative policy instruments on technology diffusion," *Journal of Environmental Economics and Management*, Vol.29, pp.S-43-S-63.

Johnstone, N., Haščič, I., and Popp, D. (2010) "Renewable energy policies and technological innovation: Evidence based on patent counts," *Environmental and Resource Economics*, Vol.45, No.1, pp.133-155.

Kerr, S. and Newell, R. G. (2003) "Policy-induced technology adoption: Evidence from the U.S. lead phasedown," *Journal of Industrial Economics*, Vol.51, pp.317-343.

Lange, I. and Bellas, A. (2005) "Technological change for sulfur dioxide scrubbers under market-based regulation," *Land Economics*, Vol.81, pp.546-556.

Nemet, G. F. (2009) "Demand-pull, technology-push, and government-led incentives for non-incremental technical change," *Research Policy*, Vol.38, pp.700-709.

Pielke, R., Jr., Wigley, T., and Green, C. (2008) "Dangerous assumptions," *Nature*, Vol.452, pp.531-532.

Popp, D. (2002) "Induced innovation and energy prices," *American Economic Review*, Vol.92, No.1, pp.160-180.

Popp, D. (2003) "Pollution control innovations and the Clean Air Act of 1990," *Journal of Policy Analysis and Management*, Vol.22, pp.641-660.

Popp, D., Newell, R. G., and Jaffe, A. B. (2010) "Energy, the environment, and technological change," in Hall, B. H. and Rosenberg, N. (Eds.) *Handbook of the Economics of Innovation*, Vol.II. North-Holland, Amsterdam, pp.873-937.

諸富徹・浅岡美恵（2010）『低炭素経済への道』岩波書店。

[第4章]

Agrawal, Ajay and Henderson, Rebecca (2002) "Putting Patents in Context: Exploring Knowledge Transfer from MIT," *Management Science*, Vol.48, No.1, pp.44-60.

Arthur, W. Brian (1989) "Competing Technologies, Increasing Returns, and Lock-in by Historical Small Events," *Economic Journal*, Vol.99, No.394, pp.116-131.

Baba, Yasunori, Yarime, Masaru, and Shichijo, Naohiro (2010) "Sources of Success in Advanced Materials Innovation: The Role of 'Core Researchers' in University-Industry Collaboration in Japan," *International Journal of Innovation Management*, Vol.14, No.2, pp.201-219.

Bergek, Anna, Jacobsson, Staffan, Carlsson, Bo, Lindmark, Sven, and Rickne, Annika (2008) "Analyzing the Functional Dynamics of Technological Innovation Systems: A Scheme of Analysis, " *Research Policy*, Vol.37, pp.407-429.

Branscomb, Lewis M., Kodama, Fumio, and Florida, Richard, eds. (1999) *Industrializing Knowledge: University-Industry Linkages in Japan and the United States*, Cambridge, Massachusetts: MIT Press.

Carlsson, Bo, ed. (1995) *Technological Systems and Economic Performance: The Case of Factory Automation*, Dordrecht: Kluwer.

Cash, David W., Clark, William C., Alcock, Frank, Dickson, Nancy M., Eckley, Noelle, Guston, David H., Jaeger, Jill, and Mitchell, Ronald B. (2003) "Knowledge Systems for Sustainable Development," *Proceedings of the National Academy of Science*, Vol.100, No.14, pp.8086-8091.

Chesbrough, Henry (2006) *Open Innovation: The New Imperative for Creating and Profiting from Technology*, Boston: Harvard Business School Press.

Cohen, Wesley M., Nelson, Richard R., and Walsh, John P. (2002) "Links and Impacts: The Influence of Public Research on Industrial R&D," *Management Science*, Vol.48, No.1, pp.1-23.

Colyvas, Jeannette, Crow, Michael, Gelijns, Annetine, and Mazzoleni, Roberto (2002) "How Do University Inventions Get Into Practice?," *Management Science*, Vol.48, No.1, pp.61-72.

Committee for Economic Development (2006) "Open Standards, Open Source, and Open Innovation: Harnessing the Benefits of Openness," Report by the Digital Connections Council. Committee for Economic Development. April.

David, Paul A. (1975) *Technical Choice, Innovation and Economic Growth: Essays on American and British Experience in the Nineteenth Century*, Cambridge, UK: Cambridge University Press.

David, Paul A. (1985) "Clio and the Economics of QWERTY," *AEA Papers and Proceedings*, Vol.75, No.2, pp.332-337.

Deiaco, Enrico, Hughes, Alan, and McKelvey, Maureen (2012) "Universities as strategic actors in the knowledge economy," *Cambridge Journal of Economics*, Vol.36, No.3, pp.525-541.

Dosi, Giovanni (1982) "Technological Paradigms and Technological Trajectories: A Suggested Interpretation of the Dominants and Directions of Technical Change," *Research Policy*, Vol.11, pp.147-162.
Dosi, Giovanni (1984) *Technical Change and Industrial Transformation*, London: Macmillan.
Dosi, Giovanni (1988) "Sources, Procedures, and Microeconomic Effects of Innovation," *Journal of Economic Literature*, Vol.26, No.3, pp.1120-1171.
Edquist, Charles, ed. (1997) *Systems of Innovation: Technologies, Institutions and Organizations*, London: Pinter.
Etzkowitz, Henry (2002) *MIT and the Rise of Entrepreneurial Science*, London: Routledge.
Etzkowitz, Henry (2003) "Research Groups as 'Quasi-Firms': The Invention of the Entrepreneurial University," *Research Policy*, Vol.32, pp.109-121.
Foray, Dominique and Lundvall, Bengt-Ake, eds. (1996) *Employment and Growth in the Knowledge-Based Economy*, Paris: Organisation for Economic Co-operation and Development.
Freeman, Christopher (1982) *The Economics of Industrial Innovation, Second Edition*. London: Pinter.
Freeman, Christopher (1987) *Technology Policy and Economic Performance: Lessons from Japan*, London: Pinter.
Freeman, Christopher (1991) "Networks of Innovators: A Synthesis of Research Issues," *Research Policy*, Vol.20, pp.499-514.
Goerner, Sally J., Lietaer, Bernard, and Ulanowicz, Robert E. (2009) "Quantifying Economic Sustainability: Implications for Free-Enterprise Theory, Policy and Practice," *Ecological Economics*, Vol.69, pp.76-81.
Goto, Akira and Odagiri, Hiroyuki, eds. (1997) *Innovation in Japan*, Oxford: Clarendon Press.
Hagedoorn, John (2002) "Inter-Firm R&D Partnerships: An Overview of Major Trends and Patterns Since 1960," *Research Policy*, Vol.31, pp.477-492.
Hagedoorn, John, Link, Albert N., and Vonortas, Nicholas S. (2000) "Research Partnerships," *Research Policy*, Vol.29, pp.567-586.
Hekkert, M.P., Suurs, R.A.A., Negro, S.O., Kuhlmann, S., and Smits, R.E.H.M. (2007) "Functions of Innovation Systems: A New Approach for Analysing Technological Change," *Technological Forecasting & Social Change*, Vol.74, pp.413-432.
Huston, Larry and Sakkab, Nabil (2006) "Connect and Develop: Inside Procter & Gamble's New Model for Innovation," *Harvard Business Review*, Vol.84, No.3.
Jerneck, Anne, Olsson, Lennart, Ness, Barry, Anderberg, Stefan, Baier, Matthias, Clark, Eric, Hickler, Thomas, Hornborg, Alf, Kronsell, Annica, Loevbrand, Eva, and Persson, Johannes (2011) "Structuring Sustainability Science," *Sustainability Science*, Vol.6, pp.69-82.
Kajikawa, Yuya (2008) "Research core and framework of sustainability science," *Sustainability Science*, Vol.3, pp.215-239.
Kajikawa, Yuya, Ohno, Junko, Takeda, Yoshiyuki, Matsushima, Katsumori, and Komiyama, Hiroshi (2007) "Creating an Academic Landscape of Sustainability Science: An Analysis of the Citation Network," *Sustainability Science*, Vol.2, pp.221-231.
Kates, Robert W., Clark, William C., Corell, Robert, Hall, J. Michael, Jaeger, Carlo C., Lowe,

Ian, McCarthy, James J., Schellnhuber, Hans Joachim, Bolin, Bert, Dickson, Nancy M., Faucheux, Sylvie, Gallopin, Gilberto C., Grubler, Arnulf, Huntley, Brian, Jager, Jill, Jodha, Narpat S., Kasperson, Roger E., Mabogunje, Akin, Matson, Pamela, Mooney, Harold, Moore, Berrien III, O'Riordan, Timothy, and Svedin, Uno (2001) "Sustainability Science," *Science*, Vol.292, No.5517, pp.641-642.

Kodama, Fumio (1991) *Analyzing Japanese High Technologies: The Techno-Paradigm Shift*, London: Pinter Publishers.

Kodama, Fumio (1995) *Emerging Patterns of Innovation: Sources of Japan's Technological Edge*, Boston: Harvard Business School Press.

Komiyama, Hiroshi and Takeuchi, Kazuhiro (2006) "Sustainability Science: Building a New Discipline," *Sustainability Science*, Vol.1, No.1, pp.1-6.

Lietaer, Bernard, Ulanowicz, Robert E., and Goerner, Sally J. (2009) "Options for Managing a Systemic Bank Crisis," *Sapiens*, Vol.2, No.1, pp.1-15.

Liu, Jianguo, Dietz, Thomas, Carpenter, Stephen R., Alberti, Marina, Folke, Carl, Moran, Emilio, Pell, Alice N., Deadman, Peter, Kratz, Timothy, Lubchenco, Jane, Ostrom, Elinor, Ouyang, Zhiyun, Provencher, William, Redman, Charles L., Schneider, Stephen H., and Taylor, William W. (2007) "Complexity of Coupled Human and Natural Systems," *Science*, Vol.317 (No.14 September), pp.1513-1516.

Lundvall, Bengt-Ake, ed. (1992) *National Systems of Innovation: Toward a Theory of Innovation and Interactive Learning*, London: Pinter.

Malerba, Franco, ed. (2004) *Sectoral Systems of Innovation: Concepts, Issues and Analyses of Six Major Sectors in Europe*, Cambridge, UK: Cambridge University Press.

Martin, Ben R. (2012) "Are universities and university research under threat? Towards an evolutionary model of university speciation," *Cambridge Journal of Economics*, Vol.36, No.3, pp.543-565.

McKelvey, Maureen and Holmen, Magnus, eds. (2009) *Learning to Compete in European Universities: From Social Institution to Knowledge Business*, Cheltenham, UK: Edward Elgar.

Meadows, Donella, Randers, Jorgen, and Meadows, Dennis (2004) *Limits to Growth: The 30-Year Update*, White River Junction: Chelsea Green Publishing.

Miller, Thaddeus R. (2012) "Constructing sustainability science: emerging perspectives and research trajectories," *Sustainability Science*, DOI 10.1007/s11625-012-0180-6.

Mowery, David C. (1981) "Technical Change in the Commercial Aircraft Industry, 1925-1975," *Technological Forecasting and Social Change*, Vol.20, pp.347-358.

Mowery, David C. (1983) "Industrial Research, Firm Size, Growth, and Survival, 1921-1946," *Journal of Economic History*, Vol.43, pp.953-980.

Mowery, David C., Nelson, Richard R., and Martin, Ben R. (2010) "Technology policy and global warming: Why new policy models are needed (or why putting new wine in old bottles won't work)," *Research Policy*, Vol.39, pp.1011-1023.

Mowery, David C., Nelson, Richard R., Sampat, Bhaven N., and Ziedonis, Arvids A. (2004) *Ivory Tower and Industrial Innovation: University-Industry Technology Transfer Before and After the Bayh-Dole Act in the United States*, Stanford: Stanford University Press.

Mowery, David C. and Sampat, Bhaven N. (2005) "Universities in National Innovation Systems," Fagerberg, Jan, Mowery, David C., Nelson, Richard R., eds. *The Oxford*

Handbook of Innovation, New York: Oxford University Press.

Murmann, Johann Peter (2003) *Knowledge and Competitive Advantage: The Coevolution of Firms, Technology, and National Institutions*, Cambridge, UK: Cambridge University Press.

Nelson, Richard, ed. (1993) *National Innovation Systems: A Comparative Analysis*, New York: Oxford University Press.

Nelson, Richard R. (1994) "The Co-evolution of Technology, Industrial Structure, and Supporting Institutions," *Industrial and Corporate Change*, Vol.3, No.1, pp.47-63.

Ostrom, Elinor (2007) "A Diagnostic Approach for Going Beyond Panaceas," *Proceedings of the National Academy of Sciences*, Vol.104, No.39, pp.15181-15187.

Owen-Smith, Jason and Powell, Walter W. (2004) "Knowledge Networks as Channels and Conduits: The Effects of Spillovers in the Boston Biotechnology Community," *Organization Science*, Vol.15, No.1, pp.5-21.

Owen-Smith, Jason, Riccaboni, Massimo, Pammolli, Fabio, and Powell, Walter W. (2002) "A Comparison of U.S. and European University-Industry Relations in the Life Sciences," *Management Science*, Vol.48, No.1, pp.24-43.

Powell, Walter W. and Grodal, Stine (2005) "Networks of Innovators," Fagerberg, Jan, Mowery, David C., Nelson, Richard R., eds. *Oxford Handbook of Innovation*, Oxford: Oxford University Press.

Powell, Walter W., Koput, Kenneth W., and Smith-Doerr, Laurel (1996) "Interorganizational Collaboration and the Locus of Innovation: Networks of Learning in Biotechnology," *Administrative Science Quarterly*, Vol.41, pp.116-145.

Powell, Walter W., White, Douglass R., Koput, Kenneth W., and Owen-Smith, Jason (2005) "Network Dynamics and Field Evolution: The Growth of Interorganizational Collaboration in the Life Sciences," *American Journal of Sociology*, Vol.110, No.4, pp.1132-1205.

Reid, W. V., Chen, D., Goldfarb, L., Hackmann, H., Lee, Y. T., Mokhele, K., Ostrom, E., Raivio, K., Rockstrom, J., Schellnhuber, H. J., and Whyte, A. (2010) "Earth System Science for Global Sustainability: Grand Challenges," *Science*, Vol.330 (No.12 November), pp.916-917.

Riccaboni, Massimo and Pammolli, Fabio (2003) "Technological Regimes and the Evolution of Networks of Innovators. Lessons from Biotechnology and Pharmaceuticals," *International Journal of Technology Management*, Vol.25 (3/4), pp.334-349.

Rosenberg, Nathan (1972) *Technology and American Economic Growth*, Armonk: M. E. Sharpe.

Rosenberg, Nathan (1976) *Perspectives on Technology*, Cambridge, UK: Cambridge University Press.

Rosenberg, Nathan (1982) *Inside the Black Box: Technology and Economics*, Cambridge, UK: Cambridge University Press.

Rosenkopf, L., Metiu, A., and George, V. P. (2001) "From the Bottom Up? Technical Committee Activity and Alliance Formation," *Administrative Science Quarterly*, Vol.46, pp.748-772.

Rosenkopf, L. and Tushman, M. L. (1998) "The Coevolution of Community Networks and Technology: Lessons from the Flight Simulation Industry," *Industrial and Corporate Change*, Vol.7, No.2, pp.311-346.

Salter, Ammon, D'Este, Pablo, Pavitt, Keith, Scott, Alister, Martin, Ben, Geuna, Aldo, Nightingale, Paul, and Patel, Pari (2000) "Talent, Not Technology: The Impact of Publicly Funded Research on Innovation in the UK," SPRU, University of Sussex, June 22.

Schneidewind, Uwe and Augenstein, Karoline (2012) "Analyzing a transition to a sustainability-oriented science system in Germany," *Environmental Innovation and Societal Transitions*, Vol.3, No.1, pp.16-28.

Schoolman, Ethan D., Guest, Jeremy S., Bush, Kathleen F., and Bell, Andrew R. (2012) "How interdisciplinary is sustainability research? Analyzing the structure of an emerging scientific field," *Sustainability Science*, Vol.7, No.1, pp.67-80.

Schumpeter, Joseph A. (1934) *The Theory of Economic Development*, Oxford: Galaxy Books.

Schumpeter, Joseph A. (1943) *Capitalism, Socialism and Democracy*, London: George Allen and Unwin.

Shiroyama, Hideaki, Yarime, Masaru, Matsuo, Makiko, Schroeder, Heike, Scholz, Roland W., and Ulrich, Andrea E. (2012) "Governance for sustainability: knowledge integration and multi-actor dimensions in risk management," *Sustainability Science*, 7 (Supplement 1), pp.45-55.

Soh, Pek-Hooi and Roberts, Edward B. (2003) "Networks of Innovators: A Longitudinal Perspective," *Research Policy*, Vol.32, pp.1569-1588.

Spangenberg, Joachim H. (2011) "Sustainability Science: A Review, an Analysis and Some Empirical Lessons," *Environmental Conservation*, Vol.38, No.3, pp.275-287.

Taylor, Mark C. (2010) *Crisis on Campus: A Bold Plan for Reforming Our Colleges and Universities*, New York: Knopf.

Trencher, Gregory P., Yarime, Masaru, and Kharrazi, Ali (2012) "Co-creating Sustainability: Cross-Sector University Collaborations for Driving Sustainable Urban Transformations," Working Paper.

Trencher, Gregory and Yarime, Masaru (2012) "Universities co-creating urban sustainability," *Our World 2.0*, May 23.

Ulanowicz, Robert E., Goerner, Sally J., Lietaer, Bernard, and Gomez, Rocio (2009) "Quantifying Sustainability: Resilience, Efficiency and the Return of Information Theory," *Ecological Complexity*, Vol.6, pp.27-36.

Voinov, Alexey (2008) "Understanding and Communicating Sustainability: Global versus Regional Perspectives," *Environment, Development and Sustainability*, Vol.10, No.4, pp.487-501.

Voinov, Alexey and Farley, Joshua (2007) "Reconciling Sustainability, Systems Theory and Discounting," *Ecological Economics*, Vol.63, pp.104-113.

Yarime, Masaru (2007) "Promoting Green Innovation or Prolonging the Existing Technology: Regulation and Technological Change in the Chlor-Alkali Industry in Japan and Europe," *Journal of Industrial Ecology*, Vol.11, No.4, pp.117-139.

Yarime, Masaru (2008) "Towards Sectoral Systems of Information Commons for Science and Innovation," *Proceedings of the Atlanta Conference on Science, Technology, and Innovation Policy 2007: Challenges and Opportunities for Innovation in the Changing Global Economy*, Piscataway, NJ: Institute of Electrical and Electronics Engineers (IEEE).

Yarime, Masaru (2009) "Public Coordination for Escaping from Technological Lock-in: Its Possibilities and Limits in Replacing Diesel Vehicles with Compressed Natural Gas Vehicles in Tokyo," *Journal of Cleaner Production*, Vol.17, No.14, pp.1281-1288.
Yarime, Masaru (2010) "Sustainability Innovation as a Social Process of Knowledge Transformation," *Nanotechnology Perceptions*, Vol.6, No.3, pp.143-153.
Yarime, Masaru (2011) "Sanyo Electric Solar LED Lantern in Kenya," Growing Inclusive Markets, United Nations Development Programme, New York, United States, July.
Yarime, Masaru (2012) "Global Co-evolution of Technology and Institution for Environmental Innovations: University-Industry Collaboration Networks on Lead-Free Solders in Japan, Europe, and the United States," Discussion Paper.
Yarime, Masaru, Takeda, Yoshiyuki, and Kajikawa, Yuya (2010) "Towards institutional analysis of sustainability science: a quantitative examination of the patterns of research collaboration," *Sustainability Science*, Vol.5, No.1, Vol.115-125.
Yarime, Masaru and Tanaka, Yuko (2012) "The Issues and Methodologies in Sustainability Assessment Tools for Higher Educational Institutions: A Review of Recent Trends and Future Challenges," *Journal of Education for Sustainable Development*, Vol.6, No.1, pp.63-77.
Yarime, Masaru, Trencher, Gregory, Mino, Takashi, Scholz, Roland W., Olsson, Lennart, Ness, Barry, Frantzeskaki, Niki, and Rotmans, Jan (2012) "Establishing sustainability science in higher education institutions: towards an integration of academic development, institutionalization, and stakeholder collaborations," *Sustainability Science*, Vol.7 (Supplement 1), pp.101-113.
青木昌彦・澤昭裕・大東道郎・「通産研究レビュー」編集委員会 (2001)『大学改革:課題と争点』東洋経済新報社.
小倉都 (2011a)「大学等発ベンチャー調査2010-2010年―大学等発ベンチャーへのアンケートとインタビューに基づいて」『文部科学省科学技術政策研究所第3調査研究グループ』.
小倉都 (2011b)「大学等発ベンチャー調査2010―大学等へのアンケートに基づくベンチャー設立状況とベンチャー支援・産学連携に関する意識」『文部科学省科学技術政策研究所第3調査研究グループ』.
小田切宏之 (2001)「第5章「日本の技術革新における大学の役割:明治から次世代まで」青木昌彦・澤昭裕・大東道郎・「通産研究レビュー」編集委員会編『大学改革:課題と争点』東洋経済新報社.
上山隆大 (2010)『アカデミック・キャピタリズムを超えて:アメリカの大学と科学研究の現在』NTT出版.
後藤晃 (1993)『日本の技術革新と産業組織』東京大学出版会.
後藤晃 (2000)『イノベーションと日本経済』岩波書店.
小宮山宏 (2005)『知識の構造化』オープンナレッジ.
澤昭裕・寺澤達也・井上悟志編 (2005)『競争に勝つ大学:科学技術システムの再構築に向けて』東洋経済新報社.
ジュマ, カレスタス・鎗目雅 (2008)「サステイナビリティに向けたイノベーションの創出における高等教育機関の役割」『研究 技術 計画』第23巻第3号, 186-193頁.
東京大学 (2012)「明るい低炭素社会の実現に向けた都市変革プログラム」
http://low-carbon.k.u-tokyo.ac.jp/index.html

中山保夫・細野光章・長谷川光一・永田晃也（2010）「産学連携データ・ベースを活用した国立大学の共同研究・受託研究活動の分析」（文部科学省科学技術政策研究所第2研究グループ3月）。

中山保夫・細野光章・福川信也・近藤正幸（2005）「国立大学の産学連携：共同研究（1983年-2002年）と受託研究（1995年-2002年）」（調査資料—119。文部科学省　科学技術政策研究所第2研究グループ，研究振興局研究環境・産業連携課技術移転推進室11月）。

馬場靖憲・後藤晃（2007）『産学連携の実証分析』東京大学出版会。

馬場靖憲・鎗目雅（2007）「緊密な産学連携によるイノベーションへの貢献：企業の人材育成に関する分析」馬場靖憲・後藤晃編『産学連携の実証研究』東京大学出版会。

原山優子編（2003）『産学連携：「革新力」を高める制度設計に向けて』東洋経済新報社。

鎗目雅・馬場靖憲（2007）「地球環境問題の解決に向けた新しい産学官連携：技術変化と制度形成に関する日米欧比較」馬場靖憲・後藤晃編『産学連携の実証研究』東京大学出版会。

[第5章]

Beise Marian, Rennings Klaus (2005) "Lead markets and regulation: a framework for analyzing the international diffusion of environmental innovations," *Ecological Economics* 52, 5-17.

Breschi, Stefano. Lissoni, Francesco. Malerba, Franco. (2003) "Knowledge-relatedness in firm technological diversification," *Research Policy* Volume 32, Issue 1, January 2003, pp.69-87.

Dechezleprêtre Antoine, Glachant Matthieu, Haščič Ivan, Johnstone Nick and Ménière Yann (2011) "Invention and Transfer of Climate Change-Mitigation Technologies: A Global Analysis," *Review of Environmental Economics and Policy* 5 (1): 109-130.

Haščic, I. et al. (2010) "Climate Policy and Technological Innovation and Transfer: An Overview of Trends and Recent Empirical Results," *OECD Environment Working Papers*, No. 30, OECD Publishing. Paris.

Lanjouw, J. O., and A. Mody (1996) "Innovation and the international diffusion of environmentally responsive technology," *Research Policy* 25: 549–71.

Mowery, David C. Nelson, Richard R. and Martin, Ben R. (2010) Technology policy and global warming: Why new policy models are needed (or why putting new wine in old bottles won't work) *Research Policy*, Volume 39, Issue 8, pp.1011-1023.

Odagiri, R. Goto, A. Sunami, A. Nelson R. eds. (2010) *Intellectual Property Rights, Development, and Catch-up: An International Comparative Study*, NY: Oxford University Press.

Popp, D. (2009) "Policies for the Development and Transfer of Eco-Innovations *Lessons from the Literature*," *OECD Environment Working Papers*, No.10, p.32.

Puller Steven L. (2006) "The strategic use of innovation to influence regulatory standards," *Journal of Environmental Economics and Management*, Volume 52, Issue 3, November 2006, pp.690-706.

Suzuki J. and Kodama F. (2004) "Technological diversity of persistent innovators in Japan: Two case studies of large Japanese firms," *Research Policy* Volume 33, Issue 3, April 2004, pp.531-549.

Weber, Thomas A. and Neuhoff Karsten (2010) "Carbon markets and Technological

Innovation," *Journal of Environmental Economics and Management*, Volume 60, Issue 2, September 2010, pp.115-132.

Yarime, Masaru (2007) "Promoting Green Innovation or Prolonging the Existing Technology," *Journal of Industrial Ecology*, Volume 11, Issue 4, October 2007, pp.117-139.

政策研究大学院大学　角南篤他，環境省受託研究「日本の環境技術産業の優位性と国際競争力に関する分析・評価及びグリーン・イノベーション政策に関する研究」最終報告書，2012年3月．

[第6章]

Helmut Weidner (1995) 'Reduction in SO₂ and NO₂ Emissions from Stationary Sources in Japan' in Martin Jänicke, Helmut Weidner (eds.), *Successful environmental policy : a critical evaluation of 24 cases*, Edition Sigma, Berlin, pp.146-172.

Matsuno, Y. (2007) "Pollution Control Agreements in Japan: Conditions for Their Success," *Environmental Economics and Policy Studies*, Vol.8, No.2, pp.103-141.

Popp, David (2006) "international innovation and diffusion of airpollution control technologies: the effects of NOx and SO₂ regulation in the US, Japan and Germany," *Journal of Environmental Economics and Management*, Vol.51, pp.46-71.

Sun, J. W. (1998) "Changes in energy consumption and energy intensity: A complete decomposition model," *Energy Economics*, Vol.20, No.1, pp.85-100.

Terao, T. (2007) "Industrial policy, industrial development and pollution control in Post-war Japan: Implications for developing countries," in Terao, T. and Otsuka, K. (Eds.) *Development of Environmental Policy in Japan and Asian Countries*, Palgrave Mcacillan, pp.9-47.

EICネット（2009）『環境用語集』http://www.eic.or.jp/ecoterm/

大気汚染防止法令研究会編著（1984）『逐条解説　大気汚染防止法』ぎょうせい（環境庁大気保全局監修）．

株式会社セキツウ編集部編（1989）『石油価格統計集1989年版』．

株式会社セキツウ編集部編（1999）『石油価格統計集1999年版』株式会社セキツウ．

株式会社セキツウ編集部編（2008）『石油価格統計集2008年版』CD-ROM．

環境省（2016）『大気環境に係る固定発生源状況調査結果』環境省ウェブサイト（2016年8月25日閲覧）https://www.env.go.jp/air/osen/kotei/

環境庁編（1981）『昭和56年版環境白書』．

環境庁編（1982）『昭和57年版環境白書』．

環境庁大気保全局大気規制課編（1985）『硫黄酸化物　総量規制マニュアル第2版』公害研究対策センター．

環境庁公害健康被害補償制度研究会編（1994）『公害健康被害補償予防の手引』新日本法規出版．

環境庁公健法研究会編著（1988）『改正公健法ハンドブック』エネルギージャーナル社．

環境法令研究会編（1997）『環境基準・規制対策の実務』第一法規出版．

関西電力（1985）『関西電力の現況』．

財団法人日本エネルギー経済研究所計量分析ユニット（2009）『EDMC/エネルギー・経済統計要覧（2009年版）』財団法人省エネルギーセンター．

総理府編（1971）『公害白書 昭和46年版』大蔵省印刷局．

寺尾忠能（1994）「日本の産業政策と産業公害」小島麗逸・藤崎成昭編著『開発と環境―アジア「新成長圏」の課題』（開発と環境シリーズ4）アジア経済研究所，266-348頁。

独立行政法人環境再生保全機構編（2015）『公害健康被害補償予防制度　実施状況（資料編）』環境再生保全機構。

日本産業機械工業会（1992）『ばい煙低減技術マニュアル（行政官用）（平成3年度環境庁委託）』。

橋本道夫（1988）『私史環境行政』朝日新聞社。

藤井美文（2002）「公害防止技術開発と産業組織―「日本の経験」にみる環境規制と産業技術のダイナミックプロセス」寺尾忠能・大塚健司編『「開発と環境」の政策過程とダイナミズム―日本の経験・東アジアの課題―』日本貿易振興会アジア経済研究所，79-106頁。

松野裕・植田和弘（1997）「公健法賦課金」植田和弘・岡敏弘・新澤秀則編著『環境政策の経済学』日本評論社，79-96頁。

松野裕（1997）「鉄鋼業における硫黄酸化物排出削減への各種環境政策手段の寄与（2）」『経済論叢』第160巻第3号，19-38頁。

松野裕・植田和弘（2002）「『地方公共団体における公害・環境政策に関するアンケート調査』報告書―公害防止協定を中心に―」『経済論叢別冊　調査と研究』第23号，1-155頁。

[第7章]

Arimura, T. H., Miyamoto, T., Katayama, H., Iguchi, H., (2012) "Japanese firms' practices for climate change: ETS and other initiatives," *Sophia Economic Review*, Vol.57, No.1-2, pp.31-54.

Arimura, T. H. and Darnall, N. and Katayama, H. (2011) "Is ISO 14001 a Gateway to More Advanced Voluntary Action? A Case for Green Supply Chain Management," *Journal of Environmental Economics and Management*, Vol.61, pp.170-182.

Arimura, T. and Hibiki, A. and Johnstone, N. (2007) "An Empirical Study of Environmental R&D: What Encourages Facilities to be Environmentally-Innovative," *Environmental Policy and Corporate Behavior*, pp.142-173.

Arimura, T. H. and Sugino, M. (2007) "Does stringent environmental regulation stimulate environment related technological innovation?," *Sophia Economic Review*, Vol.52, No.1-2, pp.1-14.

Brunnermeier, S. B. and Cohen, M.A. (2003) "Determinants of environmental innovation in US manufacturing industries," *Journal of Environmental Economics and Management*, Vol.45, pp.278-293.

Darnall, N., Jolley, G. J. and Handfield, R. (2008) "Environmental management systems and green supply chain management: Complements for sustainability?," *Business Strategy and the Environment*, Vol.17, pp.30-45.

Jaffe, A. and Palmer, K. (1997) "Environmental regulation and innovation: a panel data study," *Review of Economics and Statistics*, Vol.79, pp.610-619.

Johnstone, N. (2003) "Environmental Policy and Facility-Level Management: Descriptive Overview of the Data, Preliminary Empirical Results and Project Timeline," *OECD Report ENV/EPOC/WPNEP*, 13.

Lanjouw, J.O. and Mody, A. (1996) "Innovation and the international diffusion of

environmentally responsive technology," *Research Policy*, Vol.25, pp.549-571.
Porter, M. E.（1990）The competitive advantage of nations, Free Press.（土岐坤他訳（1992）『国の競争優位　上・下』ダイヤモンド社）
有村俊秀・杉野誠（2008）「環境規制の技術革新への影響—企業レベル環境関連研究開発支出データによるポーター仮説の検証—」『研究 技術 計画』第23巻3号，201-211頁。
井口衡・有村俊秀・片山東（2012）「サプライチェーンを通じた環境取り組みの進展：上場企業サーベイによるGSCMの分析」『環境経営学会サスティナブルマネジメント』第11巻第1号，159-173頁。
浜本光紹（1997）「ポーター仮説をめぐる論争に関する考察と実証分析」『京都大學經濟學會・經濟論叢』第160巻第5・6号，102-120頁。
浜本光紹（1998）「環境規制と産業の生産性」『經濟論叢』第162巻第3号，51-62頁。
日引聡・有村俊秀（2004）「環境保全のインセンティブと環境政策・ステークホルダーの影響：環境管理に関するOECD事業所サーベイから」『東京工業大学社会理工学研究科社会工学専攻・ディスカッション・ペーパー』，1-45頁。
松田芳郎・清水雅彦・船岡史雄（2003）『講座ミクロ統計分析4　企業行動の変容：ミクロデータによる接近』日本評論社。

[第8章]
Arimura, T.H., Hibiki, A. and Johnstone, N.（2007）"An empirical study of environmental R&D: what encourages facilities to be environmentally innovative?," in Johnstone, N.（Eds.）*Environmental Policy and Corporate Behavior*, Edward Elgar Publishing, Paris, pp.142-173.
Cohen, W.M.（2010）"Fifty years of empirical studies of innovative activity and performance," in Hall, B.H. and Rosenberg, N.（Eds.）*Handbook of the Economics of Innovation*（Series in Handbooks in Economics), Elsevier, North-Holland, pp.129-213.
Inoue, E., Arimura, T. H., Nakano, M.（2013）"A new insight into environmental innovation: Does the maturity of environmental management systems matter?," *Ecological Economics*, Vol.94, pp.156-163.
Kleinknecht, A. and Reijnen, J.O.N.（1991）"More evidence on the undercounting of small firm R&D," *Research Policy*, Vol.20, pp.579-587.
Kleinknecht, A.（1987）"Measuring R&D in small firms: How much are we missing?," *The Journal of Industrial Economics*, Vol.36, pp.253-256.
Okamuro, H., Kato, M. and Honjo, Y.（2011）"Determinants of R&D cooperation in Japanese start-ups," *Research Policy*, Vol.40, pp.728-738.
Okamuro, H.（2007）"Determinants of successful R&D cooperation in Japanese small businesses: The impact of organizational and contractual characteristics," *Research Policy*, Vol.36, pp.1529-1544.
愛知県（2012）『あいち産業と労働Q＆A　2012』。
愛知県　http://www.pref.aichi.jp/ricchitsusho/gaiyou/structure.html（2012年4月アクセス）
有村俊秀・杉野誠（2008）「環境規制の技術革新への影響—企業レベル環境関連研究開発支出データによるポーター仮説の検証—」『研究　技術　計画』第23巻第3号，201-211頁。
伊藤康・明石芳彦（2005）「研究開発　外部研究機関との連携と補助金の活用」忽那憲治・安田武彦編著『日本の新規開業企業』第8章，白桃書房，185-211頁。

岡室博之(2006)「中小企業の技術連携への取り組みは大企業とどのように異なるのか」『商工金融』第56巻第6号, 35-51頁.
岡室博之(2004)「デフレ経済下における中小製造業の研究開発活動の決定要因」『商工金融』第54巻第6号, 5-19頁.
環境省(2012)『環境にやさしい企業行動調査(平成22年度における取組に関する調査結果)』.
経済産業省(2012)『平成22年 工業統計表 産業編 概要版』.
経済産業省(2000)『商工業実態基本調査報告書 平成12年版』.
高安荣・中野牧子(2016)「中小企業における環境負荷の把握と環境イノベーションの関係」『環境科学会誌』第29巻第5号, 250-261頁.
総務省統計局『科学技術研究調査』平成15〜27年版 http://www.stat.go.jp/data/kagaku/kekka/index.htm(2016年10月アクセス)
総務省統計局(2011)『平成21年 経済センサス基礎調査』.
在間敬子(2005)「グリーン圧力が中小企業に及ぼす影響に関する実証分析 機械・金属業のケース」『商工金融』第55巻第11号, 21-37頁.
中小企業総合研究機構(2009)『中小企業の環境対応への取組の実態調査報告書』.
中小企業庁(2016)『中小企業白書 2016年版』.
中小企業庁(2010)『中小企業白書 2010年版』.
中小企業庁(2009)『中小企業白書 2009年版』.
中嶌道靖(2006)「環境管理会計によるイノベーション促進の可能性:マテリアルフローコスト会計のサプライチェーンへの拡張と環境配慮型原価企画の展開」天野明弘・國部克彦・松村寛一郎・玄場公規編著『環境経営のイノベーション 企業競争力向上と持続可能社会の創造』第9章, 159-173頁, 生産性出版.
日本規格協会(2016)『対訳ISO14001:2015(JIS Q14001:2015)環境マネジメントの国際規格』.
渡辺幸男(2006)「もの作りと中小企業—中小工業の存立状況」渡辺幸男・小川正博・黒瀬直宏・向山雅夫『21世紀中小企業論 多様性と可能性を探る』第6章, 143-174頁, 有斐閣アルマ.

[第9章]

Abernethy, M. A. and Brownell, P. (1999) "The Role of Budgets in Organizations Facing Strategic Change: An Exploratory Study," *Accounting, Organizations and Society*, Vol.24, No.3, pp.233-249.

Bisbe, J. and Malagueño, R. (2009) "The Choice of Interactive Control Systems under Different Innovation Management Models," *European Accounting Review*, Vol.18, No.2, pp.371-405.

Bisbe, J. and Otley, D. (2004) "The Effects of the Interactive Use of Management Control Systems on Product Innovation," *Accounting, Organizations and Society*, Vol.29, No.8, pp.709-737.

Davila, A., Foster, G. and Oyon, D. (2009) "Accounting and Control, Entrepreneurship and Innovation: Venturing into New Research Opportunities," *European Accounting Review*, Vol.18, No.2, pp.288-311.

Davila, A. and Oyon, D. (2009) "Introduction to the Special Section on Accounting, Innovation and Entrepreneurship," *European Accounting Review*, Vol.18, No.2, pp.277-280.

ISO（2011）*ISO 14051 Material Flow Cost Accounting*, ISO.
Mouritsen, J., Hansen, A. and Hansen, Ø. C.（2009）"Short and Long Translations - Management Accounting Calculations and Innovation Management-," *Accounting, Organizations and Society*, Vol.34, No.6/7, pp.738-754.
Simons, R.（1995）*Levers of Control - How managers Use Innovative Control Systems to Drive Strategic Renewal-*, Harvard Business School Press.（中村元一・黒田哲彦・浦島史恵訳『ハーバード流「21世紀経営」4つのコントロール・レバー』産業大学出版部, 1998）
安城泰雄（2007）「キヤノンにおけるマテリアルフローコスト会計の導入」『企業会計』第59巻第11号, 40-47頁。
経済産業省（2008）『マテリアルフローコスト会計（MFCA）導入事例集』経済産業省環境調和産業推進室。
國部克彦（2007）「マテリアルフローコスト会計の継続的導入に向けての課題と対応」『国民経済雑誌』第196巻第5号, 47-61頁。
國部克彦編（2011）『環境経営意思決定を支援する会計システム』中央経済社。
田脇康広（2009）「サプライチェーン省資源化連携促進事業に参加して」『環境管理』第45巻第10号, 43-49頁。
天王寺谷達将（2012）「イノベーションにおける不確実性と管理会計の関係性：情報システムとしての理解をこえるための再考」『六甲台論集―経営学編―』第58巻第3/4号, 1-17頁。
中嶌道靖・國部克彦（2008）『マテリアルフローコスト会計（第2版）』日本経済新聞出版社。
中嶌道靖・木村麻子（2012）「MFCAによる改善活動と予算管理」『原価計算研究』第36巻, 第2号, 15-24頁。

[第10章]
足立辰雄・所伸之（2009）『サステナビリティと経営学』ミネルヴァ書房。
天野明弘・國部克彦・松村寛一郎・玄場公規編著（2006）『環境経営のイノベーション』生産性出版。
岸川善光（2010）『エコビジネス特論』学文社。
グレアム・T・アリソン（宮里政玄訳）（1977）『決定の本質　キューバ・ミサイル危機の分析』中央公論社。（Allison, Graham（1971）*Essence of Decision: Explaining the Cuban Missile Crisis*, 1st ed. Little Brown.）
國部克彦・伊坪徳宏・水口剛（2007）『環境経営・会計』有斐閣。
島本実（2009）「経営を読み解くキーワード　新エネルギー」『一橋ビジネスレビュー』第57巻第2号所収, 東洋経済新報社。
白鳥和夫（2009）『環境企業家と環境経営の新展開』税務経理協会。
鈴木幸毅・浅野宗克・石坂誠一・小泉国茂（2000）『循環型社会の企業経営（改訂版）』税務経理協会。
鈴木幸毅・所伸之（2008）『環境経営学の扉』文眞堂。
高橋由明・鈴木幸毅編著（2005）『環境問題の経営学』ミネルヴァ書房。
山口光恒（2002）『環境マネジメント』放送大学教育振興会。
渡辺千仭編（2001）『技術革新の計量分析』日科技連。

[第11章]

Andrew Hargadon (2010) "Technology policy and global warming: why new innovation models are needed," *research policy*, Vol.39, pp.1024-1026.

Andrew Hargadon (2004) *Clean energy and fuel cells: implications for strategies from historic technology transitions*, Public Fuel Cell Alliance.

Andrew Hargadon (2003) *How breakthroughs happen: The surprising truth about how companies innovate*, Harvard Business School Press.

Amit. R. and C. Zott (2012) "Creating value through business model innovation," *Sloan Management Review*, Vol.53, No.3, pp.41-49.

Amit, R. and C. Zott (2001) "Value creation in e-business," *Strategic Management Journal*, Vol.22, pp.493-520.

Ashford, N. A., Ayers, C. and Stone, R. F., (1985) "Using regulation to change the market for innovation," *Harvard Environmental Law Review*, Vol.9, pp.419-467.

Bhagat, S., Bizjak, J., & Coles, J. L. (1998) "The shareholder wealth implications of corporate lawsuits," *Financial Management*, Vol.27, No.4, pp.5-28.

Bhide, A. (2000) *The origin and evolution of new business*, Oxford University Press, New York.

Chesbrough, H. and R. Rosenbloom (2002) "The role of the business model in capturing value from innovation: Evidence from Xerox Corporation's technology spinoff companies," *Industrial Corporate Change*, Vol.11, pp.529-555.

Christensen, Clayton M. and Joseph L. Bower (1996) Customer power, strategic investment, and the failure of leading firms, *Strategic Management Journal*, Vol.17, pp.197-218.

Christensen. C. M. (2001) "The past and future of competitive advantage," *MIT Sloan Management Review*, Vol.42, pp.105-109.

Daniel A. levinthal and James March (1993) "The myopia of learning," *Strategic Management Journal*, Vol.14, pp.95-112.

Dosi, G. (1982) "Technological paradigms and technological trajectories: A suggested interpretation of the determinants and directions of technical Change," *Research Policy*, Vol.11, No.3, pp.147-162.

Eesley, Charles Lenox, Michael (2006) "Secondary stakeholders and firm self-regulation," *Strategic Management Journal*, Vol.27, No.8, pp.765-781.

Everett M. Rogers (2003) Diffusion of innovations, 5th edition Free press.

Geoffrey, Moore (2002) *Crossing the Chasm: Marketing and selling disruptive products to mainstream customers*, HarperBusiness.

Gerard and Lave (2005) "Implementing technology-forcing policies: The 1970 clean air act amendments and the introduction of advanced automotive emissions controls in the United States, "*Technological forecasting and social change*, Vol.72, pp.761-778.

Godin B. (2006) "The linear model of innovation: The historical construction of an analytical framework," *Science Technology & Human Values*, Vol.31 (6), pp.639-667.

Gladwin, T., Kennelly, J. & Krause, T.-S. (1995) "Shifting Paradigms for Sustainable Development: Implications for Management Theory and Research," *Academy of Management Review*, Vol.20, pp.874-907.

Hargadon, A., Y. Douglas (2001) "When innovation meet institutions: Edison and the design of the electric light," *Administrative Science Quarterly*, Vol.46, pp.476-501.

Israel M. Kirzner (1997) *How markets work: Disequilibrium, entrepreneurship & discovery*, Coronet Books Inc.

J. March (1991) "Exploration and Exploitation in organizational learning," *Organization Science* Vol.2, pp.71-87.

Jon Alain Guzik (2007) " Interview: Reenergizing the electric car," *Yahoo Autos*.

Kemp, R. (1997) *Environmental policy and technical change: A comparison of the technological impact of policy instruments*, Brookfield, VT; Edward Elgar Publishing Company.

Kline, S., Rosenberg, N. (1986) "An overview on innovation," Landau, R., Rosenberg, N., ed. *The positive sum strategy:Harnessing technology for economic growth*, The National Academy Press, Washington, DC.

Lee, J. and Veloso, F. (2010) "Inter-firm innovation under uncertainty: Empirical evidence for strategic knowledge partitioning," *Journal of product innovation management*, Vol.25, pp.418-435.

Lee, J., Veloso, F., and Hounshell, D. (2011) "Linking induced technological change and environmental regulation: Evidence from patenting in the US auto industry," *Research Policy*, Vol.40, pp.1240-1252.

Martin Eberhard (2007) "Introducing Tesla Energy," Tesla Motors Company Blog, Martin Eberhard, PowerPoint presentation, October 10, 2007. *Entrepreneurial Thought Leaders Seminar*, Stanford University, Stanford, CA.

McGarity, T. O. (1994) "Radical technology-forcing in environmental regulation," *Loyola of Los Angeles law review*, Vol.27, No.3, pp.947-958.

Mitchell, R.K., Agle, B.R., & Wood, D.J. (1997) "Toward a theory of stakeholder identification and salience: Defining the principle of who and what really counts," *Academy of Management Review*, Vol.22, pp.853-886.

Orsenigo L., F. Pammolli and M. Riccaboni (2001) "Technological change and the dynamics of networks of collaborative relations: The case of the Bio-pharmaceutical industry," *Research Policy*, Vol.30, pp.485-508.

Porter, M. E. (1991) "America's green strategy," *Scientific American*, Vol.264, No.4.

Porter, M. E. and C. van der Linde (1995) "Towards a New Conception of the Environmental - Competitiveness Relationship," *Journal of Economic Perspectives*, Vol.4, pp.97-118.

Rosenberg, N. (1969) "The direction of technological change: Inducement mechanisms and focusing devices," *Economic development and cultural change*, Vol.18, No.1, pp.1-24.

Sarah Kaplan, Fiona Murray and Rebecca Henderson (2003) "Discontinuous and senior management: assessing the role of recognition in pharmaceutical firms' response to biotechnology," *Industrial and Corporate Change*, Vol.12, No.3, pp.203-223.

Shane Scott (2004) *Finding fertile ground: Identifying extraordinary opportunities for new venture*, Pearson Prentice Hall.

Shrivastava, P. (1995) "Ecocentric management for a risk society," *Academy of Management Review*, Vol.20, pp.118-137.

Shrivastava, P. (1995) "The role of corporations in achieving ecological sustainability," *Academy of Management Review*, Vol.20, No.4, pp.936-961.

Sinchcombe, A. (1965) "Social structure and organization," J. G. March, ed. *Handbook of Organizations*, RandMcNally Chicago, IL. pp.142-193.

Taylor, M. R., Rubin, E.S. and Hounshell, D. (2005) "Regulation as the mother of innovation: The case of SO_2 control," *Law & Policy*, Vol.27, No.2, pp.348-378.

Tripsas, Mary and Giovanni Gavetti, (2000) "Capabilities, cognition, and inertia: Evidence from digital imaging, " *Strategic Management Journal*, Vol. 21, pp.1147-1161.

WCED (1987) *Our Common Future: World Commission on Environment and Development*, Oxford University Press.

朱穎(2009)「技術強制型規制と戦略的企業間分業:自動車排気浄化技術の開発事例」『研究技術計画』Vol.23, No.3, pp.212-219.

[第12章]

Lewis, J. (2007) "Technology Acquisition and Innovation in the Developing World: Wind Turbine Development in China and India," *Studies in Comparative International Development*, Vol.42, pp.208-232.

Lewis, J. (2011) "Building a National Wind Turbine Industry: Experiences from China, India and South Korea," *International Journal of Technology and Globalization*, Vol.5, pp.281-305.

Thomson Reuters (2012) *China Mingyang Wind Power Group Ltd: Annual and transition report of foreign private issuers pursuant to sections 13 or 15 (d)*.

朝野賢司(2011)『再生可能エネルギー政策論―買取制度の落とし穴』エネルギーフォーラム。

飯田哲也(2007)「「RPS法小委員会報告書(案)」に対する意見」
http://www.re-policy.jp/press/p20070305.pdf(2012年2月10日アクセス)。

堀井伸浩(2010a)「大気汚染問題と技術的対応の進展」堀井伸浩編『中国の持続可能な成長―資源・環境制約の克服は可能か―』日本貿易振興機構アジア経済研究所, 141-164頁。

堀井伸浩(2010b)「「新興国」中国の台頭と日本の省エネルギー・環境分野における国際競争力:今後のグリーンイノベーションの帰趨を握る対中国市場戦略」『中国経済』2010年6月号, 日本貿易振興機構, 35-60頁。

松岡憲司(2004)『風力発電機とデンマーク・モデル―地縁技術から革新への途』新評論。

丸川知雄(2007)『現代中国の産業―勃興する中国企業の強さと脆さ』中央公論新社。

高虎・王仲穎・任東明編著(2009)『可再生能源:科技与産業発展和知識読本』化学工業出版社。

李俊峰(2011)『風光無限:中国風電発展報告2011』中国環境科学出版社。

王正明(2010)『中国風電産業的演化与発展』江蘇大学出版社。

王仲穎・任東明・高虎編著(2011)『中国可再生能源産業発展報告』化学工業出版社。

中国節能環保集団公司・中国工業節能与清潔生産協会編(2010)『2010中国節能減排産業発展報告―探索低炭経済之路』中国水利水電出版社。

[第13章]

Alam, M., Rahman, A. and Eusuf, M. (2003) "Diffusion potential of renewable energy technology for sustainable development: Bangladeshi experience," *Energy for Sustainable Development*, Vol.VII (No.2), pp.88-96.

Asif, M. and Barua, D. (2011) "Salient features of the Grameen Shakti renewable energy

program," *Renewable and Sustainable Energy Reviews*, Vol.15, pp.5063-5067.
Barua, D.C. (2001) "Strategy for promotions and development of renewable technologies in Bangladesh: experience from Grameen Shakti," *Renewable Energy*, Vol.22, pp.205-210.
Barua, D. C. (2009) "Bringing Green Energy, Health, Income and Green Jobs to Rural Bangladesh," (a presentation material).
Booz & Co. (2008) "Beyond Borders: The Global Innovation 1000," Booz & Company.
Boston Consulting Group (BCG). (2006) "The Global Challengers," Boston Consulting Group.
Deloitte. (2009) "Necessity Breeds Opportunity: Constraints, Innovation and Competitive Advantage" *Deloitte Review Issue* 4.
Economist (2010) "The world turned upside down," *The Economist*, April 15th, 2010.
Government of Bangladesh (2000) "Policy Statement on Power Sector Reforms".
http://www.powerdivision.gov.bd/pdf/VSPSPSectorReform.pdf（2012年5月アクセス）
Government of Bangladesh (2008) "Renewable Energy Policy of Bangladesh".
http://pv-expo.net/BD/Renewable_Energy_Policy.pdf（2012年5月アクセス）
Grameen Shakti (2012) 公式ウェブサイト。
http://www.gshakti.org（2013年2月最終アクセス）
Hart, S.L. (2007) "Capitalism at the Crossroads: Aligning Business, Earth, and Humanity," *Wharton School Publishing*.（石原薫訳『未来をつくる資本主義』英治出版、2008年）
Hart, S.L. (2011) "Taking the Green Leap at the Base of the Pyramid," in London, T. and Hart, S.L. (Eds.) *Next Generation Business Strategies for the Base of the Pyramid: New Approaches for Building Mutual Value*, Pearson Publications.（清川幸美訳『BOPビジネス―市場共創の戦略』英治出版、2011年）
Islam, M.R., Islam, M.R. and Beg, M.R.A. (2008) "Renewable energy resources and technologies practice in Bangladesh," *Renewable and Sustainable Energy Reviews*, vol.12, pp.299-343.
JICA（国際協力機構）.（2012）「バングラデシュ：再生可能エネルギー普及支援事業準備調査」（公示文書）
http://www.jica.go.jp/chotatsu/consul/koji2011/pdf/20111214_g_01.pdf（2012年6月アクセス）
Komatsu., S., Kaneko, S. and Ghosh, P.P. (2011) "Are micro-benefits negligible? The implications of the rapid expansion of Solar Home Systems (SHS) in rural Bangladesh for sustainable development," *Energy Policy*, Vol.39, pp.4022-4031.
Mondal, M.A.H. (2010) "Economic viability of solar home systems: Case study of Bangladesh," *Renewable Energy*, Vol.35, pp.1125-1129.
Mondal, M.A.H., Kamp, L.M. and Pachova, N.I. (2010) "Drivers, barriers, and strategies for implementation of renewable energy technologies in rural areas in Bangladesh-An innovation system analysis," *Energy Policy*, Vol.38, pp.4626-4634.
Shahidur, R.K., Douglas, F.B. and Hussain, A. S. (2009) "Welfare Impacts of Rural Electrification: A Case Study from Bangladesh," *Policy Research Working Paper*, Vol.4859, The World Bank.
Sovacool, B.K. and Drupady, I.M. (2011a) "The Radiance of Soura Shakti: Installing two million solar home systems in Bangladesh," Energy Governance Case Study, Lee Kuan Yew School of Public Policy, National University of Singapore.

Sovacool, B.K. and Drupady, I.M.（2011b）"Summoning earth and fire: The energy development implications of Grameen Shakti（GS）in Bangladesh," *Energy*, Vol.36, pp. 4445-4459.

The World Bank（2007）"Bangladesh: Grameen Shakti Solar Home Systems Project," *Project Information Document（PID）Appraisal Stage*, http://www-wds.worldbank.org/external/default/WDSContentServer/WDSP/IB/2008/01/09/000020953_20080109093650/Rendered/PDF/42103.pdf（2012年5月アクセス）

The World Bank（2012）"Bangladesh at a glance,"［http://devdata.worldbank.org/AAG/bgd_aag.pdf］（2012年5月アクセス）

Tsuboi, H.（2007）"Social Business for Poverty Reduction: A Case Study of Grameen Shakti（Energy），"『秋田大学工学資源学部研究報告』第28号, pp.31-35.

Uddin, Sk. N. and Taplin, R.（2008）"Toward Sustainable Energy Development in Bangladesh," *The Journal of Environment & Development*, Vol.17, pp.292-315.

UNESCAP（2008）"Energy Security and Sustainable Development in Asia and the Pacific".

UNDP.（2007）"Energy and Poverty in Bangladesh: Challenges and the Way Forward," UNDP Regional Centre in Bangkok.

岡本真理子・吉田秀美・粟野春子（1999）『マイクロファイナンス読本』明石書店。

加藤徹生（2011）『辺境から世界を変える』ダイヤモンド社。

資源エネルギー庁（2010）『日本のエネルギー2010』 http://www.enecho.meti.go.jp/topics/energy-in-japan/energy2010.pdf（2012年6月アクセス）

菅原秀幸・大野泉・槌屋詩野（2011）『BOPビジネス入門：パートナーシップで世界の貧困に挑む』中央経済社。

鈴木久美・松田慎一・佐藤綾香（2011）「マイクロファイナンスにおける新たな潮流：ASAによるグループ貸付の実例から」『日本政策金融公庫論集』第10号（2011年2月），89-114頁。

ロイター（2010）『焦点：インドが太陽光発電拡大へ，参入に地歩固める外資系』（2010年6月18日）。http://jp.reuters.com/article/topNews/idJPJAPAN-15889920100618

索　引

英数

BOPペナルティ ………………………… 295
Coupled Human and Natural System … 65
CSR活動 ………………………………… 104
FIT ………………………… 259, 274, 276, 277
Grameen Shakti ………………………… 284
Green Leap ……………………………… 301
Green Sprout …………………………… 301
ISO14001 ………………………………… 182
ISO14051 ………………………………… 205
K値規制 …………………… 119, 120, 132, 136
LNG ……………………………………… 140
MFCA …………………………………… 205
PATSTAT ………………………………… 89
R&D ……………………………………… 57
Resilience ………………………………… 66
RPS ……………………… 259, 270, 276, 277
SO_x ……………………………………… 117
SO_x削減努力 …………………………… 128, 156
SO_x排出量 ……………………………… 127

あ行

硫黄酸化物 ……………………………… 117
硫黄分別の価格差 ……………………… 135
一次エネルギー総供給 ………………… 128
イノベーション ……………………… 4, 57
インタラクティブコントロール
　システム …………………………… 203
ヴェスタス ……………………… 270, 272, 274
エネ革税制 ……………………………… 123
エネルギー需給構造改善投資促進税制
　………………………………………… 123
エネルギー転換 ………………………… 123
エネルギー貧困（Energy Poverty）279
エンド・オブ・パイプ ………………… 24
汚染負荷量賦課金 ……………………… 117
オープン・イノベーション …………… 56
温室効果ガス …………………………… 5

か行

華鋭 ……………………… 258, 265, 272, 273
可再生能源中長期発展規画（再生可能
　エネルギー中長期発展計画）…… 259
可再生能源法（再生可能エネルギー法）
　………………………………………… 258
環境管理会計 …………………………… 205
環境関連の研究開発（環境R&D）… 159
環境関連の研究開発予算 ……………… 161
環境基準 ………………………… 118, 158
環境都市 ………………………………… 102
環境負荷低減 …………………………… 4
環境保全 ………………………………… 4
環境未来都市 …………………………… 111
完全要因分解 …………………………… 129
技術革新 ………………………………… 4
技術革新の段階説 ……………………… 242
技術機会 ………………………………… 46
技術強制型規制 ………………………… 238
キヤノン ………………………………… 205
共起性 …………………………………… 93
京都議定書 ……………………………… 222
緊張 ……………………………………… 204
緊張関係をもたらすための要件 …… 212
金風 ………… 258, 265, 269, 270, 272, 275
グリーンプロセスのイノベーション 201
グラミン・シャクティ ………… 282, 284
グラミン銀行 …………………… 284, 291

クリーナー・プロダクション……… 37
グリーン・イノベーション…… 3, 82, 83, 280, 281
グリーン・サプライチェーン・マネジメント（GSCM）……………… 167
グリーン・ニューディール政策… 4, 108
グリーン経済…………………… 279
グリーン成長…………………… 81
経済産業省……………………… 219
経済的手法……………………… 21
限界削減費用………………… 125, 134
研究開発……………………… 4, 57
倹約イノベーション……… 254, 272, 281
高煙突………………………… 119
公害健康被害補償法…………… 117
公害防止協定………… 117, 122, 134, 156
公健法………………………… 117
公健法賦課金………… 117, 124, 128, 132, 134, 136, 141, 147, 155, 156, 157, 158
工場再配置促進法……………… 138
工場等制限法…………………… 138
工場立地法……………………… 138
効率性………………………… 66
国産化率……………………… 261
国内総生産…………………… 128
国家プロジェクト……………… 217
固定資産税の減免…………… 121, 124

さ行

再生可能エネルギー法………… 98
再生可能エネルギー利用割合基準… 259
サステイナビリティ…………… 65
サプライチェーン……………… 5, 207
サプライプッシュ……………… 84
産学連携……………………… 61
サンシャイン計画…………… 97, 219
時間生産性…………………… 210

資源生産性…………………… 211
資源生産性指標……………… 213
自国特許出願………………… 94
自主的取組…………………… 21
持続可能（サステイナブル）…… 3
持続可能な発展……………… 241
下請け企業…………………… 181
指定疾病……………………… 125
指定地域……………………… 125
自動車重量税………………… 125
自発的手段…………………… 122
社会企業……………………… 293
住宅用太陽光発電設備
（SHS: Solar Home Systems）…… 283
重油脱硫………… 131, 136, 148, 149, 156
循環型社会…………………… 3
シュンペーター……………… 7
省エネルギー……………… 123, 128
新結合……………………… 7, 204
垂直分裂…………… 264, 274, 275
スズロン…………… 267, 268, 269
ステークホルダー…………… 69
税額控除……………………… 123
政策手段………………… 118, 132
政策目標……………………… 118
税制上の優遇措置………… 123, 156
石油危機……………………… 217
石油代替エネルギー……… 123, 124
漸進的イノベーション………… 52
先進的エネルギー技術ギャップ…… 40
専有可能性…………………… 45
全量買取制度………………… 259
総量規制………… 119, 120, 121, 132
総量規制地域………………… 136

た行

大気汚染物質排出量総合調査……… 127

大気汚染防止法……………………… 118
地域指定解除………………… 125, 142
地球温暖化……………………………… 5
中小企業…………………………… 180
直接規制…………………………… 118
直接規制的手法…………………… 20
追加的規制………………………… 122
低炭素型社会…………………………… 5
ディマンド・プル………………… 46, 84
低利融資…………………… 121, 123
テクノロジー・プッシュ要因……… 47
電気自動車………………………… 246
特別償却…………………… 121, 123
特許………… 149, 150, 152, 153, 155, 156
トップランナー規制……………… 160
トリクルアップ…………………… 301

な行

ナショナル・イノベーション・
　システム………………………… 58
鉛添加権取引……………………… 44
二酸化硫黄（SO_2）排出許可証取引制度
　…………………………………… 43
日本産業資材……………………… 207
認定患者…………………………… 126
ネットワーク……………………… 62

は行

ばい煙規制法……………………… 118
排煙脱硫…… 131, 136, 139, 144, 145, 146,
　　　　147, 149, 150, 152, 153, 155, 156
排煙脱硫装置……………………… 254
パテント・ファミリー…………… 92
パナソニックエコシステムズ……… 207
ビジネスモデル…………………… 245
非漸進的イノベーション………… 46
風力発電設備………… 255, 265, 270, 274

賦課金……………………………… 117
賦課金支払件数…………………… 136
賦課金納付義務…………………… 143
不確実性…………………………… 203
賦課料率………………… 125, 139, 155
複合人間・自然システム………… 65
プラットフォーム………………… 69
プロセス・イノベーション…… 7, 194
プロダクト・イノベーション…… 7, 192
法規制……………………………… 117
法定耐用年数の短縮……………… 121
法的規制………………………… 156, 158
補償給付………………………… 125, 158
補助的措置……………………… 121, 132
ポーター，M. ……………………… 10
ポーター仮説……… 10, 27, 42, 159, 239
ホーム・カントリー・バイアス…… 90

ま行

マイクロファイナンス………… 282, 288
マンハッタン計画………………… 87
緑の新芽…………………………… 301
緑の飛躍…………………………… 301
明陽………………… 266, 270, 271, 273
ムーンライト計画………………… 222
ムハマド・ユヌス……………… 291, 292

や行

有効煙突高………………………… 119
要因分解…………………………… 128
四日市大気汚染訴訟……………… 124

ら・わ行

リバース・イノベーション…… 281, 301
レジリエンス……………………… 66
枠組規制的手法…………………… 20

〈著者紹介〉

植田　和弘（うえた　かずひろ）……………………………… 責任編集，第6章，本巻編集
奥付〈編著者紹介〉参照。

國部　克彦（こくぶ　かつひこ）……………………………………… 責任編集，第9章
1985年大阪市立大学商学部卒業，同大学院経営学研究科博士課程修了，大阪市立大学助教授，LSE客員研究員，神戸大学助教授等を経て，現在，神戸大学大学院経営学研究科教授。北京理工大学珠海学院客座教授。博士（経営学）。ISO/TC207/WG 8議長。『低炭素型サプライチェーン経営』（共編著，中央経済社，2015年），『環境経営意思決定を支援する会計システム』（編著，中央経済社，2011年），『環境経営・会計（第2版）』（共著，有斐閣，2012年），『社会環境情報ディスクロージャーの展開』（編著，中央経済社，2013年）他，著書多数。

島本　実（しまもと　みのる）……………………………… 第1，10章，本巻編集
奥付〈編著者紹介〉参照。

井上　恵美子（いのうえ　えみこ）……………………………………………… 第2章
慶應義塾大学経済学部卒業後，民間企業勤務を経て，University of Oxford OUCE修士課程修了，京都大学大学院経済学研究科博士後期課程修了。日本学術振興会特別研究員。現在，京都大学大学院経済学研究科講師。博士号（経済学）。Emiko Inoue, Toshi H. Arimura, and Makiko Nakano（2013）"A new insight into environmental innovation: Does the maturity of environmental management systems matter?," *Ecological Economics*, vol.94, pp.156-163, 他。

浜本　光紹（はまもと　みつつぐ）……………………………………………… 第3章
1993年京都大学経済学部卒業，1998年京都大学大学院経済学研究科博士後期課程修了，地球環境戦略研究機関研究員，獨協大学経済学部専任講師等を経て，現在，獨協大学経済学部教授。博士（経済学）。"Environmental Regulation and the Productivity of Japanese Manufacturing Industries," *Resource and Energy Economics*, Vol.28, No.4, 2006, pp.299-312,『排出権取引制度の政治経済学』（有斐閣，2008年），"Energy-saving Behavior and Marginal Abatement Cost for Household CO_2 Emissions," *Energy Policy*, Vol.63, 2013, pp.809-813,『環境経済学入門講義』（創成社，2014年），他。

鎗目　雅（やりめ　まさる）………………………………………… 第4，13章
1993年東京大学工学部卒業，カリフォルニア工科大学化学・化学工学部修士課程修了，オランダ・マーストリヒト大学博士課程修了，文部科学省科学技術政策研究所主任研究官，東京大学公共政策大学院科学技術イノベーション・ガバナンス特任准教授を経て現在，香港城市大学能源及環境学院副教授，およびユニバーシティ・カレッジ・ロンドン科学技術工学・公共政策学科Honorary Reader，国際協力機構研究所招聘研究員。Ph.D.（技術変化の経済学・政策研究）。Yarime, Masaru, "Integrated Solutions to Complex Problems: Transforming Japanese Science and Technology," in Frank Baldwin and Anne Allison, eds., Japan: The Precarious Future, New York: New York University Press, pp.213-235 (2015), 他。

角南　篤（すなみ　あつし）………………………………………………………第5章
1988年ジョージタウン大学School of Foreign Service卒業，92年コロンビア大学国際関係・行政大学院Reader，93年同大学国際関係学修士，97年英サセックス大学科学政策研究所（SPRU）TAGSフェロー，2001年コロンビア大学政治学博士号（Ph.D.）取得。2003年政策研究大学院大学助教授，2014年教授，学長補佐，2015年11月より内閣府参与（科学技術・イノベーション政策担当）。2016年4月より副学長に就任（現在に至る）。
Atsushi Sunami, Tomoko Hamachi, and Shigeru Kitaba "Japan's Science and Technology Diplomacy," Science Diplomacy New Day or False Dawn?, pp.243-258, World Scientific Publishing Co Pte Ltd, February 2015.

村上　博美（むらかみ　ひろみ）……………………………………………………第5章
上智大学理工学部卒業後，民間企業勤務を経て，米国Saint Mary's大学大学院国際経営学修士（MBA），米国ジョンズ・ホプキンス大学高等国際問題研究大学院（SAIS）国際関係論博士（Ph.D）。ワシントンDC経済戦略研究所（Economic Strategy Institute）Vice President，米国ジョンズ・ホプキンス大学高等国際問題研究大学院（SAIS）講師，政策研究大学院大学助教授を経て，現在日本医療政策機構理事，米国戦略国際問題研究所（CSIS）Global Health Policy Center Adjunctフェロー。Clyde Prestowitz with Hiromi Murakami and William Finan. "Japan Restored: How Japan can reinvent itself and why this is important for American and the World."（Tuttle Publishing, 2015），同著『2050年近未来シミュレーション日本復活』（東洋経済新報社，2016年）監訳，他。

松野　裕（まつの　ゆう）………………………………………………………………第6章
1988年京都大学理学部卒業，京都大学大学院経済学研究科博士課程学修退学，日本放送協会記者，環境省専門官（明治大学経営学部助教授と兼職），等を経て，現在，明治大学経営学部教授。博士（経済学）。'Pollution Control Agreements in Japan: Conditions for Their Success', *Environmental Economics and Policy Studies*, 8（2）（2007），他。

寺尾　忠能（てらお　ただよし）…………………………………………………………第6章
1987年東京大学農学部卒業，1989年東京大学大学院農学系研究科修士課程修了（農業経済学専攻）。同年アジア経済研究所入所。現在，日本貿易振興機構アジア経済研究所新領域研究センター環境・資源研究グループ主任研究員。『「後発性」のポリティクス―資源・環境政策の形成過程』（編著）（アジア経済研究所，2015年）他。

伊藤　康（いとう　やすし）………………………………………………………………第6章
1989年一橋大学社会学部卒業，1994年一橋大学大学院経済学研究科博士課程単位取得退学。一橋大学経済学部助手，千葉商科大学商経学部教授，ウプサラ大学地理学部客員教授等を経て，現在，千葉商科大学人間社会学部教授。『環境政策とイノベーション―高度成長期日本の硫黄酸化物対策の事例研究』（中央経済社，2016年）他。

井口　衡（いぐち　はかる）………………………………………………………………第7章
2007年上智大学経済学部卒業，同大学院経済学研究科博士後期課程修了。跡見学園女子大学マネジメント学部助教を経て，現在，早稲田大学商学学術院総合研究所助手。修士（経営学）。「ISO14001認証取得のインセンティブとその有効性」『環境科学会誌』Vol.27, No.6.（2014年）

有村　俊秀（ありむら　としひで） ……………………………………… 第7章
1992年東京大学教養学部卒，筑波大学修士課程，ミネソタ大学大学院修了（Ph.D. in Economics）。米・ジョージ・メイソン大学，未来資源研究所客員研究員（安倍フェロー），上智大学教授等を経て，現在，早稲田大学・政治経済学術院教授ならびに環境経済・経営研究所所長。『温暖化対策の新しい排出削減メカニズム』（編著，日本評論社，2015），他。

中野　牧子（なかの　まきこ） ………………………………………… 第8章
1999年神戸大学経済学部卒業，神戸大学大学院経済学研究科博士課程修了，神戸大学大学院経済学研究科講師，名古屋学院大学経済学部講師を経て，現在，名古屋大学大学院環境学研究科准教授。博士（経済学）。「省エネルギーの政策メニューと比較評価」『エネルギー転換をどう進めるか』（岩波書店，環境政策の新地平3，2015）pp.99-119（第5章），他。

天王寺谷　達将（てんのうじや　たつまさ） ……………………………… 第9章
2008年神戸大学経営学部卒業，同大学大学院経営学研究科博士課程修了，広島経済大学経済学部助教を経て，現在，広島経済大学経済学部准教授。博士（経営学）。「イノベーションと管理会計研究―社会と技術の二分法を越えて―」『社会関連会計研究』No.23, pp.25-38（単著，2011），他。

朱　穎（しゅ　えい） ………………………………………………… 第11章
一橋大学商学研究科博士課程修了，博士（商学）。一橋大学助手，跡見学園女子大学准教授を経て，現在九州大学経済学研究院准教授。米国スタンフォード大学客員准教授，スタンフォード大学SDGC客員研究員，米国Duke大学客員研究員。『地球温暖化問題の再検証』（執筆分担，東洋経済新報社，2004）『新たな事業価値の創造：ビジネスを変革に導く10の視点』（共著，九州大学出版会，2016）Ei Shu & Arie Y. Lewin (Forthcoming) A Resource Dependence Perspective on Low-Power Actors Shaping Their Regulatory Environment, *Organization Studies*, 他。

堀井　伸浩（ほりい　のぶひろ） ……………………………………… 第12章
1994年慶應義塾大学法学部政治学科卒業，同大大学院法学研究科修士課程修了。アジア経済研究所を経て，現在九州大学大学院経済学研究院准教授。中国清華大学客員研究員，東京大学社会科学研究所客員准教授などを歴任。『巨大化する中国経済と世界』（共編著，日本貿易振興機構アジア経済研究所，2007年），『中国の持続可能な成長―資源・環境制約の克服は可能か？』（編著，日本貿易振興機構アジア経済研究所，2010年），他。

上村　康裕（かみむら　やすひろ） ……………………………………… 第13章
1999年早稲田大学政治経済学部政治学科卒業。英国Sussex大学「環境・開発・政策」修士課程修了（2003年）。2010年10月からは勤務を継続しつつ，東京大学新領域創成科学研究科環境学系サステイナビリティ学教育プログラム（博士後期課程）に在籍，後退学。他方，1999年から2013年6月までJICA（国際協力機構。当時，海外経済協力基金）勤務。スリランカ事務所，ベトナム向けODA（政府開発援助）業務担当課などに所属。2013年7月より自然電力株式会社にてプロジェクトマネージャーとして勤務中。

〈編著者紹介〉

植田　和弘（うえた　かずひろ）
1975年京都大学工学部卒業，大阪大学大学院博士課程修了，ロンドン大学および未来資源研究所研究員，ダブリン大学客員教授，京都大学大学院経済学研究科教授および同地球環境学堂教授を経て，現在，京都大学名誉教授。経済学博士，工学博士。CDM and Sustainable Development in China from Japanese Perspectives. Hong Kong University Press, 2012, edition,『国民のためのエネルギー原論』（共編著，日本経済新聞出版社，2011年），『サステイナビリティの経済学』（監訳，岩波書店，2007年），『リーディングス環境』全5巻（共編著，有斐閣，2005-6年），『環境経済学』（岩波書店，1996年）他，著書多数。

島本　実（しまもと　みのる）
1994年一橋大学社会学部卒業，同大学院商学研究科博士課程修了。愛知学院大学助教授，ハーバード大学客員研究員を経て，現在，一橋大学大学院商学研究科教授。博士（商学）。『計画の創発―サンシャイン計画と太陽光発電』（有斐閣，2014年）。"Globalization and Family Business: The Renewal of Idemitsu Kosan," In Umemura, M., and R. Fujioka（eds.）, *Comparative Responses to Globalization: Experiences of British and Japanese Enterprises*, Basingstoke: Palgrave Macmillan, 2012『出光興産の自己革新』（共著，有斐閣，2012年），『組織の＜重さ＞―日本的企業組織の再点検』（共著，日本経済新聞出版社，2007年）他。

環境経営イノベーション⑩
グリーン・イノベーション

2017年9月15日　第1版第1刷発行

責任編集者　弘　田　和　彦
　　　　　　部　克　弘
　　　　　　植　田　和　実
編著者　　　國　本　弘
　　　　　　植　島　継
発行者　　　山　本
発行所　　　㈱中央経済社
発売元　　　㈱中央経済グループ
　　　　　　　パブリッシング

〒101-0051　東京都千代田区神田神保町1-31-2
　　　　　　電話　03 (3293) 3371 (編集代表)
　　　　　　　　　03 (3293) 3381 (営業代表)
　　　　　　http://www.chuokeizai.co.jp/
　　　　　　印刷／三英印刷㈱
　　　　　　製本／誠製本㈱

Ⓒ 2017
Printed in Japan

＊頁の「欠落」や「順序違い」などがありましたらお取り替えいたしますので発売元までご送付ください。(送料小社負担)
ISBN978-4-502-20701-3　C3334

JCOPY〈出版者著作権管理機構委託出版物〉本書を無断で複写複製（コピー）することは，著作権法上の例外を除き，禁じられています。本書をコピーされる場合は事前に出版者著作権管理機構（JCOPY）の許諾を受けてください。
JCOPY〈http://www.jcopy.or.jp　e メール：info@jcopy.or.jp　電話：03-3513-6969〉